中等职业学校机电类规划教材

ZHONGDENG ZHIYE XUEXIAO JIDIANLEI GUIHUA JIAOCAI

专业基础课程与实训课程系列

极限配合与测量技术

（第2版）

张林　主编

BASIC & TRAINING

人民邮电出版社

北京

图书在版编目（CIP）数据

极限配合与测量技术 / 张林主编. -- 2版. -- 北京
：人民邮电出版社，2010.8（2013.8 重印）
中等职业学校机电类规划教材. 专业基础课程与实训
课程系列
ISBN 978-7-115-22519-1

Ⅰ. ①极… Ⅱ. ①张… Ⅲ. ①公差：配合－专业学校
－教材②技术测量－专业学校－教材 Ⅳ. ①TG801

中国版本图书馆CIP数据核字(2010)第057710号

内 容 提 要

本书包含基础篇和项目篇。基础篇包括绪论、几何量的加工误差和公差、几何公差与尺寸公差的关系、表面粗糙度、螺纹的公差与配合、测量技术基础。项目篇包括内径百分表测量孔径、表面粗糙度的测量、轴承的选择、平键的测量、花键的检测、齿轮的测量、螺纹的测量。每个项目又分为若干个任务，便于教学开展和学生理解。

本书可作为中职学校机械类和仪器仪表类相关专业的教材，也可供相关工程技术人员参考。

中等职业学校机电类规划教材
专业基础课程与实训课程系列
极限配合与测量技术（第2版）

◆ 主　编　张　林
　　责任编辑　刘盛平

◆ 人民邮电出版社出版发行　　北京市崇文区夕照寺街 14 号
　　邮编　100061　电子邮件　315@ptpress.com.cn
　　网址　http://www.ptpress.com.cn
　　三河市海波印务有限公司印刷

◆ 开本：787×1092　1/16
　　印张：12　　　　　　　2010 年 8 月第 2 版
　　字数：300 千字　　　　2013 年 8 月河北第 5 次印刷

ISBN 978-7-115-22519-1

定价：22.00 元

读者服务热线：(010)67170985　印装质量热线：(010)67129223
反盗版热线：(010)67171154

中等职业学校机电类规划教材

专业基础课程与实训课程系列教材编委会

丛书前言

我国加入 WTO 以后，国内机械加工行业和电子技术行业得到快速发展。国内机电技术的革新和产业结构的调整成为一种发展趋势。因此，近年来企业对机电人才的需求量逐年上升，对技术工人的专业知识和操作技能也提出了更高的要求。相应地，为满足机电行业对人才的需求，中等职业学校机电类专业的招生规模在不断扩大，教学内容和教学方法也在不断调整。

为了适应机电行业快速发展和中等职业学校机电专业教学改革对教材的需要，我们在全国机电行业和职业教育发展较好的地区进行了广泛调研；以培养技能型人才为出发点，以各地中职教育教研成果为参考，以中职教学需求和教学一线的骨干教师对教材建设的要求为标准，经过充分研讨与精心规划，对《中等职业学校机电类规划教材》进行了改版，改版后的教材包括 6 个系列，分别为《专业基础课程与实训课程系列》、《数控技术应用专业系列》、《模具制造技术专业系列》、《计算机辅助设计与制造系列》、《电子技术应用专业系列》和《机电技术应用专业系列》。

本套教材力求体现国家倡导的"以就业为导向，以能力为本位"的精神，结合职业技能鉴定和中等职业学校双证书的需求，精简整合理论课程，注重实训教学，强化上岗前培训；教材内容统筹规划，合理安排知识点、技能点，避免重复；教学形式生动活泼，以符合中等职业学校学生的认知规律。

本套教材广泛参考了各地中等职业学校的教学计划，面向优秀教师征集编写大纲，并在国内机电行业较发达的地区邀请专家对大纲进行了多次评议及反复论证，尽可能使教材的知识结构和编写方式符合当前中等职业学校机电专业教学的要求。

在作者的选择上，充分考虑了教学和就业的实际需要，邀请活跃在各重点学校教学一线的"双师型"专业骨干教师作为主编。他们具有深厚的教学功底，同时具有实际生产操作的丰富经验，能够准确把握中等职业学校机电专业人才培养的客观需求；他们具有丰富的教材编写经验，能够将中职教学的规律和学生理解知识、掌握技能的特点充分体现在教材中。

为了方便教学，我们免费为选用本套教材的老师提供教学辅助光盘，光盘的内容为教材的习题答案、模拟试卷和电子教案（电子教案为教学提纲与书中重要的图表，以及不便在书中描述的技能要领与实训效果）等教学相关资料，部分教材还配有便于学生理解和操作演练的多媒体课件，以求尽量为教学中的各个环节提供便利。

我们衷心希望本套教材的出版能促进目前中等职业学校的教学工作，并希望能得到职业教育专家和广大师生的批评与指正，以期通过逐步调整、完善和补充，使之更符合中职教学实际。

欢迎广大读者来电来函。

电子函件地址：lihaitao@ptpress.com.cn, liushengping@ptpress.com.cn

读者服务热线：010-67143761, 67132792, 67184065

第 2 版前言

本书第 1 版 2006 年 4 月出版后，承蒙广大读者采用，至今已多次印刷。但自 2006 年以来国家陆续颁布了新的标准，为了更好地满足中职学校教学要求，特对本书进行必要的修订。

本次修订以指导中职学校学生提高实践能力为出发点，淡化理论知识的讲授，注重结论指导实践。突出职业教育的实用性和知识结构的重点，以提高学生实践技能为本位，保留第 1 版项目教学法的特色，加强实践技能的训练，强化创新能力的培养，使培养的学生适应科技进步、经济发展和市场就业的需要。

本书本着"简明、实用、够用"的原则进行修订，正确处理理论知识与技能的关系。在内容上尽量做到少而精，突出重点，在表述上力求通俗、新颖、易懂，方便读者学习。同时，教师在实施教学过程中，针对每一个项目，利用课件教学与现场教学有机地结合起来，边讲、边看、边练、边实践。将课本知识与实践知识融为一体，充分调动学生主动学习的积极性，达到融会贯通的目的，提高学生实际动手能力和操作技能，以便满足用人企业对中职学生在实践技能方面的需求。

与第 1 版相比，本书作了如下修订。

（1）更新书中国标，一律采用 2009 年年底以前颁布的最新国家标准。

（2）增加有关配合的术语及定义。

（3）增加第 4 章表面粗糙度。

（4）增加第 5 章螺纹的公差与配合。

（5）充实和部分更新了例题和习题，使各章节例题基本齐全，习题更接近学生水平。

（6）订正第 1 版书中存在的错误或不合理的内容。

（7）增加书后参考答案。

本书由天津市第一轻工业学校张林、刘学菁、张庆娣编写，第 1、2 章由张林编写，第 4 章及项目一、二、三、四、五、六、七由刘学菁编写，第 3、5、6 章由张庆娣编写。张林任主编并统校全书。

本书在编写过程中得到了有关领导和院校教师的大力支持与热心帮助，在此表示衷心的感谢。

由于编者水平有限，书中难免有错误和疏漏之处，欢迎广大读者批评指正。

编者
2010 年 1 月

编者的话

"极限配合与测量技术"是中等职业学校机械类及近机械类专业的一门重要技术基础课。目前在许多的同类教材中，对该课程讲述的效果还不够理想，表现在学生学完本课以后，在简单机械设计中不知怎样应用，考虑问题不知从何入手。固然各方面因素很多，但某些教材体系不合理也是其中重要原因之一。由于学生生产实践经验不足，因此感觉到内容抽象庞杂，枯燥乏味，抓不住重点。为了改善教学效果，贯彻落实全国职业教育工作会议精神，克服某些教材专业设置落后、内容比较陈旧的情况，更好地满足中等职业学校教学改革的需要，按照"极限配合与测量技术"教学大纲的要求，我们精心编写了这本教材。

本教材以指导中等职业学校学生提高实践能力为出发点，淡化理论知识的灌输，注重结论指导实践。以提高学生实践技能为本，突出职业教育的实用性，改变同类教材理论内容偏深、偏难，知识结构重点不突出以及实践指导性欠缺的弊端。本教材采用项目教学法，更新教学内容，突出实践技能的训练，强化创新能力的培养，以培养具备较宽理论基础和技能型的生产一线高素质劳动者，使培养的人才适应科技进步、经济发展和市场就业的需要。其根本目的是促进职业教育改革和技能人才培养。

针对中等职业学校机械类、近机械类各专业培养目标和就业市场对毕业生的基本要求，本书在编写过程中，本着"简明、实用、够用"的原则，反映了新知识、新技术、新工艺和新方法，体现了科学性、实用性、代表性和先进性，正确处理了理论知识与技术能力的关系。教师在教学过程中，针对每一教学项目，可以边讲、边练、边实践，能充分调动学生学习的积极性和主动性，不断提高学生的操作技能。本书采用了新的国标，内容上尽可能做到少而精，表述上力求通俗、新颖、易懂，方便读者学习。

本书由天津市第一轻工业学校张林、刘学菁、丁肃然编写，第 1~3 章由张林编写，项目一、二、三、四、六由刘学菁编写，第 4 章及项目五由丁肃然编写。张林任主编并统校全书，天津市机电职业技术学院赵云霞教授审阅了全书。本书课件部分由天津市第一轻工业学校张庆娣老师制作。

本书在编写过程中得到了有关领导和院校教师的大力支持与热心帮助，在此表示衷心的感谢。由于编者水平有限，书中错误和疏漏之处，欢迎广大读者批评指正。

编者

2005 年 12 月

目　录

基　础　篇

第1章　绪论 ……………………………… 1

1.1　"极限配合与测量技术"课程的特点与

任务 ………………………………… 1

　1.1.1　"极限配合与测量技术"课程的

特点 …………………………… 1

　1.1.2　"极限配合与测量技术"课程的

任务 …………………………… 1

1.2　互换性概述 …………………………… 2

　1.2.1　互换性的含义 ………………… 2

　1.2.2　互换性的种类 ………………… 3

1.3　精度要求与加工误差的评定 ………… 3

　1.3.1　精度及精度要求 ……………… 3

　1.3.2　加工误差的限制与评定 ……… 4

1.4　标准化与优先数系 …………………… 4

　1.4.1　标准 …………………………… 4

　1.4.2　标准化 ………………………… 5

　1.4.3　优先数和优先数系 …………… 5

习题 …………………………………………… 6

第2章　几何量的加工误差和公差 ……… 8

2.1　几何量的加工误差 …………………… 8

　2.1.1　尺寸误差 ……………………… 8

　2.1.2　形状误差和位置误差 ………… 9

　2.1.3　表面微观几何形状误差

（表面粗糙度）………………… 9

2.2　尺寸公差与配合的基本术语及定义 … 9

　2.2.1　有关尺寸的术语及定义 ……… 10

　2.2.2　有关尺寸偏差、公差的术语及定义 … 12

　2.2.3　有关配合的术语及定义 ……… 19

2.3　尺寸公差与配合的国家标准（公差

配合的选用）…………………………… 22

　2.3.1　标准公差系列 ………………… 24

　2.3.2　基本偏差系列 ………………… 25

　2.3.3　对未注公差尺寸的要求 ……… 29

2.4　几何公差及其公差带 ………………… 30

　2.4.1　几何公差的符号及代号 ……… 31

　2.4.2　评定对象 ……………………… 33

　2.4.3　评定基准 ……………………… 34

　2.4.4　几何公差的标注 ……………… 35

　2.4.5　形状公差项目及其公差带 …… 48

　2.4.6　位置公差项目及其公差带 …… 51

　2.4.7　几何公差值 …………………… 56

习题 …………………………………………… 58

第3章　几何公差与尺寸公差的关系 …… 60

3.1　基本概念 ……………………………… 60

　3.1.1　作用尺寸 ……………………… 60

　3.1.2　实体状态和实体尺寸 ………… 60

　3.1.3　极限尺寸判断原则（泰勒原则）…… 61

　3.1.4　实效状态和实效尺寸 ………… 61

3.2　公差原则 ……………………………… 63

　3.2.1　独立原则 ……………………… 63

　3.2.2　相关要求 ……………………… 64

习题 …………………………………………… 69

第4章　表面粗糙度 ……………………… 71

4.1　概述 …………………………………… 71

　4.1.1　表面粗糙度的概念 …………… 71

　4.1.2　表面粗糙度对零件使用性能的

影响 …………………………… 71

4.2　表面粗糙度评定参数 ………………… 72

4.3　表面粗糙度的标注 …………………… 74

　4.3.1　表面粗糙度符号 ……………… 74

　4.3.2　表面结构完整图形符号的组成 … 75

　4.3.3　表面结构要求在图样上的注法 … 76

4.4　表面粗糙度的选择 …………………… 77

习题 …………………………………………… 78

第5章　螺纹的公差与配合 ……………… 80

5.1 概述 ················· 80
5.1.1 普通螺纹的基本要求 ········· 80
5.1.2 普通螺纹的基本牙型 ········· 80
5.1.3 螺纹的主要几何参数 ········· 81
5.2 螺纹几何参数误差对互换性的影响 ··· 82
5.2.1 几何参数误差对互换性的影响 ··· 82
5.2.2 作用中径及保证螺纹互换性的条件 ··· 85
5.3 螺纹连接的公差与配合 ········· 86
5.3.1 螺纹的公差等级 ·········· 86
5.3.2 螺纹的基本偏差 ·········· 87
5.3.3 螺纹连接件的公差与配合选用 ··· 88
5.3.4 螺纹在图样上的标注 ········ 89
习题 ···················· 90

第6章 测量技术基础 ··········· 92
6.1 测量单位和测量值传递 ········· 92

6.1.1 长度单位和长度基准 ········ 92
6.1.2 长度量值传递系统 ········· 93
6.1.3 量块 ················ 93
6.2 测量器具和测量方法 ·········· 97
6.2.1 测量器具及其技术性能指标 ···· 97
6.2.2 测量方法及其分类 ········· 99
6.3 测量误差与数据处理 ········· 100
6.3.1 测量误差的基本概念及其表示方法 ··· 100
6.3.2 测量误差的分类及其处理方法 ··· 101
6.3.3 等精度直接测量的数据处理 ··· 102
6.4 测量器具的选择及使用 ········ 104
6.4.1 工件尺寸的验收极限 ······· 104
6.4.2 测量器具的选择 ········· 105
6.4.3 游标量具的使用 ········· 106
6.5 先进测量仪器简介 ·········· 113
习题 ··················· 115

项 目 篇

项目一 内径百分表测量孔径 ······· 116
任务一 内径百分表的原理及测量方法 ··· 116
实验报告 用内径百分表测量孔径 ··· 117
任务二 孔、轴的尺寸公差及配合 ··· 118
任务三 几何公差的选用 ········ 131
习题 ··················· 134

项目二 表面粗糙度的测量 ········ 136
任务 比较法检测表面粗糙度 ····· 136
实验报告 ················ 137

项目三 轴承的选择 ··········· 138
任务一 滚动轴承精度等级的确定 ··· 138
任务二 选择负荷类型确定负荷大小 ··· 140
任务三 滚动轴承配合的选用 ····· 142
习题 ··················· 144

项目四 平键的测量 ··········· 146
任务一 平键键槽的测量 ········ 146
任务二 平键连接的公差与配合 ··· 148
习题 ··················· 149

项目五 花键的检测 ··········· 151
任务一 花键的检测 ·········· 151
任务二 在分度头上测量花键轴的
不等分累积误差 ········· 152
任务三 矩形花键的公称尺寸和定心方式 ··· 153
任务四 花键连接的公差与配合 ··· 155
任务五 花键的几何公差 ········ 156
任务六 花键的标注 ·········· 157
习题 ··················· 157

项目六 齿轮的测量 ··········· 159
任务一 齿轮测量 ··········· 159
任务二 齿轮的误差及其评定指标与检测 ··· 162
习题 ··················· 170

项目七 螺纹的测量 ··········· 171
任务 螺纹的测量 ··········· 171
实验报告 ················ 172

参考答案 ················ 174

参考文献 ················ 182

基础篇

第 1 章

绪论

1.1 "极限配合与测量技术"课程的特点与任务

1.1.1 "极限配合与测量技术"课程的特点

"极限配合与测量技术"课程是中等职业学校机械类和仪器仪表类相关专业的一门重要技术基础课，它与机械设计、机械制造等专业课有着密切的联系。

任何机械产品的设计，总是包括运动链的设计、强度链的设计和精度链的设计。运动链的设计，主要是确定适当的机构和运动副，以便实现预定的动作，完成该产品要完成的工作，这方面的知识属于"机械原理"课程的内容；强度链的设计，主要是确定零件的材料和尺寸，使之在完成它所承担的工作时，不致遭到破坏和严重变形，保证工作的稳定性和一定的使用寿命，这方面的知识属于"机械零件"课程的内容；精度链的设计，主要是根据装配组件中零件与零件（或组件与组件）之间的相互位置关系和零件的功能要求，恰如其分地给出零件的尺寸公差、形状公差、位置公差和表面粗糙度数值，以便将零件的制造误差限制在一定的范围之内，使机械产品装配后能保证正常的工作，这正是本课程要研究的问题。

机器或仪器仪表的精度是决定整台机器或仪器仪表质量的重要因素。实践证明，相同结构、相同材料的机器或仪器仪表，倘若精度不同，它们的质量会相差很大。

零件的精度确定以后，就必须有相应的工艺措施来保证，所以本课程又是学习"机械制造工艺学"等专业课的必备基础。另外，机械零件加工后是否符合精度要求，只有通过检测才能知道，所以检测是精度要求的技术保证，也是本课程所要研究的另一个重要问题。测试能力是在校学生应具备的基本技能之一，测试技能也是每个工程技术人员从事生产和科研工作的基本能力之一。

1.1.2 "极限配合与测量技术"课程的任务

学生在学习本课程之前，应具有一定的理论知识和初步的生产知识，能读图并懂得图样的标注方法。学生学完本课程后，应初步达到以下要求。

（1）建立互换性、公差与高质量产品的基本概念。

（2）了解各种几何参数有关公差标准的基本内容和主要规定。

（3）能正确识读、标注常用的公差配合要求，并能查用有关表格。

（4）会正确选择和使用生产现场的常用量具和仪器，能对一般几何量进行综合检测。

（5）会使用光滑极限量规。

本课程除课堂教学要讲授检测知识外，为了强化学生的检测技能，建议可考虑安排专用实验周以培养学生的综合检测能力。

1.2 互换性概述

互换性是现代化生产的一个重要技术经济原则，它广泛地应用于机械设备和各种家用机电产品的生产中。互换性现象在人们日常生活中随处可见，例如，机器或仪器上掉了一个螺钉，可以按相同的规格买一个装上；汽车、自行车、手表和电视机等小家电中的零部件若有损坏，只需换一个规格相同的新的零部件装上即可正常使用。

互换性原则被广泛采用，因为它不仅仅对生产过程产生影响，而且还涉及产品的设计、使用和维修等各个方面。

在设计方面采用具有互换性的标准件、通用件，可使设计工作简化，缩短设计周期，降低产品成本并便于进行计算机辅助设计。

1.2.1 互换性的含义

1. 互换性的含义

在制造业中，互换性是指制成的同一规格的一批零件或部件，不需做任何挑选、调整或修配（如钳工修理），就能进行装配，并能满足机械产品使用性能要求的一种特性，即同规格零部件可以相互替换的性能。

2. 互换性的作用

（1）从设计看，按照互换性要求设计产品，最适合选用具有互换性的标准零部件、通用件，使设计、计算和制图等工作大为简化，且便于计算机辅助设计，缩短设计周期，加速产品更新换代。

（2）从制造看，按互换性原则组织生产，各个工件可同时分别加工，实现专业化协调生产，便于用计算机辅助制造，以提高产品质量和生产率，降低制造成本。

（3）从装配看，由于零部件具有互换性，可提高装配质量，缩短装配周期，便于实现装配自动化，提高装配效率。

（4）从使用看，由于具有互换性，若零部件坏了，可方便地用备件替换，既缩短维修时间，又能保证维修质量，从而可提高机器的利用率，延长机器的使用寿命。

3. 具有互换性的条件

显然，互换性应同时具备两个条件：第一，不需挑选、不经修理就能进行装配；第二，装配以后能满足使用要求。所以要使零件具有互换性，就必须保证零件几何参数的准确性。但是，零件在加工过程中不可避免地要产生误差，而且这些误差可能会影响到零件的使用性能。如何解决这个问题呢？实践证明，只要将这些误差控制在一定范围内，即按"公差"来制造，仍能满足零件使用功能的要求，也就是说仍可以保证零件的互换性要求。

1.2.2　互换性的种类

（1）在机械制造中的互换性，可分为广义互换性和狭义互换性。

① 广义互换性。广义互换性是指机器的零件在各种性能方面都达到了使用要求。如几何参数的精度、强度、刚度、硬度、使用寿命、抗腐蚀性、热变形和电导性等都能满足机械的功能要求。

② 狭义互换性。狭义互换性是指机器的零部件只满足几何参数方面的要求，如尺寸、形状、位置和表面粗糙度的要求。根据本课程的内容要求，本书只研究几何参数方面的互换性。

（2）互换性按其程度又可分为完全互换性（绝对互换性）和不完全互换性（有限互换性）。

① 完全互换。完全互换性也称绝对互换性，是指当零（部）件在装配或更换前，不做任何选择；装配或更换时，不做调整或修配；装配或更换后，能满足预定使用要求。例如，螺栓、圆柱销等标准件的装配。

② 不完全互换性。不完全互换性也称有限互换性，是指当零（部）件在装配前，允许有附加的选择；装配时允许有附加的调整但不允许修配；装配后能满足预定使用要求。

分组装配法即属不完全互换性。例如，当装配精度要求很高时，若采用完全互换将使相配零件的尺寸公差很小，这将导致加工困难，成本提高，甚至无法加工。为此，生产中往往把零件的尺寸公差适当放大，以便加工。而在加工后再根据实测尺寸的大小，将制成的相配零件各分成若干组，使同组的尺寸差别比较小。然后，按对应组进行装配，这样既保证了装配精度的要求，又解决了零件的加工困难。此时，仅组内零件可以互换，组与组之间不可互换，故称不完全互换性。

上述两种互换性的使用场合不同，一般来说，不完全互换性常用于部件或机械制造厂内部的装配。至于厂际协作，往往要求完全互换性。例如，滚动轴承内、外圈滚道直径与滚珠直径的配合，由于精度要求高，加工困难，采用分组装配，所以是不完全互换性；滚动轴承内圈内径与轴的配合，外圈外径与轴承座孔的配合，为完全互换性。

1.3　精度要求与加工误差的评定

机械产品除具有互换性要求外，还有精度要求，这项要求同样是机械产品的基本要求之一。

1.3.1　精度及精度要求

在机械产品中，几何精度通常简称为精度，它是指零部件的实际几何形体与理想几何形体相接近的程度，包括尺寸、形状及相互位置的精度。

零件的几何形体是通过加工后得到的。在实际生产中，任何加工方法都无法将零件制造得绝对准确，总是存在加工误差。精度要求得越高，则加工误差应越小。

各类机械产品对精度的要求是不同的。例如，车间用的精度最低的 630mm×400mm 的划线平台，工作面的平面度误差要求不大于 0.07mm；而 0 级千分尺测砧平面的平面度误差则要求不大于 0.6μm；直径为 ϕ100mm 的轴，按中等精度要求，尺寸误差不大于 0.035mm，高精度要求时，尺寸误差不大于 0.015mm。

随着科学技术的发展和生产水平的提高，对产品几何精度的要求也越来越高。例如，用于精密配合的 ϕ100mm 的轴，尺寸误差不大于 0.006mm；而 10mm 的 00 级量块的尺寸误差则不大于 0.00012mm；大规模集成电路，要在 1mm^2 的硅片上集成数以万计的元件，其上的线条宽度约为

1μm，允许的几何误差仅为 0.05μm。

由此可见，要保证零部件及产品的精度要求，必须将加工误差限制在一定的范围，并应在零件加工后给予正确的评定。

1.3.2　加工误差的限制与评定

机械加工的零件总是存在各种误差，由于产品的精度要求不同，允许其误差的大小也不同。同时，为了满足互换性的要求，也应使同一规格零部件的几何参数接近一致，即必须限制加工误差的大小。对于加工误差的限制与评定，主要从以下两方面进行。

1.　公差

公差是限定零件加工误差范围的几何量，是保证互换性生产的一项基本的技术措施。因此，对有互换性和精度要求的零件，就可以用公差来控制其加工误差，以满足互换性和精度的要求。另外，零件的尺寸大小一定时，给定的公差值越小，精度就越高，但随之而来的是加工越困难。所以设计者不能任意规定公差值，必须按国家标准选取公差数值。

2.　检测

检测即检验和测量，是将被测几何参数与单位量值进行比较或判断的过程，由此确定被测几何参数是否在给定的极限范围之内。零件在加工中或加工后是否达到了要求，其误差是否在给定的公差范围内，这些都需要按一定的标准进行正确的检验和测量，因此检测是保证互换性生产的又一基本措施。所以应从保证产品质量和考虑经济性这两方面综合加以解决，并制订和贯彻统一的检测标准。

1.4　标准化与优先数系

标准化是指制订标准和贯彻标准以促进经济全面发展的全部活动过程。要实现互换性生产，就要求广泛的标准化。一切标准都是标准化活动的结果，而标准化的目的，又是通过制订标准来体现的，所以制订标准和修订标准是标准化的基本任务。

1.4.1　标准

1.　标准的含义

标准是指对重复性事物和概念所做的统一规定。它以科学、技术和实践经验的综合成果为基础，经有关部门协调一致，由主管部门批准，以特定的形式发布，作为共同遵守的准则和依据。我国现已颁布实施的《标准化法》规定，作为强制性的各级标准，一经发布必须遵守，否则就是违法。

2.　标准的分类

根据不同的适用范围，我国的标准分为国家标准、行业标准、地方标准和企业标准 4 个层次。

（1）国家标准（代号 GB）是由国务院标准化行政主管部门制订，在全国范围内统一的技术要求。主要包括：有关通用的名词术语、公差配合等基础标准；基本原料、材料标准；通用的零部件、元器件、构件、配件和工具、量具标准；通用的试验方法和检验方法的标准；有关安全、卫生和环境保护的标准等几方面。

（2）行业标准（代号 ZB）是对那些没有国家标准而又需要在全国某个行业范围内统一的技

术要求所制订的标准。如机械标准（JB）、冶金标准（YB）、石油标准（SY）、轻工标准（QB）和邮电标准（YD）等。在公布国家标准之后，该行业标准即行废止。

（3）地方标准（代号 DB）是对没有国家标准和行业标准而又需要在省、自治区、直辖市范围内统一的工业产品的安全、卫生要求等所制定的标准。在公布了相应的国家标准或行业标准之后，该项地方标准即行废止。

（4）企业标准是对没有国家标准、行业标准和地方标准的产品，可制定企业标准，作为组织生产的依据。对已有国家标准或行业标准的，国家鼓励企业制订严于国家标准或行业标准的企业标准，在企业内部适用，有利于提高产品的质量。

1.4.2　标准化

标准化是指在经济、技术、科学及管理等社会实践中，对重复性事物和概念，通过制定、发布和实施标准达到统一，以获得最佳秩序和社会效益的有组织的活动过程。

标准与标准化虽然是两个不同的概念，但又有着不可分割的联系。没有标准，也就没有标准化；反之没有标准化，标准也就失去了存在的意义。

目前标准化已渗透到社会的各个方面，通过制订、发布和实施的手段，使标准达到统一，可以获得最佳秩序（如最佳的生产秩序、工作秩序等）和最佳社会效益（如最大限度地减少不必要的劳动消耗，增加社会生产力）。显然，标准化的意义在于积极地推动社会的进步和生产的发展，其作用是很重要的。

1.4.3　优先数和优先数系

在生产中，为了满足用户不同的需求，产品必然出现不同的规格，有时，同一产品的同一参数也要从小到大取不同的数值。这些数值的选取，直接影响到加工过程中的刀具、夹具、量具等规格数量。例如，键的尺寸确定后，键槽的尺寸也就随之确定，继而加工键槽的刀具和量具的尺寸也应当与之对应。可见产品的参数值不能无级变化，否则会使产品、刀具、量具和夹具的规格品种繁多，导致标准化的实施、生产管理、设备维修以及部门间的协作等多方面的困难。为了便于组织互换性生产和协作、配套及维修，合理解决要求产品多样化的用户同只生产单一品种的生产者之间的矛盾，就需要对各种技术参数的数值进行简化和优选，最后统一为合理的标准数系，以便使设计者优先选用数系中的数值，使设计工作从一开始就纳入标准化的轨道。这个标准的数系就是优先数系，它可以使工程上采用的各项参数指标分档合理，并能使生产部门以较少的品种和规格，经济合理地满足用户对各种规格产品的需求。

优先数系是国际上统一的数值分级制度，是一个重要的基础标准。我国也采用这种制度。

优先数系是一种十进制的等比数列。所谓十进，是要求在数系中包括 1，10，100，…，10^n 和 0.1，0.01，…，10^{-n}（n 为正整数）。所谓等比，是按一定的公比形成的数列。每后一项的数值相对于前一项数值的增长率（后项减前项的差值与前项之比的百分比）是相等的，它符合分级均匀的需要。即优先数系是由公比为 $\sqrt[5]{10}$、$\sqrt[10]{10}$、$\sqrt[20]{10}$、$\sqrt[40]{10}$、$\sqrt[80]{10}$，且项值中含有 10 的整数幂的理论等比数列导出的一组近似等比的数列。例如，数列中 1^10，10^100，100^1 000 等称为十进段。每个十进段中的项数都是相等的，相邻段对应项值只是扩大到 10 倍或缩小到 1/10。这种性质有利于简化工程设计。各数列分别用符号 R5、R10、R20、R40、R80 表示，分别称为 R5 系列、R10 系列、R20 系列、R40 系列和 R80 系列，即

R5 系列是以 $\sqrt[5]{10} \approx 1.60$ 为公比形成的数系；

R10 系列是以 $\sqrt[10]{10} \approx 1.25$ 为公比形成的数系；

R20 系列是以 $\sqrt[20]{10} \approx 1.12$ 为公比形成的数系；

R40 系列是以 $\sqrt[40]{10} \approx 1.06$ 为公比形成的数系；

R80 系列是以 $\sqrt[80]{10} \approx 1.03$ 为公比形成的数系。

前 4 个系列在优先数系中为基本系列，R80 为补充系列。当参数要求分级很细，基本系列不能满足需要时才采用补充系列。

在标准中所列的每个数系的数值都已进行了圆整，在选择数值系列时应优先按标准确定。优先数系的基本系列如表 1.1 所示。

表 1.1 　　　　　　　　　　　　　优先数基本系列

R5	R10	R20	R40	R5	R10	R20	R40	R5	R10	R20	R40
1.00	1.00	1.00	1.00			2.24	2.24		5.00	5.00	5.00
			1.06				2.36				5.30
		1.12	1.12	2.50	2.50	2.50	2.50			5.60	5.60
			1.18				2.65				6.00
	1.25	1.25	1.25			2.80	2.80	6.30	6.30	6.30	6.30
			1.32				3.00				6.70
		1.40	1.40		3.15	3.15	3.15			7.10	7.10
			1.50				3.35				7.50
1.60	1.60	1.60	1.60			3.55	3.55		8.00	8.00	8.00
			1.70				3.15				8.50
		1.80	1.80	4.00	4.00	4.00	4.00			9.00	9.00
			1.90				4.25	10.00	10.00	10.00	10.00
	2.00	2.00	2.00			4.50	4.50				
			2.12				4.75				

表 1.1 中只给出了（1，10）区间的优先数，对大于 10 和小于 1 的优先数，均可用 10 的整数幂（10、100、1 000…或 0.1、0.01、0.001…）乘以表 1.1 中的优先数求得。

为了满足生产的需要，有时需要采用派生系列，以 Rr/p 表示，r 代表 5、10、20、40、80。例如，R10/3 系列中，r 为 10，p 为 3，其含意为从 R10 系列中的某一项开始，每隔 3 项取一数值，若从 1 开始，就可得到 1、2、4、8…数系，若从 1.25 开始，就可得到 1.25、2.5、5、10…数系。

习题

一、判断题（正确的打√，错误的打×）

1. 具有互换性的零件，其几何参数必须制成绝对精确。　　　　　　　　　　　　　（　　）

2. 公差是允许零件尺寸的最大偏差。　　　　　　　　　　　　　　　　　　　　（　　）

3. 在确定产品的参数或参数系列时，应最大限度地采用优先数和优先数系。　　　（　　）

4. 优先数系是由一些十进制等差数列构成的。　　　　　　　　　　　　　　　　（　　）

5. 公差值可以为零。　　　　　　　　　　　　　　　　　　　　　　　　　　　（　　）

二、多项选择题

1. 互换性按其_____可分为完全互换性和不完全互换性。

A. 方法　　　　　　　B. 性质　　　　　　　C. 程度　　　　　　　D. 效果

2. 具有互换性的零件，其几何参数制成绝对精确是_____。

A. 有可能的　　　　　　B. 有必要的　　　　　C. 不可能的　　　　　D. 没必要的

3. 加工后的零件实际尺寸与理想尺寸之差，称为＿＿＿＿。

A. 形状误差　　　　　　B. 尺寸误差　　　　　C. 公差

4. 互换性在机械制造业中的作用有＿＿＿＿。

A. 便于采用高效专用设备　　　　　　B. 便于装配自动化

C. 便于采用三化　　　　　　　　　　D. 保证产品质量

5. 标准化的意义在于＿＿＿＿。

A. 是现代化大生产的重要手段　　　　B. 是科学管理的基础

C. 是产品的设计的基本要求　　　　　D. 是计量工作的前提

三、填空题

1. 不完全互换是指＿＿＿＿。

2. 完全互换是指＿＿＿＿。

3. 有时用加工或调整某一特定零件的尺寸，以达到其＿＿＿＿，称为＿＿＿＿。

4. 优先数系中任何一数值均称为＿＿＿＿。

5. 规定公差的原则是＿＿＿＿。

四、综合题

生产中常用的互换性有几种？采用不完全互换的条件和意义是什么？

第**2**章

几何量的加工误差和公差

机械产品通常是由许多经过机械加工的零部件组成的。因此，在加工、测量和装配过程中都不可避免会产生各种误差。为了满足产品的互换性和精度要求，就必须控制这些误差，特别是加工误差。本章将讨论加工中出现的各种误差，着重介绍控制这些误差的公差项目及国家标准中的有关内容，为以后各章的学习奠定基础。

2.1 几何量的加工误差

任何机械零件都是由尺寸不同、形状各异的若干个表面所形成的几何体，是经过各种机械加工后形成的。加工中，由于种种原因，使得几何量会产生各种误差，通常分为尺寸误差、形状误差、相互位置误差和表面微观几何形状误差（表面粗糙度）。

2.1.1 尺寸误差

1. 尺寸误差的性质

尺寸误差是指零件的实际尺寸与其理想尺寸的差异，包括直线尺寸误差、中心距误差及角度误差，是最基本的误差形式，如图 2.1 中的 A 所示。加工时，对同一零件的尺寸，一般都可以采用不同的方法及加工工艺来制造，因此尺寸误差的变动也不一样。一批零件的尺寸误差大小和方向不变或有规律地变化，称为系统误差，可以设法消除或减小。尺寸误差大小和方向均变化不定，即数值分散，称为随机误差，无法消除或减小，但这种数值分散往往具有统计性，一般按正态规律分布。系统误差的产生主要是由加工时刀具的定值误差、机床-夹具的定值系统误差及测量时测量器具的刻度误差等引起的。随机误差的产生原因较多，例如，加工时温度的波动变化、材料不均匀、工艺系统的振动、工件的装夹，以及测量时周围条件的变化等各种因素。无论哪种因素对随机误差的大小都不起决定性作用。

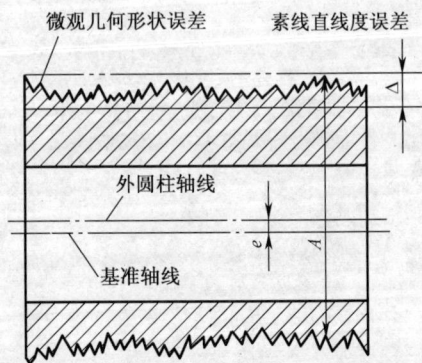

图 2.1　各种加工误差

2. 尺寸误差对零件功能的影响

尺寸误差的大小直接反映了零件尺寸精度的高低，对零件功能的影响主要是：影响两个配合件（如孔和轴）之间的松紧程度（即配合性质），尺寸误差过大，会使配合性质发生变化；影响两个配合件之间的顺利组装，如尺寸误差使螺孔小于螺栓，则难以顺利旋入；影响零件的其他功能，如量块的尺寸误差直接影响其所体现的标准尺寸大小，拉丝模孔径的尺寸误差直接影响拉出丝的直径尺寸精度等。因此对尺寸误差应给予控制。

2.1.2 形状误差和位置误差

1. 形状误差和位置误差的性质

形状误差和位置误差是指构成零件的几何形体的实际形状对其理想形状和几何形体的实际位置对其理想位置的变动量，如图 2.1 中的 Δ、e 所示，简称几何误差。

几何误差的产生主要是由机床-夹具-刀具-零件组成的工艺系统的误差所致，另外，在加工过程中出现的载荷及受力变形、热变形、振动和磨损等各种干扰，也会使被加工的零件产生几何误差。

2. 几何误差对机器使用性能的影响

几何误差的大小是反映零件精度的一项很重要的指标，对机器使用性能的影响主要是：影响两个相配合零件的配合性质，如轴的尺寸符合要求但形状弯曲，则不能保证与孔的配合性质；影响两个配合件的顺利组装，如与花键孔相配合的花键轴，加工后的外径、内径和键宽尺寸均符合要求，但由于各键的相互位置误差过大，则难以顺利装配；影响机器的其他功能要求，如印刷机的滚筒形状误差过大直接影响印刷质量，测量用的平台平面度误差过大直接影响测量精度，活塞的形状误差过大直接影响其工作性能和密封性。总之，几何误差对机床、仪器、刀具和量具等各种机械产品的安装精度、工作性能、连接强度、密封性、耐磨性以及工作平稳性都有很大的影响，特别是对精密机械、精密仪器以及经常在高温、高速和重载条件下工作的机械，其影响更为严重。因此，对几何误差必须给予控制。

2.1.3 表面微观几何形状误差（表面粗糙度）

1. 表面粗糙度的性质

表面粗糙度是指加工表面上具有较小的间距和峰谷所形成的微观几何形状误差。通常它的波距在 1mm 以下，如图 2.1 所示。

表面粗糙度误差的产生主要是由于切削过程中切屑分离时工件表面金属的塑性变形、撕裂以及机床的振动、摩擦等多种因素引起的。

2. 表面粗糙度对零件使用性能的影响

表面粗糙度数值的大小是零件表面质量高低的重要指标，对零件的使用性能及寿命影响很大，尤其对在高温、高压、高速和重载等条件下工作的零件更为重要。它主要影响零件的耐磨性、工作性能、配合性质、疲劳强度、密封性、抗腐蚀性等。另外，也影响检测精度和外形的美观。因此，对表面粗糙度也必须给予控制。

2.2 尺寸公差与配合的基本术语及定义

光滑圆柱面的结合是机械中应用极其广泛的结合。《公差与配合》国标不仅是确定圆柱面及其他表面或结构的尺寸公差及其配合的依据，而且也是所有机械产品精度标准的基础。因此，它是一项十分重要的基础标准。

本节主要介绍有关公差配合的术语及其定义。

2.2.1 有关尺寸的术语及定义

1. 尺寸

尺寸是指用特定单位表示线性尺寸值的数值。从尺寸的定义可知，尺寸由数字和特定单位所组成。在机械零件上，尺寸值通常是两点之间的距离，如直径 $\phi 32$mm、长度 30mm、中心距、圆弧半径、高度和深度等（不包括角度）。在机械制图中，尺寸的单位明确用 mm，所以标准规定图样上的尺寸仅标数字，mm 省略不标，而当采用其他单位时，则必须标出单位。

2. 公称尺寸

公称尺寸（D、d）是由图样规范确定的理想形状要素的尺寸。孔用 D 表示，轴用 d 表示。设计时根据零件使用要求，可通过强度计算、试验或类比相似零件的方法确定公称尺寸。注意，确定时应按表 2.1 所列的标准尺寸取值，其顺序是优先采用 R10 或 Ra10 系列，其次是 R20 或 Ra20 系列，再次是 R40 或 Ra40 系列。其中 Ra 系列是根据 R 系列圆整成整数值。有特殊需要时也允许使用非标准尺寸。

表 2.1　　　　　　　　　　标准尺寸（10~100mm）　　　　　　　　　　单位：mm

R			Ra			R			Ra		
R10	R20	R40	R10	R20	R40	R10	R20	R40	R10	R20	R40
10.0	10.0		10	10		35.5	35.5			36	36
	11.2			11				37.5			38
12.5		12.5	12	12	12	40.0	40.0	40.0	40	40	40
		13.2			13			42.5			42
		14.0		14	14		45.0	45.0		45	45
		15.0			15			47.5			48
16.0	16.0	16.0	16	16	16	50.0	50.0	50.0	50	50	50
		17.0			17			53.0			53
	18.0	18.0		18	18		56.0	56.0		56	56
		19.0			19			60.0			60
20.0	20.0	20.0	20	20	20	63.0	63.0	63.0	63	63	63
		20.2			21			67.0			67
	22.4	22.4		22	22		71.0	71.0		71	71
		23.6			24			75.0			75
25.0	25.0	25.0	25	25	25	80.0	80.0	80.0	80	80	80
		26.5			26			85.0			85
	28.0	28.0		28	28		90.0	90.0		90	90
		30.0			30			95.0			95
31.5	31.5	31.5	32	32	32	100.0	100.0	100.0	100	100	100
		33.5			34						

注：Ra 系列中的黑体字为 R 系列相应各项优先数的化整值。

图样上标注的尺寸，通常均是公称尺寸。如图 2.2 所示，$\phi 25$mm 为车床主轴箱中间轴直径的公称尺寸，30mm 为齿轮衬套长度的公称尺寸。

3. 实际（组成）要素

实际（组成）要素（D_a、d_a）由接近实际（组成）要素所限定的工件实际表面的组成要素部分。孔用 D_a 表示，轴用 d_a 表示。由于存在测量误差，所以实际（组成）要素并非尺寸的真值，且由于零件的同一表面总是存在形状误差，所以被测表面各部位的实际（组成）要素不尽相同，其放大后如图 2.3 所示。

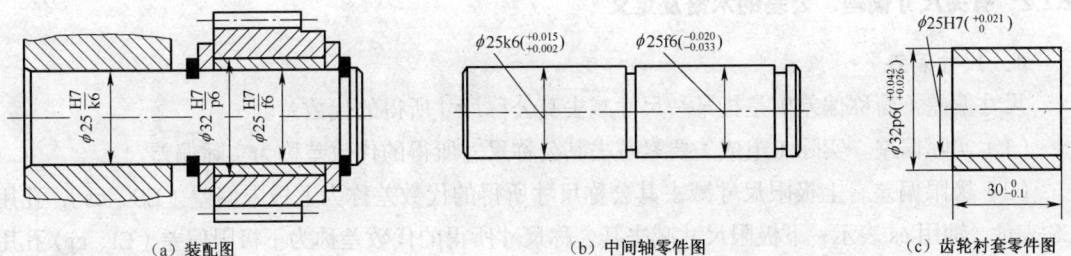

（a）装配图 　　　　　　　　　　（b）中间轴零件图 　　　　　　（c）齿轮衬套零件图

图 2.2　车床主轴箱中间轴装配图和零件图

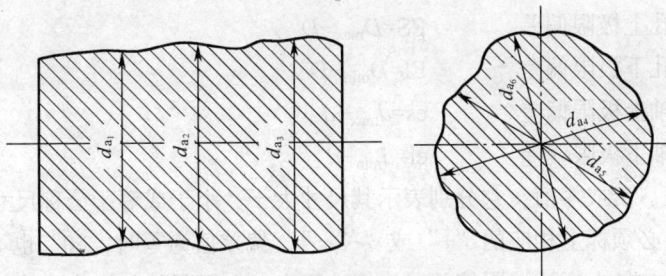

图 2.3　实际（组成）要素

还应指出，同一零件的相同部位用同一量具重复测量多次，由于测量误差的随机性，其测得的实际（组成）要素也不一定完全相同。

4. 极限尺寸

极限尺寸是指尺寸要素允许的尺寸的两个极端值。两个极端值中较大的一个称为上极限尺寸（D_{max}，d_{max}），孔用 D_{max} 表示，轴用 d_{max} 表示；较小的一个称为下极限尺寸（D_{min}、d_{min}），孔用 D_{min} 表示，轴用 d_{min} 表示。极限尺寸是控制实际（组成）要素合格的两个极端值，即下极限尺寸≤实际（组成）要素≤上极限尺寸。

【例 2.1】　求图 2.2（c）所示的齿轮衬套内孔 $\phi 25\text{H}7(^{+0.021}_{0})$ 和如图 2.2（b）所示的中间轴 $\phi 25\text{f}6(^{-0.020}_{-0.033})$ 轴径的极限尺寸。

解：按规定图样上不标注极限尺寸，可根据"机械制图"课所学过的知识，算出极限尺寸。

对孔：　$D_{max}=[25+(+0.021)]\text{mm}=25.021\text{mm}$

　　　　$D_{min}=[25+0]\text{mm}=25\text{mm}$

对轴：　$d_{max}=[25+(-0.020)]\text{mm}=24.980\text{mm}$

　　　　$d_{min}=[25+(-0.033)]\text{mm}=24.967\text{mm}$

上述尺寸中，公称尺寸和极限尺寸是设计给定的。如前所述，由于几何测量误差是客观存在的，故任何尺寸不可能也没有必要作为绝对准确的唯一数值。所以设计时必须根据零件的使用要求和加工经济性，以公称尺寸为基数确定其尺寸允许的变化范围，这个变化范围以两个极限尺寸为界限。由此可知，公称尺寸不能理解为加工后要获得的最理想的尺寸。

加工完后的零件通过测量获得的实际（组成）要素，若不计形状误差的影响，实际（组成）要素在两极限尺寸所确定的范围之内，则零件合格。所以，极限尺寸是用来控制实际（组成）要素的。

2.2.2　有关尺寸偏差、公差的术语及定义

1．尺寸偏差

尺寸偏差（简称偏差）是指某一尺寸减去其公称尺寸所得的代数差。

（1）实际偏差。实际（组成）要素减去其公称尺寸所得的代数差称为实际偏差。

（2）极限偏差。上极限尺寸减去其公称尺寸所得的代数差称为上极限偏差（ES、es），孔用 ES 表示，轴用 es 表示；下极限尺寸减去其公称尺寸所得的代数差称为下极限偏差（EI、ei）孔用 EI 表示，轴用 ei 表示。上、下极限偏差统称极限偏差。极限偏差用以控制实际偏差。

根据定义，上、下极限偏差用公式表示如下。

$$对孔：\quad 孔上极限偏差 \quad ES=D_{max}-D$$
$$孔下极限偏差 \quad EI=D_{min}-D$$
$$对轴：\quad 轴上极限偏差 \quad es=d_{max}-d$$
$$轴下极限偏差 \quad ei=d_{min}-d \tag{2.1}$$

偏差可以为正、负或零值，它分别表示其尺寸大于、小于或等于公称尺寸，所以不等于零的偏差值，在其值前必须标上相应的"+"或"-"号，偏差值为零时，"0"也不能省略。

在图样和技术文件上标注极限偏差时，标准规定：上极限偏差标在公称尺寸右上角；下极限偏差标在公称尺寸右下角，如 $\phi25(^{-0.020}_{-0.033})$ 或 $\phi25f6(^{-0.020}_{-0.033})$，当上、下极限偏差数值相等符号相反时，则标注为公称尺寸 ± 极限偏差数值，如 $\phi25 \pm 0.0065$。

2．尺寸公差

尺寸公差（简称公差）是指允许尺寸的变动量，孔和轴的公差分别以 T_h 和 T_s 表示。

公差数值等于上极限尺寸与下极限尺寸的代数差的绝对值，也等于上极限偏差与下极限偏差的代数差的绝对值。用公式表示为

$$T_h=|D_{max}-D_{min}|=|ES-EI|$$
$$T_s=|d_{max}-d_{min}|=|es-ei| \tag{2.2}$$

公差和极限偏差是两个既有联系又有区别的重要概念，两者都是设计时给定的。在数值上，极限偏差是代数值，正、负或零值都是有意义的；而公差是允许尺寸的变动范围，所以是没有正负号的绝对值，也不能取零值（零值意味着加工误差不存在，而这是不可能的）。实际计算时，由于上极限尺寸大于下极限尺寸（上极限偏差大于下极限偏差），故可省去绝对值符号。

以如图 2.2 所示的孔 $\phi25H7(^{+0.021}_{0})$ 和轴 $\phi25f6(^{-0.020}_{-0.033})$ 为例计算公差值如下：

对 $\phi25H7(^{+0.021}_{0})$ 孔：

$$T_h=(25.021-25)=(+0.021-0)mm=0.021mm$$

对 $\phi25f6(^{-0.020}_{-0.033})$ 轴：

$$T_s=(24.980-24.967)mm=[-0.02-(-0.033)]mm=0.013mm$$

由此可见公差值恒大于零。

从作用上看，极限偏差用于控制实际偏差，是判断加工零件尺寸是否合格的根据；而公差则用于控制一批零件实际（组成）要素的差异程度。从工艺上看，对某一具体尺寸，公差大小反映的是加工难易程度，即加工精度的高低。公差是制定加工工艺，选择机床、刀具、夹具和量具的主要根据；而极限偏差则是调整机床时决定切削工具与工件相对位置的依据。

应当指出，由于公差是上、下极限偏差之代数差的绝对值，所以确定了两极限偏差也就确定

了公差。

3. 尺寸公差带图

为了清晰地表示上述术语及其相互关系，做出公差与配合的示意图。由于零件的公称尺寸和公差、极限偏差相比较，其值相差十分悬殊，所以示意图中仅将公差与极限偏差部分放大，且不考虑形状误差的影响，如图 2.4（a）所示。从图中可以直观地分析、推导上述计算关系式。

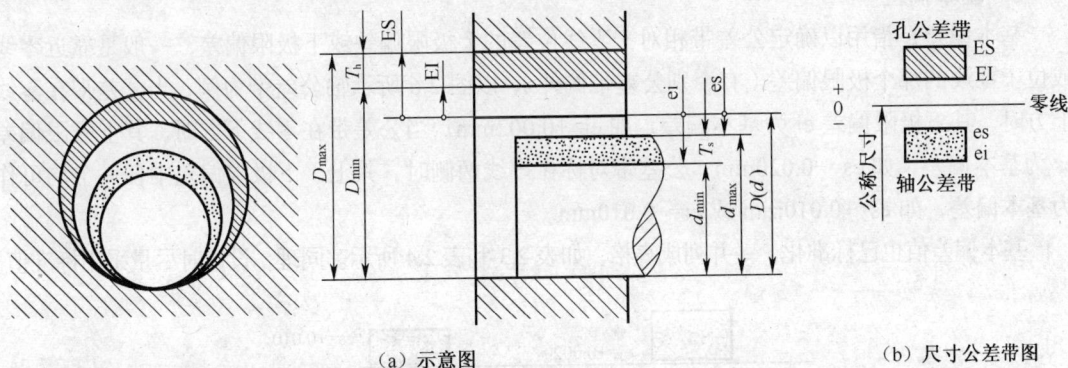

（a）示意图　　　　　　　　　（b）尺寸公差带图

图 2.4　公差与配合的示意图和尺寸公差带图

为了方便起见，使用时对公差与配合示意图进行简化，不画孔和轴的全形而仅取纵截面视图中的一部分，如图 2.4（b）所示，这称为尺寸公差带图，简称公差带图。

（1）零线。在公差带图中，零线是代表公称尺寸并确定偏差坐标位置的一条直线，即零偏差线。通常将零线画成水平位置的线段，正偏差位于零线上方，负偏差位于零线下方，零偏差重合于零线。公差带图中的偏差以 mm 为单位时，可省略不标；如以 μm 为单位，则必须注明。

（2）尺寸公差带。在公差带图解中，由代表上极限偏差和下极限偏差或上极限尺寸和下极限尺寸的两条直线所限定的一个区域，称为公差带。公差带沿零线方向的长度可适当任取。

【例 2.2】　作图 2.2 中轴 $\phi25f6(^{-0.020}_{-0.033})$ 和孔 $\phi25H7(^{+0.021}_{0})$ 的公差带图。

解： 作图步骤如下。

① 作零线，并在零线左端标上 "0" 和 "+"、"-" 号，在其左下方画出单箭头的尺寸线并标上公称尺寸 $\phi25mm$。

② 选择合适比例（一般可选 500∶1，偏差值较小时可选 1 000∶1），按选定放大比例画出公差带。为了区别孔和轴的公差带，孔的公差带应画上剖面线；而轴的公差带应是黑点，标上公差带代号（后述）。一般将极限偏差值直接标在公差带的附近，如图 2.5 所示。

从公差带图上可清楚地看出，一个具体的公差带是由两个要素构成：一个是 "公差带大小"，即公差带在零线垂直方向的宽度；另一个是 "公差带位置"，即公差带相对于零线的坐标位置。只有既给定公差值以确定公差带大小，同时又给出一个极限偏差（上极限偏差或下极限偏差），才能完全确定一个公差带。

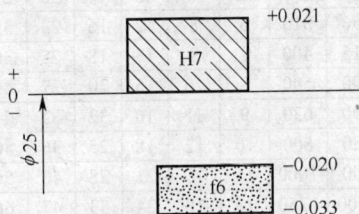

图 2.5　中间轴轴径和齿轮衬套内孔的公差带图

《公差与配合》标准对构成孔、轴公差带的两个要素——公差带大小和公差带位置，分别进行标准化，建立了标准公差和基本偏差两个系列，两者原则上彼此独立，使这项标准具有比较先进、科学的基本结构。

4. 标准公差

标准公差是指国家规定的，用以确定公差带大小的任一公差。公差带大小进行标准化后，确定了一系列标准公差值并列成表格，如表 2.2 所示，表中任一公差都称为标准公差，用以确定公差带的大小。设计时，在满足使用要求的前提下，应尽量采用标准公差。

5. 基本偏差

基本偏差是指用以确定公差带相对于零线位置的上极限偏差或下极限偏差，一般是靠近零线或位于零线的那个极限偏差（有个别公差带例外）。以图 2.6 所示轴公差带为例，当公差带在零线上方时，其下极限偏差 ei 为基本偏差，如 ei=+0.002mm；当公差带在零线下方时，其上极限偏差 es 为基本偏差，如 es=−0.020mm；公差带对称在零线两侧时，其上、下极限偏差中任一个均可作为基本偏差，如 es=+0.010rnm 或 ei=−0.010mm。

基本偏差值也已标准化，一并列成表格，如表 2.3 和表 2.4 所示。同理，设计时尽量采用标准值。

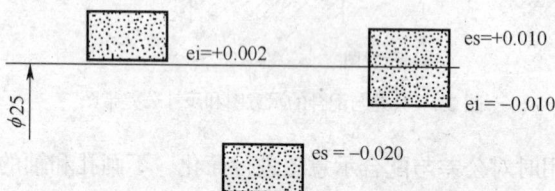

图 2.6 基本偏差

表 2.2　　　　　　　　　　标准公差数值（摘自 GB/T 1800.1—2009）

公称尺寸 /mm		标准公差等级																
		IT1	IT2	IT3	IT4	IT5	IT6	IT7	IT8	IT9	IT10	IT11	IT12	IT13	IT14	IT15	IT16	IT17	IT18
大于	至	μm											mm						
—	3	0.8	1.2	2	3	4	6	10	14	25	40	60	0.1	0.14	0.25	0.4	0.6	1	1.4
3	6	1	1.5	2.5	4	5	8	12	18	30	48	75	0.12	0.18	0.3	0.48	0.75	1.2	1.8
6	10	1	1.5	2.5	4	6	9	15	27	36	58	90	0.15	0.22	0.36	0.58	0.9	1.5	2.2
10	18	1.2	2	3	5	8	11	18	27	43	70	110	0.18	0.27	0.43	0.7	1.1	1.8	2.7
18	30	1.5	2.5	4	6	9	13	21	33	52	84	130	0.21	0.33	0.52	0.84	1.3	2.1	3.3
30	50	1.5	2.5	4	7	11	16	25	39	62	100	160	0.25	0.39	0.62	1	1.6	2.5	3.9
50	80	2	3	6	8	13	19	30	46	74	120	190	0.3	0.46	0.74	1.2	1.9	5	4.5
80	120	2.5	4	6	10	15	22	35	54	87	140	220	0.35	0.54	0.87	1.4	2.2	3.5	5.4
120	180	3.5	5	8	12	18	25	40	63	100	160	250	0.4	0.63	1	1.6	2.5	4	6.3
180	250	4.5	7	10	14	20	29	46	72	115	185	290	0.46	0.72	1.15	1.85	2.9	4.6	7.2
250	315	6	8	12	16	23	32	52	81	130	210	320	0.52	0.81	1.3	2.1	3.2	5.2	8.1
315	400	7	9	13	18	25	36	57	89	140	230	360	0.57	0.89	1.4	2.3	3.6	5.7	8.9
400	500	8	10	15	20	27	40	63	97	155	250	400	0.63	0.97	1.55	2.5	4	6.3	9.7
500	630	9	11	16	32	32	44	70	110	175	280	440	0.7	1.1	175	2.8	4.4	7	11
630	800	10	12	18	25	36	50	80	125	200	320	500	0.8	1.25	2	3.2	5	8	12.5
800	1000	11	13	21	28	40	56	90	140	230	360	560	0.9	1.4	2.3	3.5	5.6	9	14
1000	1250	13	18	24	33	47	66	105	165	260	420	660	1.05	1.65	2.6	4.2	6.6	10.5	16.5
1250	1600	15	21	29	39	55	78	125	195	310	500	780	1.25	1.95	3.1	5	7.8	12.5	19.5
1600	2000	18	25	35	46	65	92	150	230	370	920	1.5	2.3	3.7	6	9.2	15	23
2000	2500	22	30	41	55	78	110	175	280	440	700	1100	1.75	2.8	4.4	7	11	17.5	28
2500	3150	26	36	50	68	96	135	210	330	540	860	1350	2.1	3.3	5.4	8.6	13.5	21	33

注：1. 公称尺寸大于 500mm 的 IT1~IT5 的标准公差数值为试行的

　　2. 公称尺寸小于或等于 1mm 时，无 IT14~IT18

表 2.3 　　　　　　　　　　　　轴的基本偏差数值 　　　　　　　　　　单位：μm

公称尺寸/mm		基本偏差数值																
		上极限偏差 es											下极限偏差 ei					
		所有标准公差等级												IT5 和 IT6	IT7	IT8	IT4 和 IT7	≤IT3 >IT7
大于	至	a	b	c	cd	d	e	ef	f	fg	g	h	js	j			k	
—	3	−270	−140	−60	−34	−20	−14	−10	−6	−4	−2	0	偏差=±$\frac{IT_n}{2}$，式中 IT_n 是 IT 值数	−2	−4	−6	0	0
3	6	−270	−140	−70	−46	−30	−20	−14	−10	−6	−4	0		−2	−4		+1	0
6	10	−280	−150	−80	−56	−40	−25	−18	−13	−8	−5	0		−2	−5		+1	0
10	14	−290	−150	−95		−50	−32		−16		−6	0		−3	−6		+1	0
14	18																	
18	24	−300	−160	−110		−65	−40		−20		−7	0		−4	−8		+2	0
24	30																	
30	40	−310	−170	−120		−80	−50		−25		−9	0		−5	−10		+2	0
40	50	−320	−180	−130														
50	65	−340	−190	−140		−100	−60		−30		−10	0		−7	−12		+2	0
65	80	−360	−200	−150														
80	100	−380	−220	−170		−120	−72		−36		−12	0		−9	−15		+3	0
100	120	−410	−240	−180														
120	140	−460	−260	−200		−145	−85		−43		−14	0		−11	−18		+3	0
140	160	−520	−280	−210														
160	180	−580	−310	−230														
180	200	−660	−340	−240		−170	−100		−50		−15	0		−13	−21		+4	0
200	225	−740	−380	−260														
225	250	−820	−420	−280														
250	280	−920	−480	−300		−190	−110		−56		−17	0		−16	−26		+4	0
280	315	−1050	−540	−330														
315	355	−1200	−600	−360		−210	−125		−62		−18	0		−18	−28		+4	0
355	400	−1350	−680	−400														
400	450	−1500	−760	−440		−230	−135		−68		−20	0		−20	−32		+5	0
450	500	−1650	−840	−480														
500	560					−260	−145		−76		−22	0					0	0
560	630																	
630	710					−290	−160		−80		−24	0					0	0
710	800																	
800	900					−320	−170		−86		−26	0					0	0
900	1000																	
1000	1120					−350	−195		−98		−28	0					0	0
1120	1250																	
1250	1400					−390	−220		−110		−30	0					0	0
1400	1600																	
1600	1800					−430	−240		−120		−32	0					0	0
1800	2000																	
2000	2240					−480	−260		−130		−34	0					0	0
2240	2500																	
2500	2800					−520	−290		−145		−38	0					0	0
2800	3150																	

续表

公称尺寸/mm		基本偏差数值													
		下极限偏差 ei													
大于	至	所有标准公差等级													
		m	n	p	r	s	t	u	v	x	y	z	za	zb	zc
—	3	+2	+4	+6	+10	+14		+18		+20		+26	+32	+40	+60
3	6	+4	+8	+12	+15	+19		+23		+28		+35	+42	+50	+80
6	10	+6	+10	+15	+19	+23		+28		+34		+42	+52	+67	+97
10	14	+7	+12	+18	+23	+28		+33		+40		+50	+64	+90	+130
14	18	+7	+12	+18	+23	+28		+33	+39	+45		+60	+77	+108	+150
18	24	+8	+15	+22	+28	+35		+41	+47	+54	+63	+73	+98	+136	+188
24	30	+8	+15	+22	+28	+35	+41	+48	+55	+64	+75	+88	+118	+160	+218
30	40	+9	+17	+26	+34	+43	+48	+60	+68	+80	+94	+112	+148	+200	+274
40	50	+9	+17	+26	+34	+43	+54	+70	+81	+97	+114	+136	+180	+242	+325
50	65	+11	+20	+32	+41	+53	+66	+87	+102	+122	+144	+172	+226	+300	+405
65	80	+11	+20	+32	+43	+59	+75	+102	+120	+146	+174	+210	+274	+360	+480
80	100	+13	+23	+37	+51	+71	+91	+124	+146	+178	+214	+258	+335	+445	+585
100	120	+13	+23	+37	+54	+79	+104	+144	+172	+210	+254	+310	+400	+525	+690
120	140	+15	+27	+43	+63	+92	+122	+170	+202	+248	+300	+365	+470	+620	+800
140	160	+15	+27	+43	+65	+100	+134	+190	+228	+280	+340	+415	+535	+700	+900
160	180	+15	+27	+43	+68	+108	+146	+210	+252	+310	+380	+465	+600	+780	+1000
180	200	+17	+31	+50	+77	+122	+166	+236	+284	+350	+425	+520	+670	+880	+1150
200	225	+17	+31	+50	+80	+130	+180	+258	+310	+385	+470	575	+740	+960	+1250
225	250	+17	+31	+50	+84	+140	+196	+284	+340	+425	+520	+640	+820	+1050	+1350
250	280	+20	+34	+56	+94	+158	+218	+315	+385	+475	+580	+710	+920	+1200	+1550
280	315	+20	+34	+56	+98	+170	+240	+350	+425	+525	+650	+790	+1000	+1300	+1700
315	355	+21	+37	+62	+108	+190	+268	+390	+475	+590	+730	+900	+1150	+1500	+1900
355	400	+21	+37	+62	+114	+208	+294	+435	+530	+660	+820	+1000	+1300	+1650	+2100
400	450	+23	+40	+68	+126	+232	+330	+490	+595	+740	+920	+1100	+1450	+1850	+2400
450	500	+23	+40	+68	+132	+252	+360	+540	+660	+820	+1000	+1250	+1600	+2100	+2600
500	560	+26	+44	+78	+150	+280	+400	+600							
560	630	+26	+44	+78	+155	+310	+450	+660							
630	710	+30	+50	+88	+175	+340	+500	+740							
710	800	+30	+50	+88	+185	+380	+560	+840							
800	900	+34	+56	+100	+210	+430	+620	+940							
900	1000	+34	+56	+100	+220	+470	+680	+1050							
1000	1120	+40	+66	+120	+250	+520	+780	+1150							
1120	1250	+40	+66	+120	+260	+580	+840	+1300							
1250	1400	+48	+78	+140	+300	+640	+960	+1450							
1400	1600	+48	+78	+140	+330	+720	+1050	+1600							
1600	1800	+58	+92	+170	+370	+820	+1200	+1850							
1800	2000	+58	+92	+170	+400	+920	+1350	+2000							
2000	2240	+68	+110	+195	+440	+1000	+1500	+2300							
2240	2500	+68	+110	+195	+460	+1100	+1650	+2500							
2500	2800	+76	+135	+240	+550	+1250	+1900	+2900							
2800	3150	+76	+135	+240	+580	+1400	+2100	+3200							

注：1. 公称尺寸小于或等于1mm时，基本偏差a和b均不采用。

2. 公差带js7至js11，若IT_n值数是奇数，则取偏差$\pm\dfrac{IT_n-1}{2}$。

表 2.4　　　　　　　　　　　　　　孔的基本偏差数值　　　　　　　　　　　单位：μm

公称尺寸/mm 大于	至	A	B	C	CD	D	E	EF	F	FG	G	H	JS	J IT6	J IT7	J IT8	K ≤IT8	K >IT8	M ≤IT8	M >IT8	N ≤IT8	N >IT8
—	3	+270	+140	+60	+34	+20	+14	+10	+6	+4	+2	0		+2	+4	+6	0	0	−2	−2	−4	−4
3	6	+270	+140	+70	+46	+30	+20	+14	+10	+6	+4	0		+5	+6	+10	−1+Δ		−4+Δ	−4	8+Δ	0
6	10	+280	+150	+80	+56	+40	+25	+18	+13	+8	+5	0		+5	+8	+12	−1+Δ		−6+Δ	−6	−10+Δ	0
10	14	+290	+150	+95		+50	+32		+16		+6	0		+6	+10	+15	−1+Δ		−7+Δ	−7	−12+Δ	0
14	18	+290	+150	+95		+50	+32		+16		+6	0		+6	+10	+15	−1+Δ		−7+Δ	−7	−12+Δ	0
18	24	+300	+160	+110		+65	+40		+20		+7	0		+8	+12	+20	−2+Δ		−8+Δ	−8	−15+Δ	0
24	30	+300	+160	+110		+65	+40		+20		+7	0		+8	+12	+20	−2+Δ		−8+Δ	−8	−15+Δ	0
30	40	+310	+170	+120		+80	+50		+25		+9	0		+10	+14	+24	−2+Δ		−9+Δ	−9	−17+Δ	0
40	50	+320	+180	+130		+80	+50		+25		+9	0		+10	+14	+24	−2+Δ		−9+Δ	−9	−17+Δ	0
50	65	+340	+190	+140		+100	+60		+30		+10	0		+13	+18	+28	−2+Δ		−11+Δ	−11	−20+Δ	0
65	80	+360	+200	+150		+100	+60		+30		+10	0		+13	+18	+28	−2+Δ		−11+Δ	−11	−20+Δ	0
80	100	+380	+220	+170		+120	+72		+36		+12	0		+16	+22	+34	−3+Δ		−13+Δ	−13	−23+Δ	0
100	120	+410	+240	+180		+120	+72		+36		+12	0		+16	+22	+34	−3+Δ		−13+Δ	−13	−23+Δ	0
120	140	+460	+260	+200		+145	+85		+43		+14	0		+18	+26	+41	−3+Δ		−15+Δ	−15	−27+Δ	0
140	160	+520	+280	+210		+145	+85		+43		+14	0		+18	+26	+41	−3+Δ		−15+Δ	−15	−27+Δ	0
160	180	+580	+310	+230		+145	+85		+43		+14	0		+18	+26	+41	−3+Δ		−15+Δ	−15	−27+Δ	0
180	200	+660	+340	+240		+170	+100		+50		+15	0		+22	+30	+47	−4+Δ		−17+Δ	−17	−31+Δ	0
200	225	+740	+380	+260		+170	+100		+50		+15	0		+22	+30	+47	−4+Δ		−17+Δ	−17	−31+Δ	0
225	250	+820	+420	+280		+170	+100		+50		+15	0		+22	+30	+47	−4+Δ		−17+Δ	−17	−31+Δ	0
250	280	+920	+480	+300		+190	+110		+56		+17	0		+25	+36	+55	−4+Δ		−20+Δ	−20	−34+Δ	0
280	315	+1050	+540	+330		+190	+110		+56		+17	0		+25	+36	+55	−4+Δ		−20+Δ	−20	−34+Δ	0
315	355	+1200	+600	+360		+210	+125		+62		+18	0		+29	+39	+60	−4+Δ		−21+Δ	−21	−37+Δ	0
355	400	+1350	+680	+400		+210	+125		+62		+18	0		+29	+39	+60	−4+Δ		−21+Δ	−21	−37+Δ	0
400	450	+1500	+760	+440		+230	+135		+68		+20	0		+33	+43	+66	−5+Δ		−23+Δ	−23	−40+Δ	0
450	500	+1650	+840	+480		+230	+135		+68		+20	0		+33	+43	+66	−5+Δ		−23+Δ	−23	−40+Δ	0
500	560					+260	+145		+76		+22	0					0		−26		−44	
560	630					+260	+145		+76		+22	0					0		−26		−44	
630	710					+290	+160		+80		+24	0					0		−30		−50	
710	800					+290	+160		+80		+24	0					0		−30		−50	
800	900					+320	+170		+86		+26	0					0		−34		−56	
900	1000					+320	+170		+86		+26	0					0		−34		−56	
1000	1120					+350	+195		+98		+28	0					0		−40		−66	
1120	1250					+350	+195		+98		+28	0					0		−40		−66	
1250	1400					+390	+220		+110		+30	0					0		−48		−78	
1400	1600					+390	+220		+110		+30	0					0		−48		−78	
1600	1800					+430	+240		+120		+32	0					0		−58		−92	
1800	2000					+430	+240		+120		+32	0					0		−58		−92	
2000	2240					+480	+260		+130		+34	0					0		−68		−110	
2240	2500					+480	+260		+130		+34	0					0		−68		−110	
2500	2800					+520	+290		+145		+38	0					0		−76		−135	
2800	3150					+520	+290		+145		+38	0					0		−76		−135	

JS 列：$偏差 = \pm \dfrac{IT_n}{2}$，式中 IT_n 是 IT 值数。

表头说明：基本偏差数值——下极限偏差 EI（所有标准公差等级：A、B、C、CD、D、E、EF、F、FG、G、H、JS）；上极限偏差 ES（J：IT6、IT7、IT8；K：≤IT8、>IT8；M：≤IT8、>IT8；N：≤IT8、>IT8）。

公称尺寸/mm		≤IT7 P至ZC	基本偏差数值 上极限偏差 ES 标准公差等级大于IT7												Δ值 标准公差等级					
大于	至		P	R	S	T	U	V	X	Y	Z	ZA	ZB	ZC	IT3	IT4	IT5	IT6	IT7	IT8
—	3		−6	−10	−14		−18		−20		−26	−32	−40	−60	0	0	0	0	0	0
3	6	在大于IT7的相应数值上增加一个Δ值	−12	−15	−19		−23		−28		−35	−42	−50	−80	1	1.5	1	3	4	6
6	10		−15	−19	−23		−28		−34		−42	−52	−67	−97	1	1.5	2	3	6	7
10	14		−18	−23	−28		−33		−40		−50	−64	−90	−130	1	2	3	3	7	9
14	18							−39	−45		−60	−77	−108	−150						
18	24		−22	−28	−35		−41	−47	−54	−63	−73	−98	−136	−188	1.5	2	3	4	8	12
24	30					−41	−48	−55	−64	−75	−88	−118	−160	−218						
30	40		−26	−34	−43	−48	−60	−68	−80	−94	−112	−148	−200	−274	1.5	3	4	5	9	14
40	50					−54	−70	−81	−97	−114	−136	−180	−242	−325						
50	65		−32	−41	−53	−66	−87	−102	−122	−144	−172	−226	−300	−405	2	3	5	6	11	16
65	80			−43	−59	−75	−102	−120	−146	−174	−210	−274	−360	−480						
80	100		−37	−51	−71	−91	−124	−146	−178	−214	−258	−335	−445	−585	2	4	5	7	13	19
100	120			−54	−79	−104	−144	−172	−210	−254	−310	−400	−525	−690						
120	140		−43	−63	−92	−122	−170	−202	−248	−300	−365	−470	−620	−800	3	4	6	7	15	23
140	160			−65	−100	−134	−190	−228	−280	−340	−415	−535	−700	−900						
160	180			−68	−108	−146	−210	−252	−310	−380	−465	−600	−780	−1000						
180	200		−50	−77	−122	−166	−236	−284	−350	−425	−520	−670	−880	−1150	3	4	6	9	17	26
200	225			−80	−130	−180	−258	−310	−385	−470	−575	−740	−960	−1250						
225	250			−84	−140	−196	−284	−340	−425	−520	−640	−820	−1050	−1350						
250	280		−56	−94	−158	−218	−315	−385	−475	−580	−710	−920	−1200	−1550	4	4	7	9	20	29
280	315			−98	−170	−240	−350	−425	−525	−650	−790	−1000	−1300	−1700						
315	355		−62	−108	−190	−268	−390	−475	−590	−730	−900	−1150	−1500	−1900	4	5	7	11	21	32
355	400			−114	−208	−294	−435	−530	−660	−820	−1000	−1300	−1650	−2100						
400	450		−68	−126	−232	−330	−490	−595	−740	−920	−1100	−1450	−1850	−2400	5	5	7	13	23	34
450	500			−132	−252	−360	−540	−660	−820	−1000	−1250	−1600	−2100	−2600						
500	560		−78	−150	−280	−400	−600													
560	630			−155	−310	−450	−660													
630	710		−88	−175	−340	−500	−740													
710	800			−185	−380	−560	−840													
800	900		−100	−210	−430	−620	−940													
900	1000			−220	−470	−680	−1050													
1000	1120		−120	−250	−520	−780	−1150													
1120	1250			−260	−580	−840	−1300													
1250	1400		−140	−300	−640	−960	−1450													
1400	1600			−330	−720	−1050	−1600													
1600	1800		−170	−370	−820	−1200	−1850													
1800	2000			−400	−920	−1350	−2000													
2000	2240		−195	−440	−1000	−1500	−2300													
2240	2500			−460	−1100	−1650	−2500													
2500	2800		−240	−550	−1250	−1900	−2900													
2800	3150			−580	−1400	−2100	−3200													

注：1. 公称尺寸小于或等于1mm时，基本偏差A和B及大于IT8的N均不采用。

2. 公差带JS7至JS11，若IT_n值数是奇数，则取偏差$=\pm\dfrac{IT_n-1}{2}$。

3. 对小于或等于IT8的K、M、N和小于或等于IT7的P～ZC，所需Δ值从表内右侧选取。

例如：18mm～30mm段的K7：Δ=8μm，所以ES=−2μm+8μm=+6μm

18mm～30mm段的S6：Δ=4μm，所以ES=−35μm+4μm=−31μm

4. 特殊情况：250mm～315mm段的M6，ES=−9μm（代替−11μm）。

2.2.3 有关配合的术语及定义

1. 孔和轴

孔和轴，习惯上单指工件的圆柱形内、外尺寸要素，但在《极限与配合》国标中，有更广泛的含义。

孔：通常指工件的圆柱形内尺寸要素，也包括非圆柱形内尺寸要素（由二平行平面或切面形成的包容面）。

轴：通常指工件的圆柱形外尺寸要素，也包括非圆柱形外尺寸要素（由两个平行平面或切面形成的被包容面）。

（1）定义中的内、外尺寸要素，应从结合后的包容和被包容的关系来区分，如图 2.7 所示尺寸 b 为平键和轴槽宽度尺寸，显然，结合后轴槽为包容面为孔，平键是被包容面为轴，从加工过程分析，随着余量的逐渐切削，尺寸由小变大者为孔，尺寸由大变小者为轴。

（2）对于多尺寸的内、外尺寸要素，孔和轴仅指其中由单一尺寸所确定的部分。如图 2.7 所示的长方形内、外尺寸要素，由长度尺寸 20mm 组成一对孔和轴，而宽度尺寸 15mm 又可组成一对孔和轴。

《极限与配合》国标所规定的内容，对广义的孔、轴都是适用的。

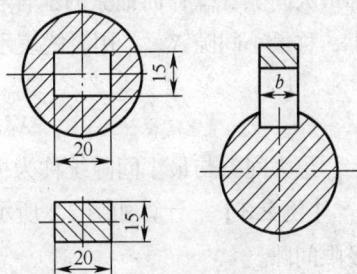

图 2.7 孔和轴

2. 配合

配合是指公称尺寸相同的，相互结合的孔和轴公差带之间的关系。

（1）配合的条件。相互结合的孔、轴，其中，孔处于包容状态，轴处于被包容状态。而且相互结合的孔和轴其公称尺寸相同。即它们各自的极限尺寸或极限偏差，都是以同一的公称尺寸为基数来确定的，如图 2.2 所示

（2）配合的性质。配合的性质指的是孔、轴装配后的松紧程度和松紧变化的程度两个方面。而这两方面都取决于相互结合的孔和轴公差带之间的关系。

3. 间隙和过盈（X 和 Y）

孔的尺寸减去相配合的轴的尺寸所得的代数差，此差值为正值时称为间隙，一般用 X 表示；此差值为负值时称为过盈，一般用 Y 表示。因此量值前的"+"或"−"号不能省略，以表示该量值是间隙还是过盈，"+"表示间隙，"−"表示过盈。需要指出的间隙量和过盈量的大小，是以"+"、"−"号后的数值大小来区分的，不要和数学上的大小概念相混淆。在孔和轴的配合中，间隙的存在是配合后能产生相对运动的基本条件，而过盈的存在是使配合零件位置固定或传递载荷。

配合按其出现间隙或过盈的不同分为间隙配合、过盈配合和过渡配合三大类。

4. 间隙配合

间隙配合是指具有间隙（包括最小间隙等于零）的配合。此时孔的公差带全部在轴的公差带之上，如图 2.8 所示。

只要孔和轴的实际（组成）要素都在各自的公差带之内，任取一对孔、轴，就能保证孔的实际（组成）要素一定大于轴的实际（组成）要素，相配后必有间隙。

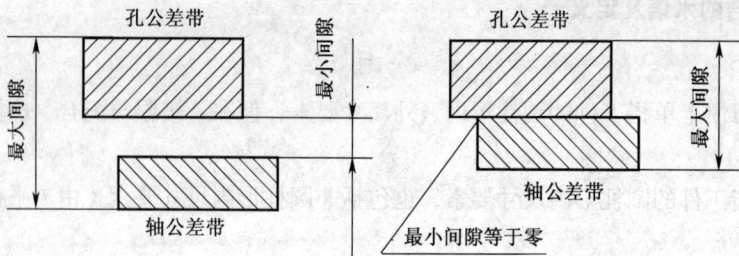

图 2.8　间隙配合

由于孔、轴的实际（组成）要素允许在各自公差带内变动，所以孔、轴配合的间隙也是变动的。其中，最松的配合状态发生在孔为上极限尺寸而相配轴为下极限尺寸时，装配后间隙最大，称最大间隙 X_{max}；而最紧的配合状态则孔为下极限尺寸而相配轴为上极限尺寸时，装配后间隙最小，称最小间隙 X_{min}。用公式表示：

$$X_{max}=D_{max}-d_{min}=(D+ES)-(d+ei)=ES-ei$$
$$X_{min}=D_{min}-d_{max}=(D+EI)-(d+es)=EI-es \tag{2.3}$$

最大间隙与最小间隙统称为极限间隙，它表示间隙配合中允许间隙变动的两个极端值。

【例 2.3】　计算如图 2.2 所示齿轮衬套孔 $\phi25H7(^{+0.021}_{0})$ 和中间轴轴径 $\phi25f6(^{-0.020}_{-0.033})$ 这对配合的极限间隙。

解：X_{max}=ES-ei=[+0.021-（-0.033）]mm=+0.054mm

　　　X_{min}=EI-es=[0-（0.020）]mm=+0.020mm

5. 过盈配合

过盈配合是指具有过盈（包括最小过盈等于零）的配合。此时孔的公差带全部在轴的公差带之下，如图 2.9 所示。

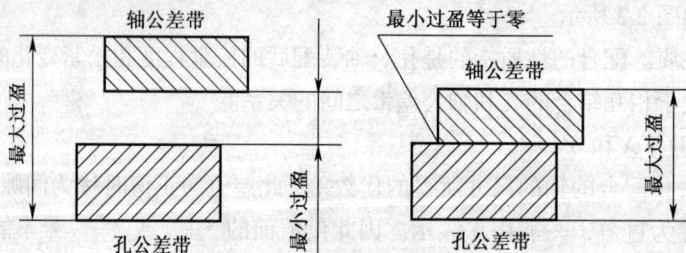

图 2.9　过盈配合

同样，孔、轴公差带之间的如此关系，才能保证任何合格的孔、轴相配后都具有过盈。同间隙配合一样，过盈配合中配合性质特征值如下。

最松配合状态下的过盈量为最小过盈 Y_{min}：

$$Y_{min}=D_{max}-d_{min}=ES-ei \tag{2.4}$$

最紧配合状态下的过盈量为最大过盈 Y_{max}：

$$Y_{max}=D_{min}-d_{max}=EI-es \tag{2.5}$$

最大过盈与最小过盈统称为极限过盈，它表示过盈配合中允许过盈变动的两个极端值。

【例 2.4】　计算如图 2.2 所示，齿轮孔 $\phi32H7(^{+0.025}_{0})$ 和齿轮衬套外径 $\phi32p6(^{+0.042}_{+0.026})$ 这对配合的

极限过盈

解： Y_{max} =EI-es=0- (+0.042)= -0.042mm

Y_{min} =ES-ei=+0.025- (+0.026)= -0.001mm

6. 过渡配合

是指可能具有间隙或过盈的配合。此时，孔的公差带与轴的公差带相互交叠，如图 2.10 所示。在位于各自公差带内的孔、轴合格件中，任取其中一对孔、轴相配，则孔的实际（组成）要素有可能大于、等于或小于轴的实际（组成）要素。所以装配后可能具有间隙，也可能具有过盈。表示过渡配合松紧程度的特征值是最大间隙和最大过盈。

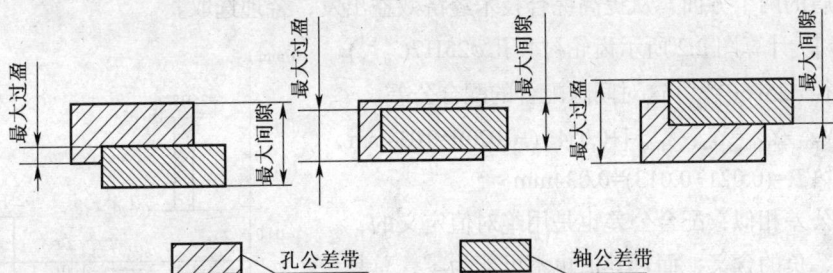

图 2.10 过渡配合

过渡配合的最松状态发生在孔为上极限尺寸而相配轴为下极限尺寸之时，此时出现最大间隙。用公式表示如下。

$$X_{max}=D_{max}-d_{min}=ES-ei \qquad (2.6)$$

过渡配合的最紧状态发生在孔为下极限尺寸而相配轴则为上极限尺寸时，装配后，过渡配合出现最大过盈。用公式表示如下。

$$Y_{max}=D_{min}-d_{max}=EI-es \qquad (2.7)$$

在过渡配合中，出现间隙和过盈的概率，主要取决于孔和轴公差带的相互关系，显然，如图 2.10 所示，轴公差带越在孔公差带上部交叠，出现过盈的百分率就越大，配合就越紧。

【例 2.5】 计算如图 2.2 所示，箱体孔 $\phi 25H7(^{+0.021}_{0})$ 和中间轴轴径 $\phi 25k6(^{+0.015}_{+0.002})$ 这对配合的极限盈隙。

解： X_{max} =ES-ei=[+0.021- (+0.002)]mm=0.019mm

Y_{max} =EI-es=[0- (+0.015)]mm=-0.015mm

如何根据图样上标注的孔、轴的极限偏差来判断配合的性质是一个比较重要的问题。在配合中要保证孔的下极限偏差大于或等于轴的上极限偏差，就必然保证孔的上极限偏差大于轴的下极限偏差，即可保证此配合为间隙配合。同样，在配合中只要保证孔的上极限偏差小于或等于轴的下极限偏差，也就必然保证孔的下极限偏差小于轴的上极限偏差，即可保证此配合为过盈配合。所以得出的判断条件如下：EI≥es 时，为间隙配合；ES≤ei 时，为过盈配合；ES＞ei，且 EI＜es 时，为过渡配合。

7. 配合公差（T_f）

配合公差是指在各类配合中，允许间隙或过盈的变动量。一般用 T_f 表示，它的数值等于配合最松状态时的极限盈隙与最紧状态时的极限盈隙的代数差的绝对值。配合公差反映了配合的松紧变化程度。它和尺寸公差一样，是没有正、负号，也不能为零的绝对值。用公式表示如下。

对于间隙配合： $T_f=|X_{max}-X_{min}|$

对于过盈配合：$\qquad T_{\mathrm{f}}=|Y_{\min}-Y_{\max}|$

对于过渡配合：$\qquad T_{\mathrm{f}}=|X_{\max}-Y_{\max}|$

将极限间隙和过盈分别用孔、轴极限尺寸代入公式，换算整理后，三类配合的配合公差又等于相互配合的孔公差和轴公差之和。即：

$$T_{\mathrm{f}}=T_{\mathrm{h}}+T_{\mathrm{s}} \tag{2.8}$$

此结论很重要。它说明设计时要使某配合部位的松紧变化程度减小，即减小配合公差 T_{f}，提高配合的稳定性和精度，必须减少相配孔、轴的尺寸公差，即提高相配件的加工精度，这将会使制造难度增加，制造成本加大。所以设计时不能只强调某一方面，而要综合考虑使用要求和制造难易这对矛盾的两个方面，从提高综合技术经济效益出发，合理选取。

【例 2.6】 计算图 2.2 所示齿轮衬套孔 $\phi25\mathrm{H}7(^{+0.021}_{0})$ 和中间轴轴径 $\phi25\mathrm{f}6(^{-0.020}_{-0.033})$ 这对间隙配合的配合公差。

解： $T_{\mathrm{f}}=|X_{\max}-X_{\min}|=X_{\max}-X_{\min}=[+0.054-(+0.020)]=0.034\mathrm{mm}$

或 $T_{\mathrm{f}}=T_{\mathrm{h}}+T_{\mathrm{s}}=(0.021+0.013)=0.034\mathrm{mm}$

与尺寸公差相似，配合公差也是用绝对值定义的，因而没有正、负的含义，而且其值也不可能为零，总是大于零的。

8. 配合公差带图

配合公差带图是以零间隙（零过盈）为零线，零线以上纵坐标代表间隙；零线以下纵坐标代表过盈；过渡配合则横跨零线，如图 2.11 所示。

配合公差带的大小取决于配合公差的大小，它反映配合的松紧变化程度。

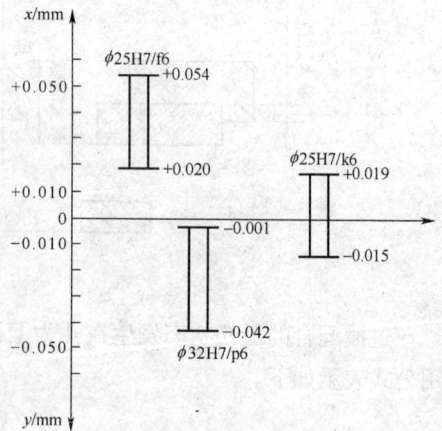

图 2.11 配合公差带图

2.3 尺寸公差与配合的国家标准（公差配合的选用）

1. 概述

1978 年国家标准总局确定了《公差与配合》国家标准"在立足我国生产实际的基础上，考虑生产发展的需要，采用国际公差制"的修订原则。按修订原则，对国际公差制进行了选择和补充，形成了国家标准 GB 1800～1804—79《公差与配合》。它既具有国际公差制的优点，又反映了我国的具体情况。

随着改革开放的进展，为尽快适应国际贸易、技术交流和经济交流以及国际标准飞跃发展的需要，1997 年、1998 年等效采用 ISO 286—1：1988（E）《ISO 极限与配合制第 1 部分：公差、偏差和配合的基础》（1988 年 9 月第 1 版）对 GB 1800—79 进行了修订。修订时，考虑到只对 GB 1800 标准某些部分进行修订而不牵动整个标准，以及便于查阅，将该国际标准转化为我国 3 个部分标准:GB/T 1800.1—1997、GB/T 1800.2—1998 和 GB/T1800.3—1998，在技术内容与编制顺序上与国际标准一致。

1999 年等效采用 ISO 286—2：1988 《ISO 极限与配合制第 2 部分：标准公差等级和孔、轴的极限偏差表》，制定了 GB/T 1800.4—1999，使我国国标的极限与配合常用孔、轴公差带的极限偏差与国际标准一致或等同。

GB/T 1801—1999 等效采用 ISO 1829—1975《一般用途公差带的选择》，并结合我国实际使用情况，主要对 GB 1801—79《公差与配合尺寸至 500mm 孔、轴公差带与配合》和 GB 1802—79

《公差与配合尺寸大于 500mm 至 3150mm 常用公差带》进行修订，在技术内容上基本与国际标准一致，并增加了配合的选择。

① GB/T 1800.1—1997《极限与配合　基础　第 1 部分：词汇》。

② GB/T 1800.2—1998《极限与配合　基础　第 2 部分：公差、偏差和配合的基本规定》。

③ GB/T 1800.3—1998《极限与配合　基础　第 3 部分：标准公差和基本偏差数值表》。

④ GB/T 1800.4—1999《极限与配合　标准公差等级和孔、轴的极限偏差表》。

⑤ GB/T 1801—1999《极限与配合　公差带与配合的选择》。

⑥ GB 1803—79《公差与配合　尺寸至 18mm 孔、轴公差带》。

⑦ GB/T 1804—92《一般公差　线性尺寸未注公差》。

极限与配合现行国家标准：

GB/T 1800.1—2009 第 1 部分：公差、偏差和配合的基础已将 GB/T 1800.1—1997 、GB/T 1800.2—1998 和 GB/T 1800.3—1998 合并为第 1 部分。

GB/T 1800.2—2009 第 2 部分：孔、轴极限偏差表将 GB/T 1800.4—1999 修改为第 2 部分。

GB/T 1801—2009 公差带和配合的选择代替 GB/T 1801—1999《极限与配合　公差带与配合的选择》。

现行国家标准《极限与配合》的基本结构包括公差与配合、测量与检验两部分。

公差与配合部分包括公差制与配合制，是对工件极限偏差的规定；测量与检验部分包括检验制与量规制，是作为公差与配合的技术保证。两部分和起来形成一个完整的公差制体系。

公差是由两个独立要素——标准公差（公差带的大小）和基本偏差（公差带的位置）确定的，通过标准化形成标准公差和基本偏差两个系列。

标准公差系列规定：公称尺寸至 500mm 内分为 20 个精度等级，公称尺寸在 500～3 150mm 内分为 18 个精度等级；基本偏差系列规定了 28 个孔、轴基本偏差符号。二者结合构成了孔与轴的不同的公差带，再由孔、轴公差带结合构成配合。

根据我国生产实际，参考 ISO 和各国公差带选用情况，标准规定了常用尺寸段，大尺寸段、仪器仪表和钟表工业用尺寸段的孔、轴公差带和线性尺寸未注公差尺寸的极限偏差，在常用尺寸段中列入了优先、常用和一般用途的孔、轴公差带，提供了优先、常用配合。

2. 配合制

如前所述，变更孔、轴公差带位置，可以组成不同性质、不同松紧的配合，但为了简化起见，无需将孔、轴公差带同时变动，只要固定一个，变更另一个，便可满足不同使用性能要求的配合，且获得良好的技术经济效益。因此，标准对孔与轴公差带之间的相互位置关系，规定了两种基准制，即基孔制和基轴制。

① 基孔制。基孔制是指基本偏差为一定的孔的公差带，与不同基本偏差的轴的公差带形成各种配合的一种制度，如图 2.12（a）所示。

基孔制中的孔称为基准孔，用 H 表示，基准孔以下极限偏差为基本偏差，且数值为零。所以公差带偏置在零线上侧。

基孔制配合中的轴为非基准轴，由于有不同的基本偏差，使它们的公差带和基准孔公差带形成不同的相互关系。据此可以判断其配合类别，如图 2.12（a）所示。在图中，孔和轴的公差带，其基本偏差用实线画出，而另一极限偏差则画虚线，表示位置待定，它取决于公差值的大小。基准孔另一极限偏差画两条虚线，表明基准孔公差值变动时，在"过渡配合或过盈配合"区内配合性质的变化，基准孔公差带较小时为过盈配合，较大时则可能变为过渡配合。

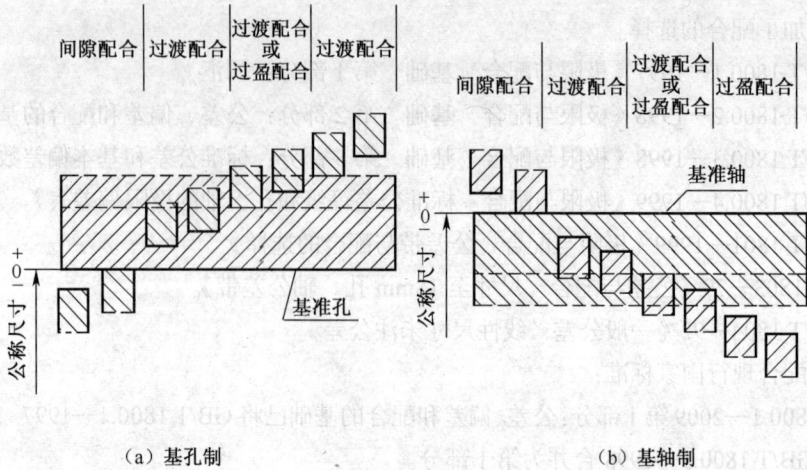

（a）基孔制　　　　　　　　　　　（b）基轴制

图 2.12　基准制

② 基轴制。基轴制是指基本偏差为一定的轴的公差带，与不同基本偏差的孔的公差带形成各种配合的一种制度，如图 2.12（b）所示。

同理，基轴制中的轴称为基准轴，用 h 表示，基准轴的上极限偏差为基本偏差且等于零。公差带则偏置在零线下侧。孔为非基准件，不同基本偏差的孔和基准轴形成不同类别的配合，如图 2.12（b）所示。

2.3.1　标准公差系列

标准公差系列是对公差值进行标准化后确定的，它以表格形式列出（见表 2.2）。表中任一数值都是标准公差。

1．公差等级

公差等级是指确定尺寸精确程度的等级。由于不同零件和零件上不同部位的尺寸，对精确程度的要求往往不相同，为了满足生产的需要，国家标准设置了 20 个公差等级。各级标准公差的代号为 IT01，IT0，IT1 至 IT18，其中 IT01 精度最高，其余依次降低，IT18 精度最低。其相应的标准公差在公称尺寸相同的条件下，随公差等级的降低而依次增大，见表 2.2。

从表 2.2 中的同一列可以看出，属于同一公差等级的标准公差随公称尺寸的增大而依次增加。必须指出，相同公差等级的标准公差，对所有不同的公称尺寸，虽数值不同，但认为具有相同的尺寸精确程度，即制造上和使用上具有相同的精确程度。通常，公差等级高（即等级数字小），加工难，加工精度高。

在生产实践中，规定零件的尺寸公差时，应尽量按表 2.2 选用标准公差。当然，如有充分理由也允许选用非标准公差。

2．尺寸分段

按公式计算标准公差值，每有一个公称尺寸 D 就有一个相对应的公差值。在生产实践中，公称尺寸数目繁多，这样，所编制的公差值表将非常庞大，且使用也不方便。其实，公差等级相同而公称尺寸相近并严格按公式计算的公差值，它们之间相差甚微，取相同值实用上影响很小。为此，标准按表 2.2 所示将常用尺寸段分为 13 个主尺寸段，以简化公差表格。考虑到有的尺寸段的尺寸变化对某些配合的配合性质的影响较为敏感，因而在基本偏差表（见表 2.3、表 2.4）中将某些主尺寸段再细分为 2 ~ 3 个中间尺寸段。

2.3.2　基本偏差系列

基本偏差是使公差带位置标准化的唯一参数，原则上与公差等级无关。为了满足各种不同配合的需要，必须将孔和轴的公差带位置标准化，为此对应不同的公称尺寸。标准对孔和轴各规定了 28 个公差带位置，分别由 28 个基本偏差来确定。

1.　代号

基本偏差代号由拉丁字母表示，小写代表轴，大写代表孔。以轴为例，它们的排列顺序基本上从 a 依次到 zc，拉丁字母中除去与其他代号易混淆的 5 个字母 i、l、o、q、w，增加了 7 个双字母代号 cd、ef、fg、js、za、zb、zc，共 28 个。其排列顺序如图 2.13 所示，孔的 28 个基本偏差代号，除大写外，其余与轴完全相同。

2.　基本偏差系列图及其特征

图 2.13 所示为基本偏差系列图，它表示公称尺寸相同的 28 种轴、孔基本偏差相对于零线的位置。图中画的基本偏差是"开口"公差带，这是因为基本偏差只表示公差带的位置，而不表示公差带的大小。图中只画出公差带基本偏差的一端，另一端开口则表示将由公差等级来决定。

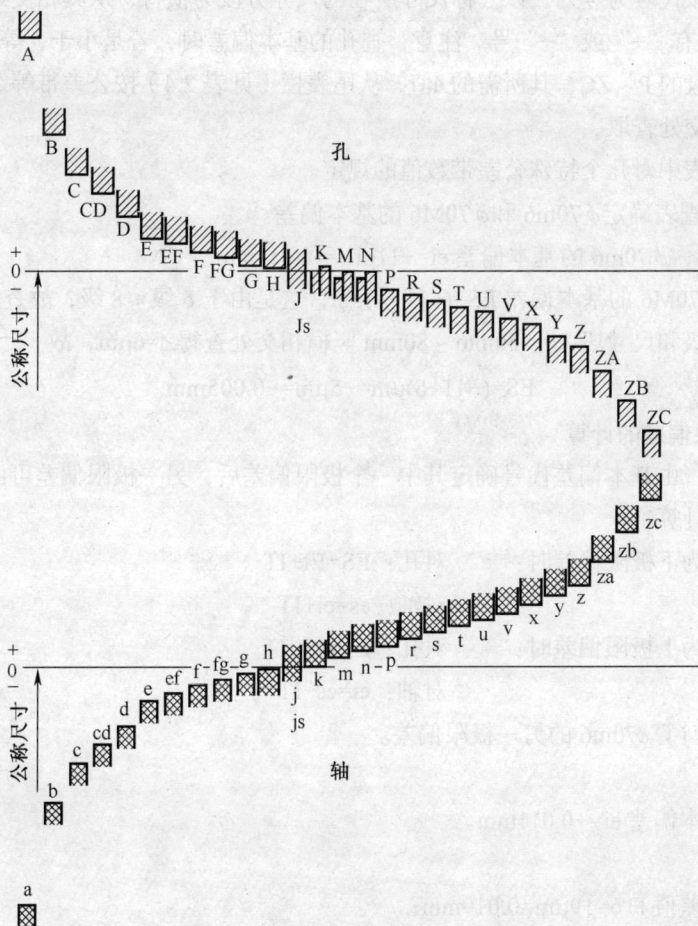

图 2.13　基本偏差系列图

（1）轴的 28 种基本偏差按 a～g 是上极限偏差 es，且是负值，其绝对值依次减少；而孔的基本偏差 A～G 是下极限偏差 EI，且是正值，其绝对值依次减少。

（2）轴 h 的基本偏差是上极限偏差 es，且为零值，是基准轴；孔 H 的基本偏差是下极限偏差 EI，且为零值，是基准孔。

（3）轴 js 和孔 JS 的公差带相对零线对称分布，故基本偏差可以是上极限偏差，也可以是下极限偏差，其数值为标准公差的一半，即 $\pm\dfrac{IT}{2}$。图中为双向"开口"，表示公差值待定。

（4）轴 j 的基本偏差是下极限偏差 ei，为负值；孔 J 的基本偏差是上极限偏差 ES，为正值。它们的公差带近似对称于零线，图中未标出具体位置。

（5）轴 k 的基本偏差是下极限偏差 ei，为正值或零值，它与公差等级有关，在图中占有两个位置。

（6）轴 m 至 zc 的基本偏差是下极限偏差 ei，为正值，其绝对值依次增大；孔 K 至 ZC 的基本偏差是上极限偏差 ES，为负值，其绝对值依次增大。

已知轴和孔的公差带，用查表法确定轴或孔的基本偏差的步骤如下。

第一步，根据基本偏差代号是小写还是大写，决定查轴还是孔的基本偏差表。

第二步，在表中横行找到该代号并查出该代号基本偏差是上极限偏差还是下极限偏差。

第三步，以该代号为竖列，以公称尺寸所在的尺寸分段为横行，从其相交处查得"基本偏差值"。偏差值一定有"+"或"-"号。注意，查孔的基本偏差时，若是小于、等于 8 级的 K、MN 或小于、等于 7 级的 P～ZC，其所需的 Δ 值，从尾表栏（见表 2.4）按公差带等级和公称尺寸所在的尺寸段竖横相交处查取。

同时，注意表中对几个特殊公差带数值的规定。

【例 2.7】 查表确定 ϕ70m6 和 ϕ70M6 的基本偏差。

解：查表 2.3，ϕ70m6 的基本偏差 ei=+11μm=+0.011mm。

查表 2.4，ϕ70M6 的基本偏差 ES=(-11+Δ)μm，这是由于 6 级≤8 级，故查≤8 级。从尾表按标准公差等级 6 级和尺寸段大于 50mm～80mm 竖横相交处查得 Δ=6μm，故

$$ES=(-11+6)\mu m=-5\mu m=-0.005mm。$$

3. 另一极限偏差的计算

一个公差带，由基本偏差代号确定其中一个极限偏差后，另一极限偏差可由基本偏差和标准公差按下述公式计算：

当基本偏差为下极限偏差时： 对孔：ES=EI+IT

对轴：es=ei+IT

当基本偏差为上极限偏差时： 对孔：EI=ES-IT

对轴：ei=es-IT

【例 2.8】 计算 ϕ70m6 的另一极限偏差。

解：

ϕ70m6 的基本偏差 ei=+0.011mm。

查表 2.1 得：

ϕ70m6 的公差值 IT6=19μm=0.019mm；

ϕ70m6 另一极限偏差：

es=ei+IT6=(+0.011+0.019)mm=+0.030mm。

4. 公差带

（1）公差带代号与标注。一个确定的公差带应由基本偏差和公差等级组合而成。孔、轴公差带代号用基本偏差代号和公差等级数字组成。例如，H7、F7、K7、P7 等为孔的公差带代号；h7、f6、r6、p6 等为轴的公差带代号。如指某一确定公称尺寸的公差带，则公称尺寸标在公差带代号之前。国标规定：公差带在图样上可用下列三种方式中的任一种标注。

例如图 2.2 所示中间轴轴径可用 $\phi25f6$，$\phi25f6_{-0.033}^{-0.020}$，$\phi25f6\left(_{-0.033}^{-0.020}\right)$。

标注时注意：基本偏差代号和公差等级数字字体大小要一致，极限偏差字体稍小，单位用 mm，要标出"+"、"−"号，零偏差要标出"0"号。上极限偏差标在右上方，下极限偏差标在右下方，数值小数位数要相同并对齐。如：$\phi60_{-0.090}^{-0.060}$、$\phi50\pm0.012$、$\phi15_{-0.018}^{0}$。

（2）公差带数、优先、常用和一般公差带。图 2.14、图 2.15 所示分别为一般、常用和优先孔（轴）公差带。

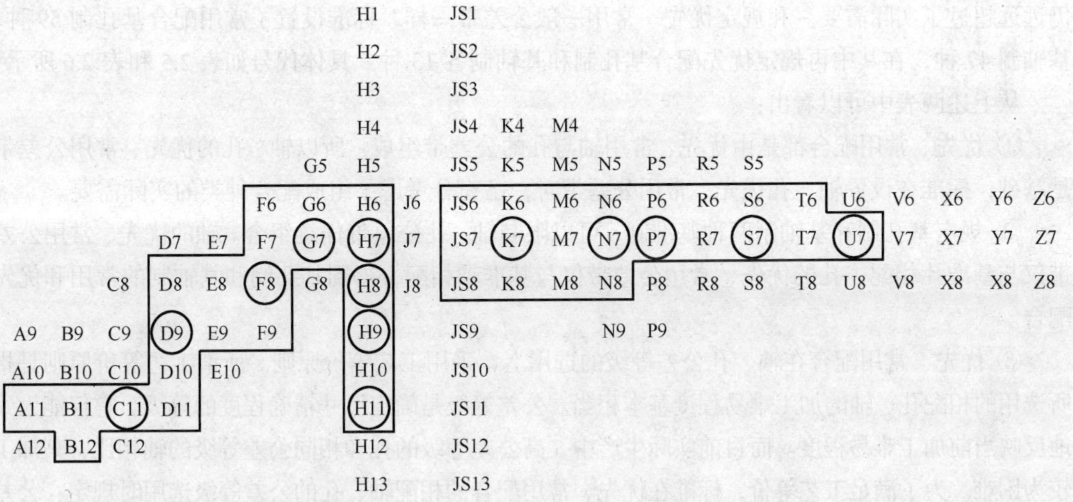

图 2.14 一般、常用和优先孔公差带

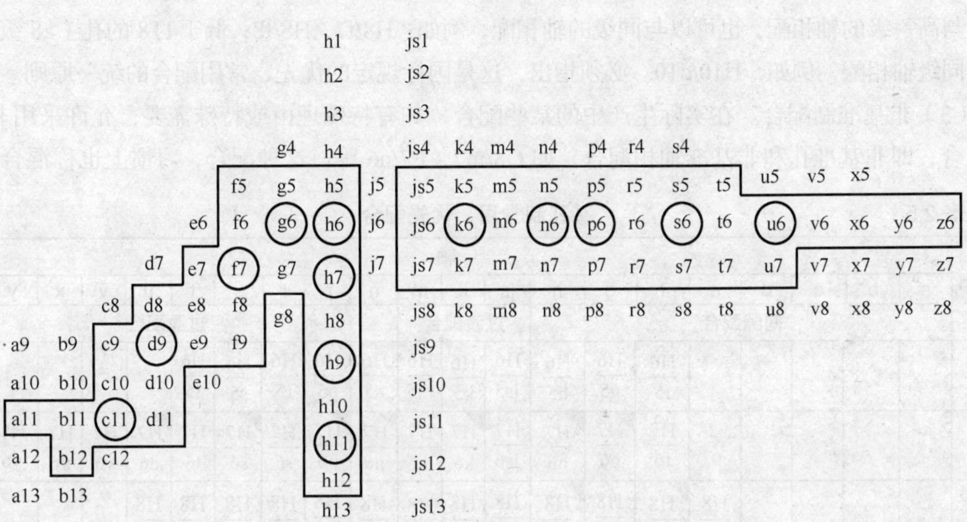

图 2.15 一般、常用和优先轴公差带

每一尺寸段内，标准提供的 28 个基本偏差和 20 个公差等级可以组成大小或位置不同的公差带数共有：孔 27×20+3=543 种（其中 J 仅有 J6、J7、J8 三种）；轴 27×20+4=544 种（其中 j 仅有 j5、j6、j7、j8 四种）。这样众多的公差带应在满足生产需要的前提下加以简化和统一，即可减少定值刀具、量具，又有利于互换。所以，标准根据我国工业生产的实际需要，适当考虑今后的发展，一般用途公差带轴 119 种，孔 105 种；常用公差带（图中用方框括上）轴 59 种，孔 47 种；优先公差带（图中圆圈内）轴、孔各 13 种。在实际工作中，必须按优先 — 常用 — 一般的次序选用公差带。

5. 配合

（1）配合代号。配合代号用孔、轴公差带的组合表示，写成分数形式，分子为孔的公差带代号，分母为轴的公差带代号，如 H7/f6。如指某公称尺寸的配合，则公称尺寸标在配合代号之前，如图 2.2 所示 $\phi25\dfrac{H7}{f6}$，或 $\phi25$ H7/f6。

（2）优先和常用配合。理论上，543 种孔公差带和 544 种轴公差带可任意组合成近 30 万种配合，即使是常用孔、轴公差带组合仍有 2596 种之多。剔除其中不合实际的和配合性质相近之后，仍远远超过了实际需要。和规定优先—常用—一般公差带一样，标准设置了常用配合基孔制 59 种、基轴制 47 种，在其中再规定优先配合基孔制和基轴制各 13 种。具体代号如表 2.5 和表 2.6 所示。

从上述两表中可以看出：

① 优先、常用配合都是由优先、常用轴与孔的公差带组成。所以轴、孔的优先、常用公差带是基础，标准在设置轴、孔优先、常用公差带时，已充分考虑了组成配合种类的实际需要。

② 规定基孔制和基轴制两种基准制，可以限制轴、孔公差带任意组合。轴的优先、常用公差带仅与基准孔相配；孔的优先、常用公差带仅与基准轴相配，得到基孔制和基轴制的常用和优先配合。

③ 优先、常用配合在轴、孔公差等级的选用上，采用工艺等价原则。所谓工艺等价原则是指所选用的相配孔、轴的加工难易程度基本相当。公差等级是确定尺寸精确程度的等级，它仅能大致地反映当前加工难易程度。而目前实际生产中，高公差等级的孔和相同公差等级的轴相比，其加工较为困难。为了满足工艺等价，标准在优先、常用配合的相配轴、孔的公差等级选用时规定：公差等级以 IT8 的孔为界，高于 IT8 的孔（≤7 级的孔）均与高一级的轴相配，例如：H7/f6；IT8 的孔即可与高一级的轴相配，也可以与同级的轴相配，例如：H8/f7，H8/f8；低于 IT8 的孔（>8 级的孔）均和同级轴相配，例如，H10/d10。必须指出，这是国标规定的优先、常用配合的统一原则。

（3）非基准制配合。在实际生产中的某些配合，如有特殊理由或特殊需要，允许采用非基准制配合，即非基准孔和非基准轴相配，如 G8/m7，F7/n6 等。这种配合，习惯上也称混合配合。

表 2.5 　　　　　　　　　　　　　　**基孔制常用、优先配合**

基准孔	轴																				
	a	b	c	d	e	f	g	h	js	k	m	n	p	r	s	t	u	v	x	y	z
	间隙配合								过渡配合				过盈配合								
H5						$\dfrac{H6}{f5}$	$\dfrac{H6}{g5}$	$\dfrac{H6}{h5}$	$\dfrac{H6}{js5}$	$\dfrac{H6}{k5}$	$\dfrac{H6}{m5}$	$\dfrac{H6}{n5}$	$\dfrac{H6}{p5}$	$\dfrac{H6}{r5}$	$\dfrac{H6}{s5}$	$\dfrac{H6}{t5}$					
H7						$\dfrac{H7}{f6}$	$\dfrac{H7}{g6}$	$\dfrac{H7}{h6}$	$\dfrac{H7}{js6}$	$\dfrac{H7}{k6}$	$\dfrac{H7}{m6}$	$\dfrac{H7}{n6}$	$\dfrac{H7}{p6}$	$\dfrac{H7}{r6}$	$\dfrac{H7}{s6}$	$\dfrac{H7}{t6}$	$\dfrac{H7}{u6}$	$\dfrac{H7}{v6}$	$\dfrac{H7}{x6}$	$\dfrac{H7}{y6}$	$\dfrac{H7}{z6}$
H8					$\dfrac{H8}{e7}$	$\dfrac{H8}{f7}$	$\dfrac{H8}{g7}$	$\dfrac{H8}{h7}$	$\dfrac{H8}{js7}$	$\dfrac{H8}{k7}$	$\dfrac{H8}{m7}$	$\dfrac{H8}{n7}$	$\dfrac{H8}{p7}$	$\dfrac{H8}{r7}$	$\dfrac{H8}{s7}$	$\dfrac{H8}{t7}$	$\dfrac{H8}{u7}$				

基准孔	轴																				
	a	b	c	d	e	f	g	h	js	k	m	n	p	r	s	t	u	v	x	y	z
	间隙配合								过渡配合				过盈配合								
				$\frac{H8}{d8}$	$\frac{H8}{e8}$	$\frac{H8}{f8}$		$\frac{H8}{h8}$													
H9			$\frac{H9}{c9}$	▲$\frac{H9}{d9}$	$\frac{H9}{e9}$	$\frac{H9}{f9}$		▲$\frac{H9}{h9}$													
H10			$\frac{H10}{c10}$	$\frac{H10}{d10}$				$\frac{H10}{h10}$													
H11	$\frac{H11}{a11}$	$\frac{H11}{b11}$	▲$\frac{H11}{c11}$	$\frac{H11}{d11}$				▲$\frac{H11}{h11}$													
H12		$\frac{H12}{b12}$						$\frac{H12}{h12}$													

注 1. $\frac{H6}{n5}$、$\frac{H7}{p6}$ 在公称尺寸小于或等于 3mm 和 $\frac{H8}{\gamma7}$ 在小于或等于 100mm 时，为过渡配合。

注 2. 标注 ▲ 的配合为优先配合。

表 2.6   基轴制常用、优先配合

基准轴	孔																				
	A	B	C	D	E	F	G	H	JS	K	M	N	P	R	S	T	U	V	X	Y	Z
	间隙配合								过渡配合				过盈配合								
h5						$\frac{F6}{h5}$	$\frac{G5}{h5}$	$\frac{H6}{h5}$	$\frac{JS5}{h5}$	$\frac{K6}{h5}$	$\frac{M6}{h5}$	$\frac{N6}{h5}$	$\frac{P6}{h5}$	$\frac{R6}{h5}$	$\frac{S6}{h5}$	$\frac{T6}{h5}$					
h6						$\frac{F7}{h6}$	▲$\frac{G7}{h6}$	▲$\frac{H7}{h6}$	$\frac{JS7}{h6}$	▲$\frac{K7}{h6}$	$\frac{M7}{h6}$	▲$\frac{N7}{h6}$	▲$\frac{P7}{h6}$	$\frac{R7}{h6}$	▲$\frac{S7}{h6}$	$\frac{T7}{h6}$	▲$\frac{U7}{h6}$				
h7					$\frac{E8}{h7}$	▲$\frac{F8}{h7}$		▲$\frac{H8}{h7}$	$\frac{JS8}{h7}$	$\frac{K8}{h7}$	$\frac{M8}{h7}$	$\frac{N8}{h7}$									
h8				$\frac{D8}{h8}$	$\frac{E8}{h8}$	$\frac{F8}{h8}$		$\frac{H8}{h8}$													
h9				▲$\frac{D9}{h9}$	$\frac{E9}{h9}$	$\frac{F9}{h9}$		▲$\frac{H9}{h9}$													
h10				$\frac{D10}{h10}$				$\frac{H10}{h10}$													
h11	$\frac{A11}{h11}$	$\frac{B11}{h11}$	▲$\frac{C11}{h11}$	$\frac{D11}{h11}$				▲$\frac{H11}{h11}$													
h12		$\frac{B12}{h12}$						$\frac{H12}{h12}$													

注：①标注 ▲ 的配合为优先配合

2.3.3   对未注公差尺寸的要求

图样上，没有注出公差的尺寸，称未注公差尺寸。图 2.16 所示的尺寸均为未注公差尺寸。这类尺寸，过去习惯上称自由尺寸，这容易被误解为公差不受约束的尺寸，其实这类尺寸在加工时的变动仍受限于一定的极限偏差，只不过在图样上未标注罢了。

1. 图样上未注公差尺寸的几种情况

（1）某些非配合尺寸虽然没有配合要求，但从安装方便、减轻重量、节约材料及外形统一美观等方面考虑，应对这些尺寸加以限制，但限制的要求很低，由未注公差尺寸的极限偏差加以限制。

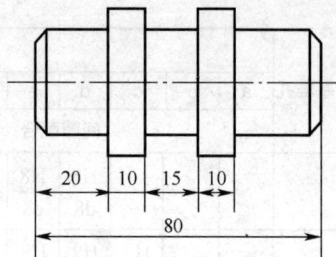

图2.16　未注公差尺寸

（2）对某些尺寸的公差，可由工艺方法保证，如冲压件的尺寸基本上由冲模确定；铸件的尺寸与铸模有关。只要冲模、铸模的尺寸正确，则工件尺寸的变动就被限制在一定范围之内，因此，对这些尺寸，也可采用未注公差尺寸。

（3）为了简化制图，使图面清晰，并突出重要尺寸的公差要求，其余尺寸的公差不予标注。

2. 未注公差尺寸的极限偏差的规定

国标规定的未注公差尺寸的极限偏差既适用于金属切削加工尺寸，也可用于非切削加工尺寸，适应面很广。所以，其公差等级规定为IT12～IT18。各行业、各工厂必须在国标规定的基础上，在行业或工厂标准中做进一步的规定，才便于具体使用。

对于未注公差尺寸的极限偏差，标准规定：孔用H，轴用h，即单向偏向；长度用$\pm\dfrac{IT}{2}$即双向对称分布（Js或js）；也可以不分孔、轴和长度，均按对称偏差$\pm\dfrac{IT}{2}$。

【例2.9】　假定图2.16所示小轴的未注尺寸公差均为IT13。按区分孔、轴和长度的规定确定其极限偏差。

解：区分孔、轴和长度的方法较多，建议用下述方法：设想在尺寸两端各切除一层相等金属，该尺寸增大者为孔；减少者为轴；不变者为长度。按此方法，尺寸15mm为孔；两个10mm和80mm为轴；尺寸20mm为长度。由表2.2查得的IT13值，则极限偏差标注为$15^{+0.270}_{0}$、$10^{0}_{-0.22}$、$80^{0}_{-0.46}$、20 ± 0.165。

2.4　几何公差及其公差带

在零件加工过程中，由于工件、刀具和机床的变形，相对运动关系的不准确，各种频率的震动以及定位不准确等原因，不仅会使工件产生尺寸误差，还会使几何要素的实际形状和位置相对于理想形状和位置产生差异，这就是形状和位置误差（简称几何误差）。

几何误差将对工件的使用性能产生不利影响。几何要素的几何误差不仅影响该工件的互换性，而且也影响整个机械产品的质量，降低寿命。这是因为几何误差对产品的功能要求，如零件的工作精度，固定件的连接强度，密封性，活动件的运动平稳性、耐磨性以及寿命等都有一定的影响。所以为了满足零件的使用性能要求，保证工件的互换性和制造的经济性，必须对工件的几何误差予以必要、合理的限制，即规定形状和位置公差（简称几何公差）。

几何公差是用来控制几何误差的。由于几何误差是指构成零件几何形状的各种点、线、面的加工误差，其误差形式既有反映表面轮廓或轴线不平、不直、不圆的形状误差，又有反映两个或两个以上点、线、面之间不平行、不垂直、不同轴的相互位置误差，不像尺寸误差那样单一。因此几何公差就有许多项目，有的项目还有不同形状的公差带分别控制不同的几何误差。

2.4.1 几何公差的符号及代号

1. 几何公差的符号

为了满足互换性的要求，国家标准 GB/T 1182—2008《形状和位置公差 通则、定义、符号和图样表示法》规定了 14 种几何公差项目，如表 2.7 所示，附加符号如表 2.8 所示。

表 2.7 几何特征符号

公差类型	几何特征	符 号	有 无 基 准
形状公差	直线度	─	无
	平面度	▱	无
	圆度	○	无
	圆柱度	⌭	无
	线轮廓度	⌒	无
	面轮廓度	⌓	无
方向公差	平行度	//	有
	垂直度	⊥	有
	倾斜度	∠	有
	线轮廓度	⌒	有
	面轮廓度	⌓	有
位置公差	位置度	⊕	有或无
	同心度（用于中心点）	◎	有
	同轴度（用于轴线）	◎	有
	对称度	═	有
	线轮廓度	⌒	有
	面轮廓度	⌓	有
跳动公差	圆跳动	↗	有
	全跳动	⩘	有

表 2.8 附加符号

说 明	符 号
被测要素	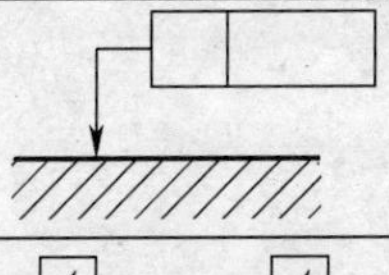
基准要素	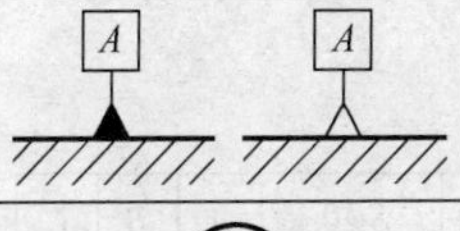
基准目标	 $\frac{\phi 2}{A1}$

续表

说 明	符 号
理论正确尺寸	50
延伸公差带	Ⓟ
最大实体要求	Ⓜ
最小实体要求	Ⓛ
自由状态条件（非刚性零件）	Ⓕ
全周（轮廓）	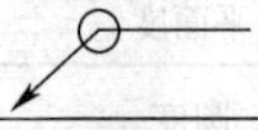 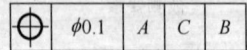
包容要求	Ⓔ
公共公差带	CZ
小径	LD
大径	MD
中径、节径	PD
线素	LE
不凸起	NC
任意横截面	ACS

注1：GB/T1182—1996 中规定的基准符号为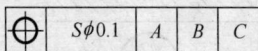

注2：如需标注可逆要求，可采用符号 Ⓡ ，见 GB/T 16671。

由此表可知，几何公差分为形状公差、位置公差和形状或位置公差 3 大类，共有 14 个特征项目；其中形状公差 4 个，形状或位置公差 2 个，位置公差 8 个（位置公差又分为方向公差、位置公差和跳动公差）。

2. 几何公差的代号

标准规定，用公差框格标注几何公差时，公差要求注写在划分成两格或多格的矩形框格内。框格自左至右顺序标注以下内容，如图 2.17 ~ 图 2.21 所示。

（1）几何特征符号。

（2）公差值。以线性尺寸单位表示的量值。如果公差带为圆形或圆柱形，公差值前应加注符号"ϕ"；如果公差带为圆球形，公差值前应加注符号"$S\phi$"。

（3）基准。用一个字母表示单个基准或用几个字母表示基准体系或公共基准，如图 2.18 至图 2.21 所示。

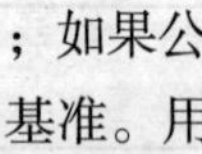

—	0.1

图 2.17

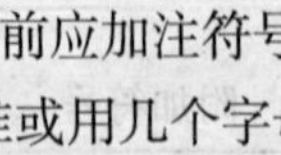

//	0.1	A

图 2.18

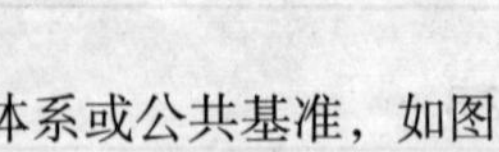

⊕	$\phi 0.1$	A	C	B

图 2.19

⊕	$S\phi 0.1$	A	B	C

图 2.20

◎	$\phi 0.1$	A—B

图 2.21

3. 基准符号

对有位置公差要求的零件，在图样上必须标明基准。与被测要素相关的基准用一个大写字母表示。字母标注在基准方格内，与一个涂黑的或空白的三角形相连以表示基准，如图 2.22 和图 2.23 所示；表示基准的字母还应标注在公差框格内。涂黑的和空白的基准三角形含义相同。

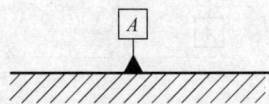

图 2.22

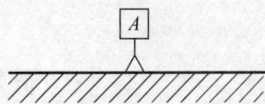

图 2.23

2.4.2 评定对象

尽管零件形状特征不同，但均可将其分解成若干个基本几何体。基本几何体都是由点、线、面组合而成的，构成零件几何特征的点、线、面统称为几何要素。图 2.24 所示的零件就可以看成是由球、截锥体、圆柱体和棱锥体等基本几何体组成的。构成零件的几何要素有点，如球心、锥顶；线，如素线、轴线和棱线；面，如球面、圆锥面、台阶面、圆柱面和棱锥面等。

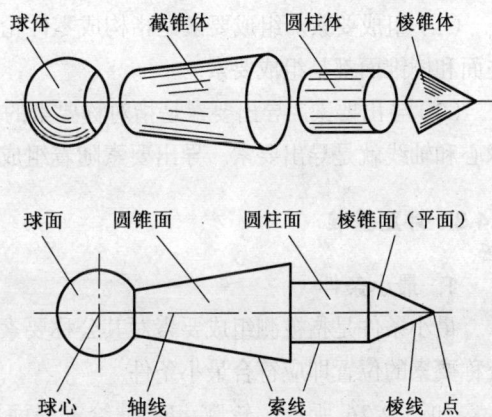

图 2.24 零件的几何要素

零件的几何要素可分以下几类。

1. 按存在的状态分类

（1）公称要素。公称要素是指具有几何学意义的要素。公称要素是没有任何误差的纯几何的点、线、面。它是按设计要求，由图样上给定的点、线、面的理想状态。公称要素在实际生产中是不可能得到的。

（2）组成要素。组成要素是指零件上实际存在的要素。因为加工误差不可避免，所以组成要素总是偏离公称要素，通常由测得要素来代替。由于测量误差总是客观存在的，因此组成要素并非该要素的真实状况。

2. 按在几何公差中所处的地位分类

（1）被测要素。被测要素是指给出了形状或（和）位置公差的要素，即需要研究和测量的要素。被测要素应该是为保证零件的功能要求，必须控制其几何误差的要素，对没有功能要求的则不作为被测要素。如图 2.25 所示，对 d_2 的圆柱面和键槽的中心平面分别提出了圆柱度和对称度公差要求，所以它们是被测要素。被测要素按其功能关系分为单一要素和关联要素两种。

① 单一要素。单一要素是指仅对其本身给出形状公差要求的要素。单一要素是仅对本身有要求的点、线或面，而与其他要素没有功能关系。如图 2.25 所示，对 d_2 的圆柱面提出圆柱度形状公差要求，故为单一要素。

② 关联要素。关联要素是指与其他要素有功能关系的要素。关联要素多是具有位置公差要求的点、线、面，对其他要素有图样上给定的功能关系要求。图 2.25 所示键槽的中心平面就是关联

要素，因为要求它与 d_1 的轴线保持对称关系。

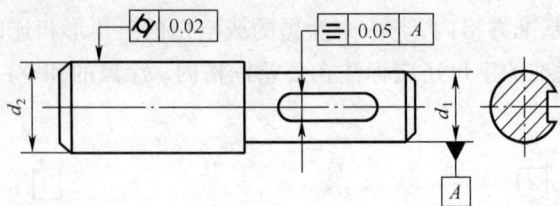

图 2.25　一台阶轴的几何公差

（2）基准要素。基准要素是指用来确定被测要素的方向或（和）位置的要素。理想基准要素称为基准。在图 2.25 中，键槽中心平面对 d_1 的轴线有对称度要求，因此 d_1 的轴线即为基准要素。

3. 按几何特征分类

（1）组成要素。组成要素是指构成零件轮廓的点、线或面。图 2.24 所示的球面、圆锥面、圆柱面和棱锥面都是组成要素。

（2）导出要素。导出要素是指对称要素的中心点、线、面或回转表面的轴线。图 2.24 所示的球心和轴线就是导出要素。导出要素随着组成要素的存在而存在。

2.4.3　评定基准

1. 最小条件

最小条件是指被测组成要素对其公称要素的最大变动量为最小。当评定形状误差大小时，其公称要素的位置即应符合最小条件。

如图 2.26 所示，轮廓 abc 是给定平面内素线的组成要素，评定该要素的形状误差大小时，公称要素的位置不同，直线度误差的大小也不同。图中 A_1-B_1、A_2-B_2 和 A_3-B_3 是公称要素的 3 种不同放置形式，其评定误差的数值分别为 h_1、h_2 和 h_3。其中按 A_1-B_1 所评定的数值 h_1，符合组成要素 abc 上各点对公称要素的最大变动量最小，因此 h_1 即为被测组成要素的形状误差 f。

最小条件是评定形状误差的基本准则。根据最小条件评定形状误差时，可用最小包容区域（简称最小区域）的宽度或直径来表示形状误差的大小，而最小区域的形状应与相应项目的公差带形状相同。

2. 基准

基准即理想基准要素。在评定位置误差大小时，基准是用来确定被测组成要素的理想方向或理想位置的依据。由于实际的基准要素总有形状误差存在，所以由基准组成要素建立基准时，应以该基准组成要素的公称要素为基准，该公称要素的位置应符合最小条件。如图 2.27 所示，基准平面是处于实体之外与基准组成要素相接触且符合最小条件的理想平面。也就是说，在评定位置误差时，要排除实际基准的形状误差。如图 2.28 所示，在测定的位置误差中，包含被测组成要素的形状误差，但不包含实际基准的形状误差。

在实际测量中，为了能方便、经济合理地体现基准，常采用模拟法、直接法、分析法和目标法等方法来体现基准。图 2.29 所示为用心轴轴线模拟基准轴线。

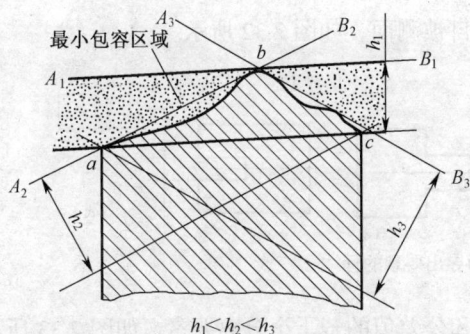

图 2.26　最小条件

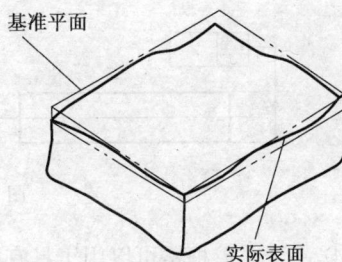

图 2.27　由实际表面建立基准平面

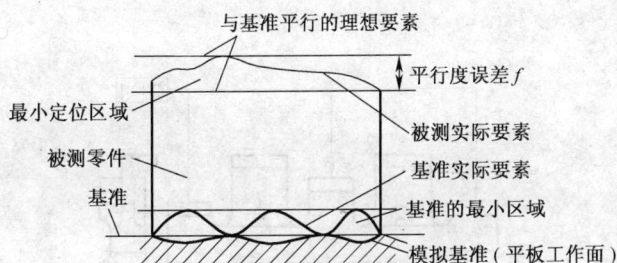

图 2.28　排除实际基准的形状误差

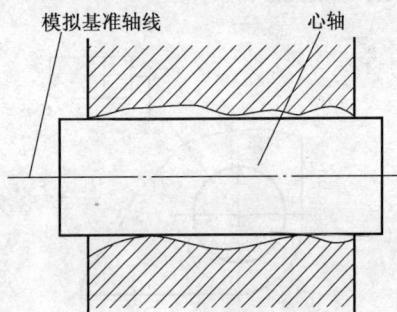

图 2.29　用心轴轴线模拟基准轴线

3. 理论正确尺寸

当给出一个或一组要素的位置、方向或轮廓度公差时，分别用来确定其理论正确位置、方向或轮廓的尺寸称为理论正确尺寸。标注时该尺寸不附带公差，并用加方框的数字表示，如 50 、 60 等。

2.4.4　几何公差的标注

1. 几何公差标注的基本规定

（1）被测要素的标注。用指引线连接被测要素和公差框格。指引线引自框格的任意一侧，终端带一箭头。

① 当公差涉及轮廓线或轮廓面时，箭头指向该要素的轮廓线或其延长线（应与尺寸线明显错开，如图 2.30 所示）。

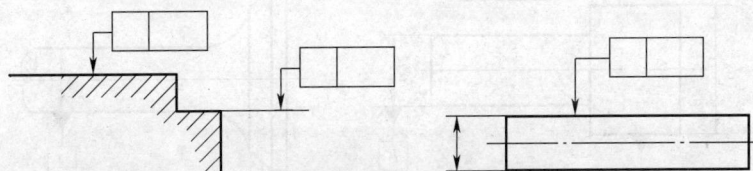

图 2.30　被测要素为组成要素的标注

② 当公差涉及要素的中心线、中心面或中心点时，箭头应位于相应尺寸线的延长线上，而指

引线的箭头应与该要素的尺寸线对齐，如图2.31所示。

③ 箭头也可指向引出线的水平线，引出线引自被测面，如图2.32所示。

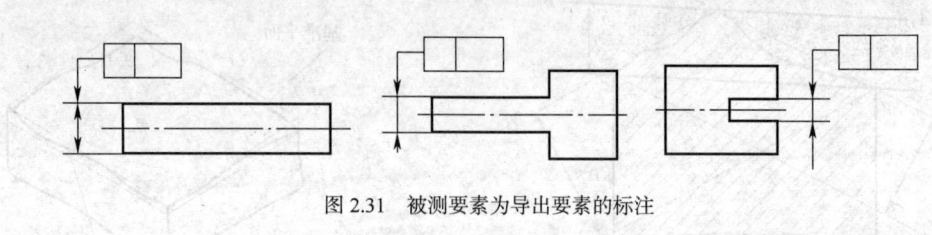

图2.31　被测要素为导出要素的标注

④ 一个公差框格可以用于具有相同几何特征和公差值的若干个分离要素，如图2.33所示。

⑤ 若干个分离要素给出单一公差带时，在公差框格内公差值的后面加注公共公差带的符号CZ，如图2.34所示。

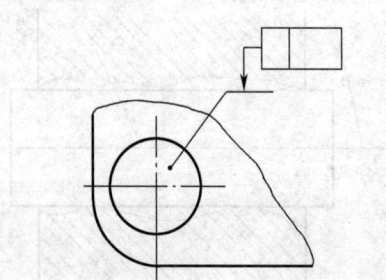

图2.32　被测要素为视图上局部表面的标注

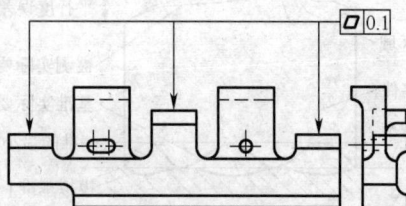

图2.33　不同的被测要素具有相同的几何公差标注

⑥ 当同一被测要素有多项几何公差要求且测量方向相同时，可将一个公差框格放在另一个框格的下方，用同一指引线指向被测要素，如图2.35（a）所示。如测量方向不完全相同，则应将测量方向不同的项目分开标注，如图2.35（b）所示。

（2）基准要素的标注。

① 当基准要素是轮廓线或轮廓面时，基准三角形放置在要素的轮廓线或其延长线上，与尺寸线明显错开，如图2.36所示；基准三角形也可放置在该轮廓面引出线的水平线上，如图2.37所示。

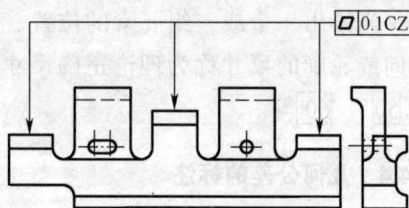

图2.34　若干被测要素具有相同的几何公差标注

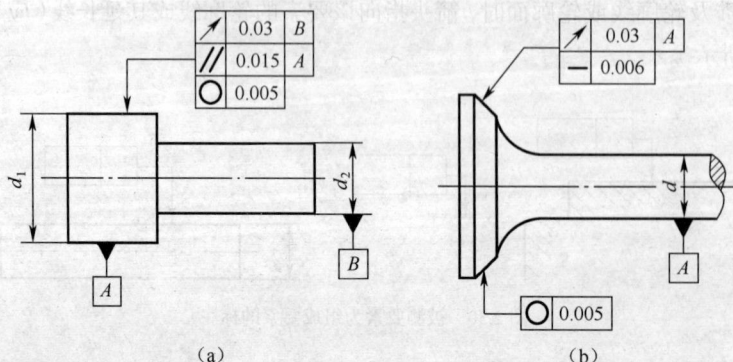

（a）

（b）

图2.35　当同一被测要素有多项几何公差要求的标注

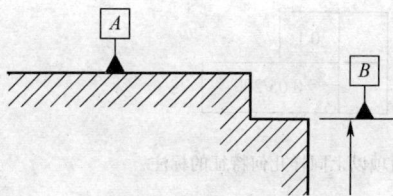

图 2.36　基准要素为轮廓线标注　　　　图 2.37　基准要素为轮廓面标注

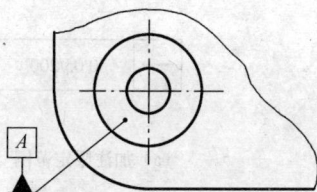

② 当基准是尺寸要素确定的轴线、中心平面或中心点时，基准三角形应放置在该尺寸线的延长线上，如图 2.38（a）、（b）、（c）所示；如果没有足够的位置标注基准要素尺寸的两个尺寸箭头，则其中一个箭头可用基准三角形代替，如图 2.38（b）、（c）所示。

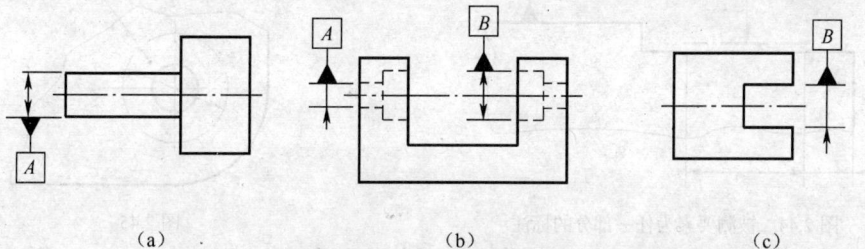

（a）　　　　　　　　（b）　　　　　　　　（c）

图 2.38　基准要素为轴线、中心平面或中心点时标注

③ 如果只以要素的某一局部作基准，则应用粗点画线示出该部分并加注尺寸，如图 2.39 所示。

④ 以单个要素作基准时，用一个大写字母表示，如图 2.40 所示。

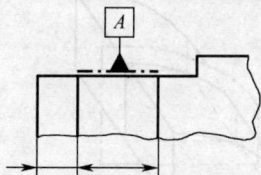

图 2.39　局部要素作基准标注　　　　图 2.40　单个要素作基准

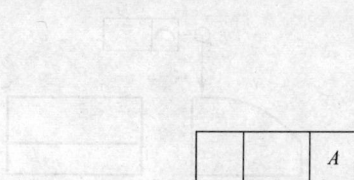

以两个要素建立公共基准时，用中间加连字符的两个大写字母表示，如图 2.41 所示。

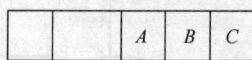

以两个或三个基准建立基准体系（即采用多基准）时，表示基准的大写字母按基准的优先顺序自左至右填写在各框格内，如图 2.42 所示。

图 2.41　两个要素建立公共基准　　　　图 2.42　两个或三个基准建立基准体系

（3）限定性规定。

① 需要对整个被测要素上任意限定范围标注同样几何特征的公差时，可在公差值的后面加注限定范围的线性尺寸值，并在两者间用斜线隔开，如图 2.43（a）所示。如果标注的是两项或两项以上同样几何特征的公差，可直接在整个要素公差框格的下方放置另一个公差框格，如图 2.43（b）所示。

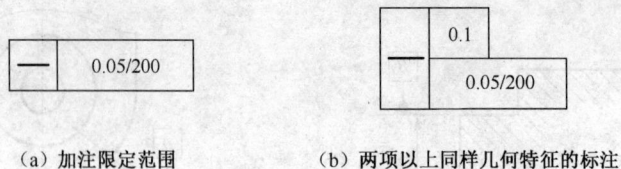

（a）加注限定范围　　　　　　　（b）两项以上同样几何特征的标注

图 2.43　整个被测要素上任意限定范围标注

② 如果给出的公差仅适用于要素的某一指定局部，应采用粗点画线示出该局部的范围，并加注尺寸，如图 2.44、图 2.45 所示。详见 GB/T 4457.4。

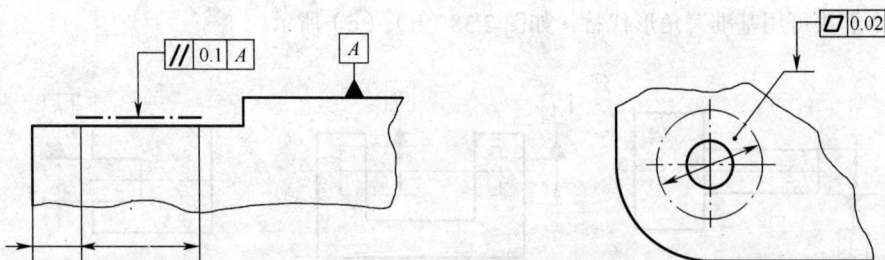

图 2.44　被测要素为任一部分的标注　　　　　　　　图 2.45

（4）附加标记。

① 如果轮廓度特征适用于横截面的整周轮廓或由该轮廓所示的整周表面时，应采用全周符号表示，如图 2.46、图 2.47 所示。全周符号并不包括整个工件的所有表面，只包括由轮廓和公差标注所表示的各个表面，如图 2.46、图 2.47 所示。

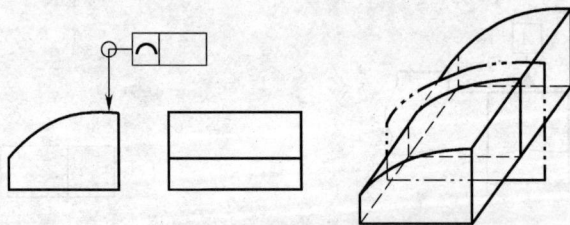

图 2.46　轮廓度特征适用于横截面的整周轮廓标注

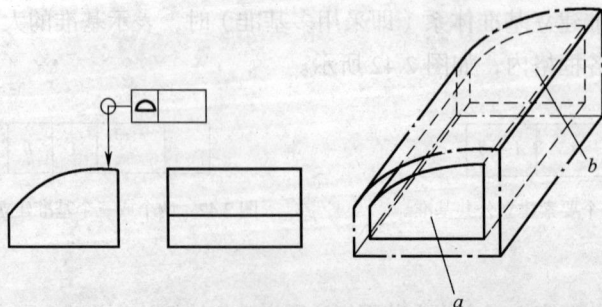

图 2.47　轮廓度特征适用于横截面的轮廓所示的整周表面标注

注：图 2.47 中点画线表示所涉及的要素，不涉及图中的表面 a 和表面 b。

② 以螺纹轴线为被测要素或基准要素时，默认为螺纹中径圆柱的轴线，否则应另有说明，例如用"MD"表示大径，用"LD"表示小径，如图 2.48、图 2.49 所示。以齿轮、花键轴线为被测要素或基准要素时，需说明所指的要素，如用"PD"表示节径，用"MD"表示大径，用"LD"表示小径。

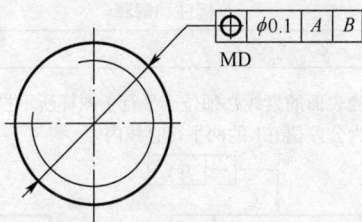

图 2.48　螺纹轴线被测要素标注

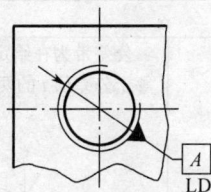

图 2.49　螺纹轴线基准要素标注

（5）理论正确尺寸的标注。

理论正确尺寸也用于确定基准体系中各基准之间的方向、位置关系。

理论正确尺寸没有公差，并标注在一个方框中，如图 2.50 所示。

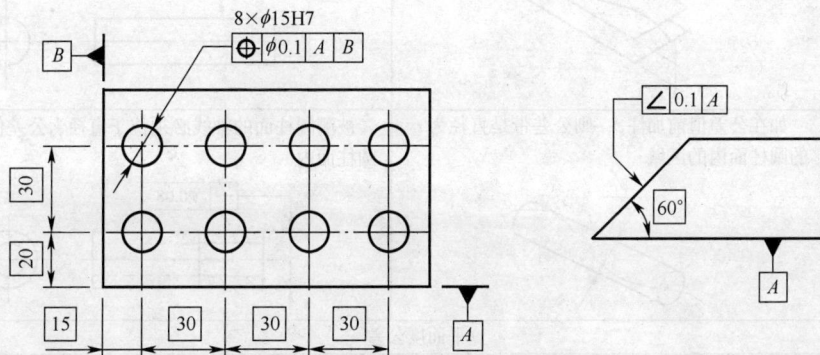

图 2.50　理论正确尺寸的标注

（6）延伸公差带。延伸公差带用规范的附加符号 p 表示，如图 2.51 所示。详见 GB/T 17773 。

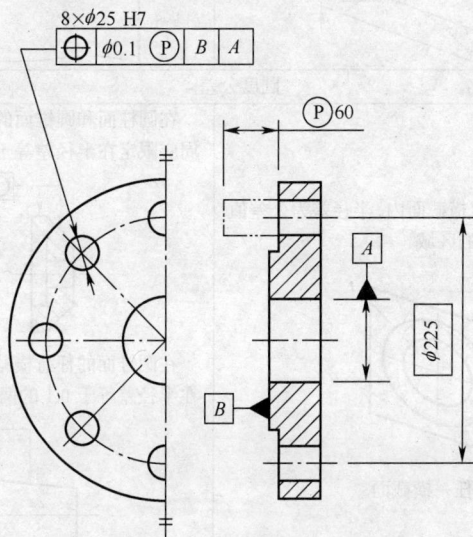

图 2.51　延伸公差带的标注

2. 几何公差的标注示例

各项几何公差标注示例如表 2.9 至表 2.13 所示。

表 2.9 　　　　　　　　　　　形状公差和轮廓度公差标注示例　　　　　　　　　　　单位：mm

符　号	公差带定义	标注和解释
	直线度公差	
	公差带为在给定平面内和给定方向上，间距等于公差值 t 的两平行直线所限定的区域 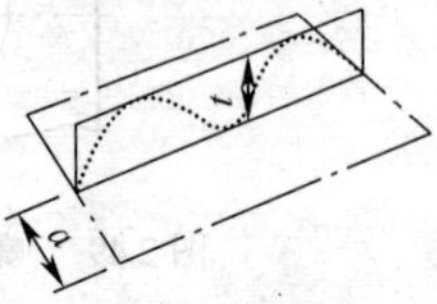 a 任一距离	被测表面的素线必须位于平行于图样所示投影面且距离为公差值 0.1 的两平行直线内 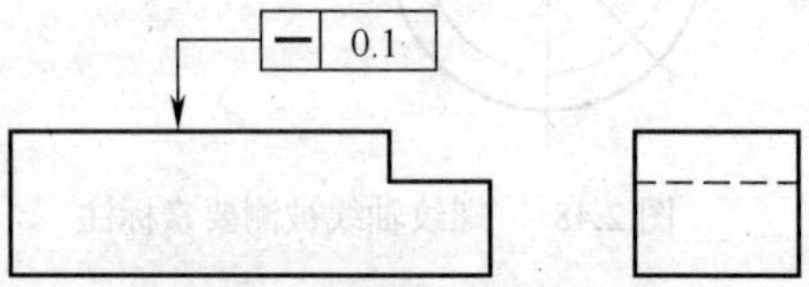
—	在给定方向上公差带是距离为公差值 t 的两平行平面之间的区域 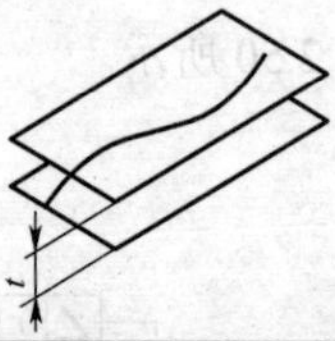	被测圆柱面的任一素线必须位于距离为公差值 0.1 的两平行平面之内 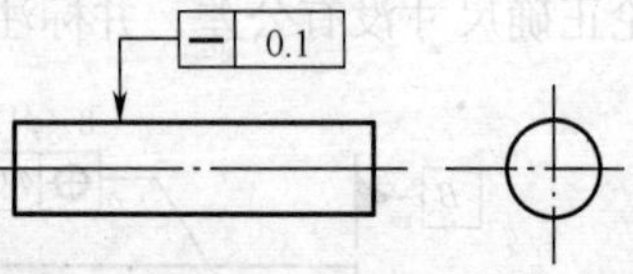
	如在公差值前加注 ϕ，则公差带是直径为 t 的圆柱面内的区域 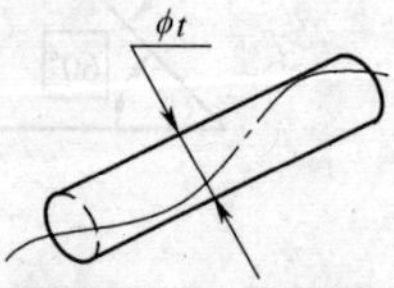	被测圆柱面的轴线必须位于直径为公差值 ϕ0.08 的圆柱面内 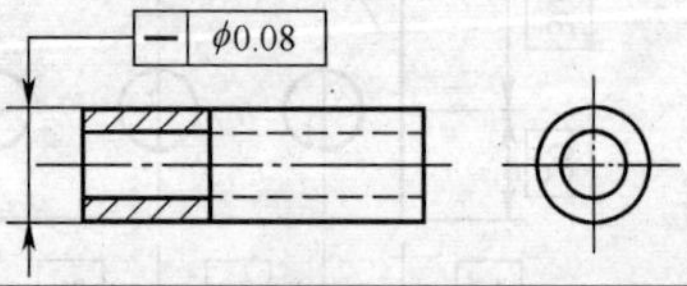
	平面度公差	
▱	公差带是距离为公差值 t 的两平行平面之间的区域 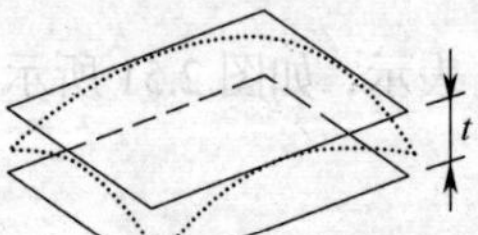	提取（实际）表面应限定在间距等于 0.08 的两平行平面之间 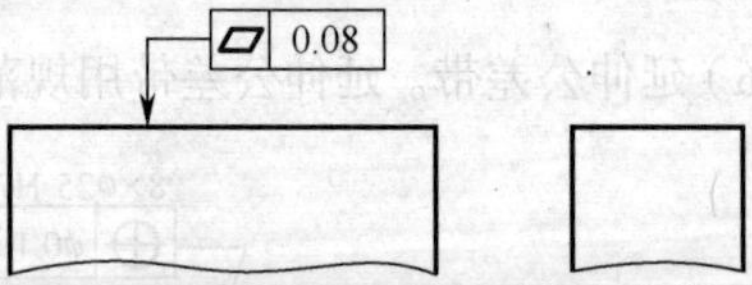
	圆度公差	
○	公差带为在给定横截面内，半径差为公差值 t 的两同心圆之间的区域 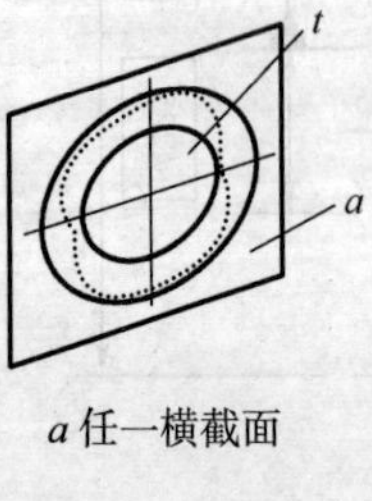 a 任一横截面	在圆柱面和圆锥面的任意横截面内，提取（实际）圆周应限定在半径差等于 0.03 的两共面同心圆之间 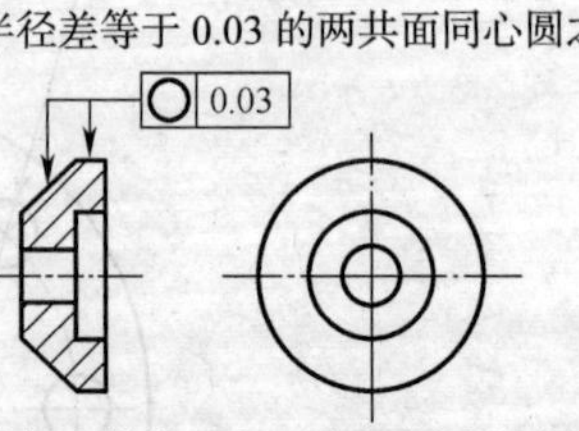 在圆锥面的任意横截面内，提取（实际）圆周应限定在半径差等于 0.1 的两同心圆之间 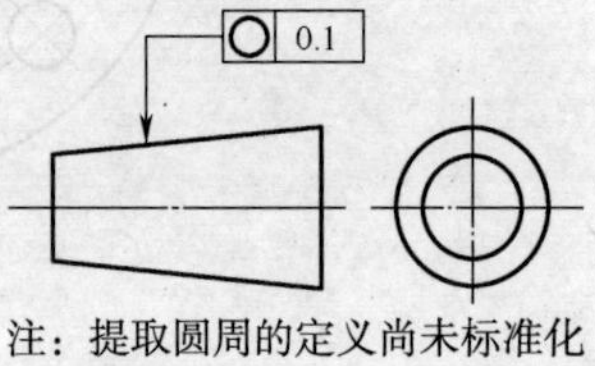 注：提取圆周的定义尚未标准化

40

符　号	公差带定义	标注和解释

圆柱度公差		

公差带为半径差等于公差值 t 的两同轴圆柱面所限定的区域

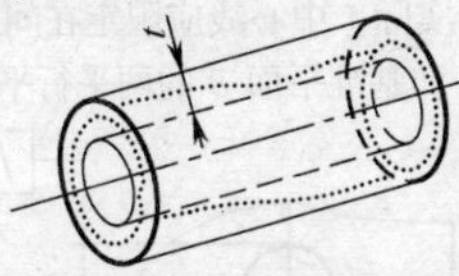

提取（实际）圆柱面应限定在半径差等于 0.1 的两同轴圆柱面之间

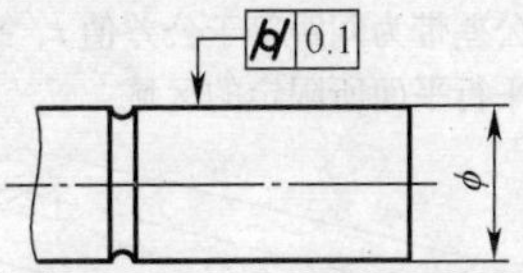

线轮廓度公差		

公差带为直径等于公差值 t、圆心位于具有理论正确几何形状上的一系列圆的两包络线所限定的区域

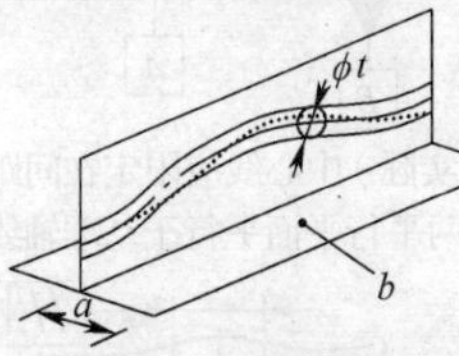

a 任一距离

公差带为直径等于公差值 t、圆心位于由基准平面 A 和基准平面 B 确定的被测要素理论正确几何形状上的一系列圆的两包络线所限定的区域

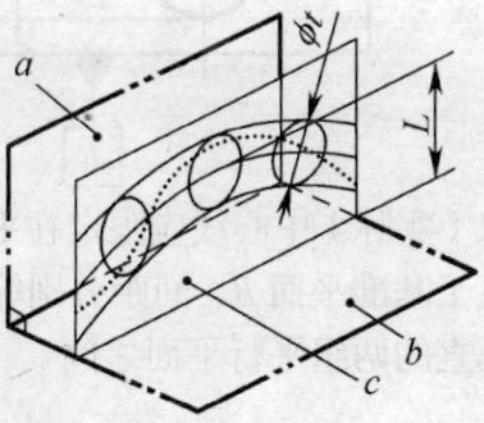

a 基准平面 A
b 基准平面 B
c 平行基准 A 的平面

在任一平行于图示投影面的截面内，提取（实际）轮廓线应限定在直径等于 0.04，圆心位于被测要素理论正确几何形状上的一系列圆的两包络线之间

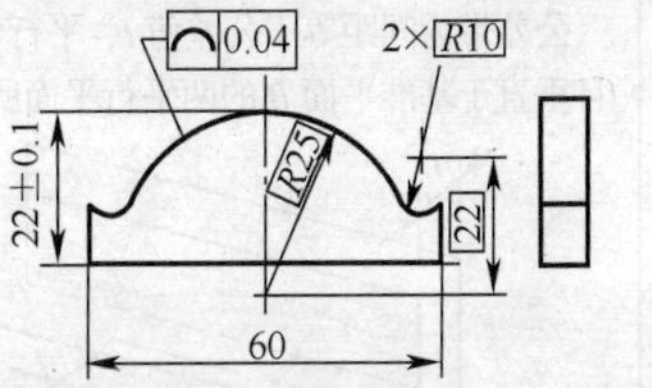

在任一平行于图示投影平面的截面内，提取（实际）轮廓线应限定在直径等于 0.04，圆心位于由基准平面 A 和基准平面 B 确定的被测要素理论正确几何形状上的一系列圆的两等距包络线之间

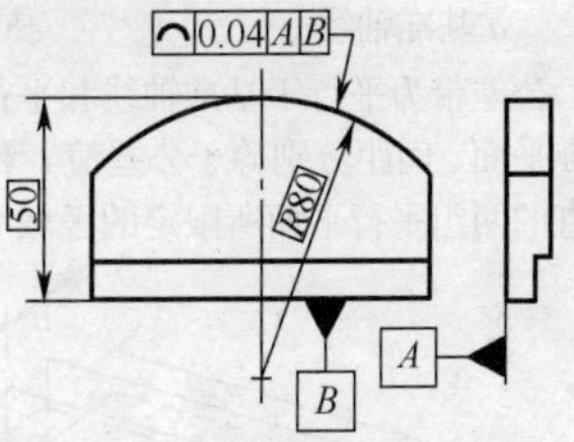

面轮廓度公差		

公差带为直径等于公差值 t、球心位于被测要素理论正确形状上的一系列圆球的两包络面所限定的区域

公差带为直径等于公差值 t、球心位于由基准平面 A 确定的被测要素理论正确几何形状上的一系列圆球的两包络面所限定的区域

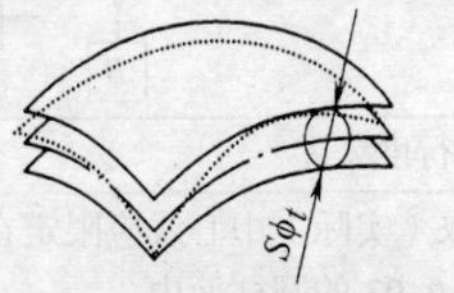

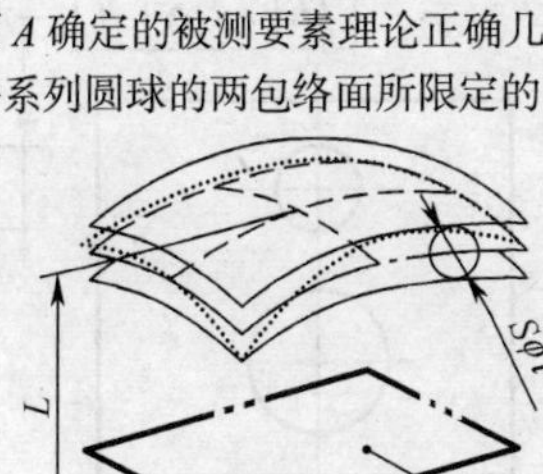

a 基准平面

提取（实际）轮廓面应限定在直径等于 0.02、球心位于被测要素理论正确几何形状上的一系列圆球的两等距包络面之间

提取（实际）轮廓面应限定在直径等于 0.1、球心位于由基准平面 A 确定的被测要素理论正确几何形状上的一系列圆球的两等距包络面之间

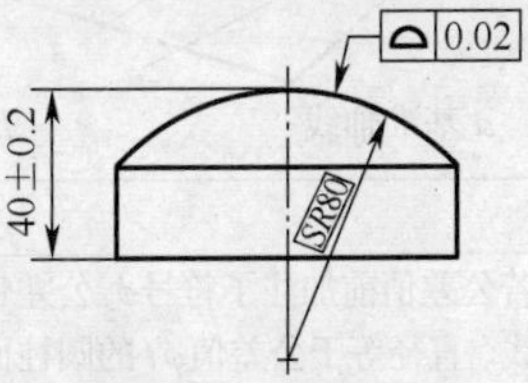

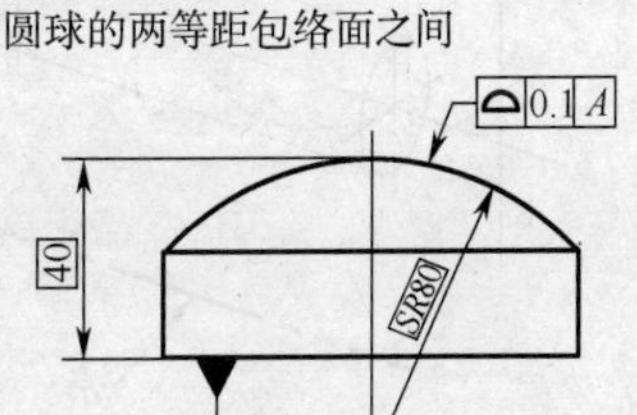

表 2.10　　　　　　　　　定向公差标注示例　　　　　　　　单位：mm

符号	公差带定义	标注和解释

平行度公差

线对基准体系的平行度公差

公差带为间距等于公差值 t、平行于两基准的两平行平面所限定的区域

提取（实际）中心线应限定在间距等于0.1、平行于基准轴线 A 和基准平面 B 的两平行平面之间

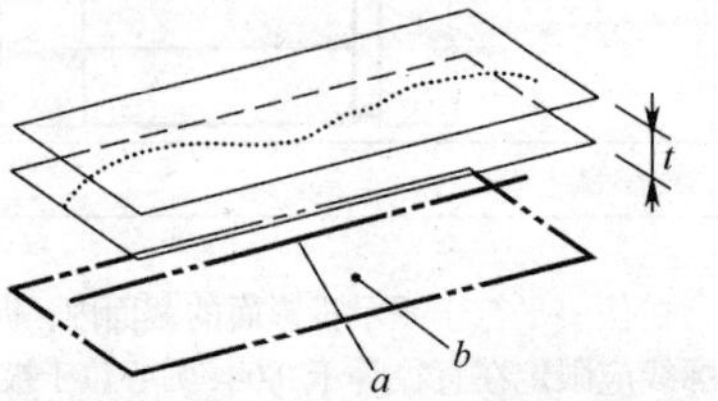

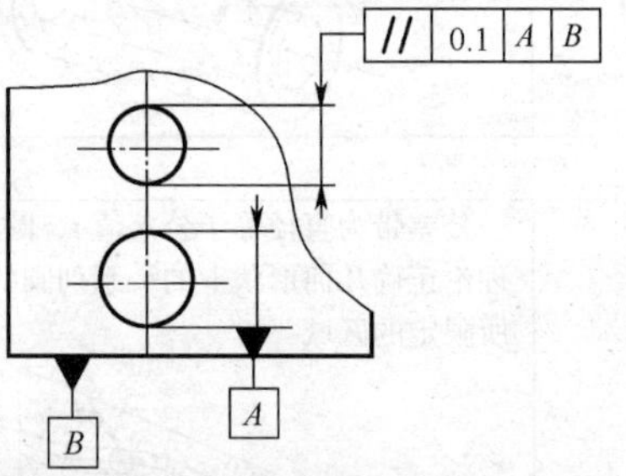

a 基准轴线 A　　b 基准平面 B

公差带为间距等于公差值 t、平行于基准轴线 A 且垂直于基准平面 B 的两平行平面所限定的区域

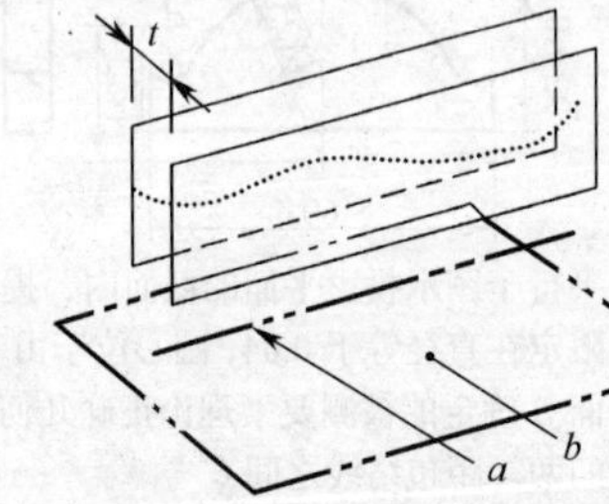

提取（实际）中心线应限定在间距等于0.1的两平行平面之间。该两平行平面平行于基准轴线 A 且垂直于基准平面 B

a 基准轴线　　　　b 基准平面

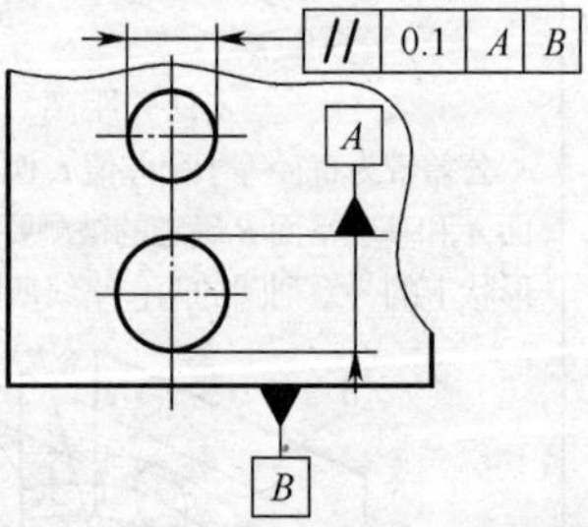

公差带为平行于基准轴线和平行或垂直于基准平面、间距分别等于公差值 t_1 和 t_2，且相互垂直的两组平行平面所限定的区域

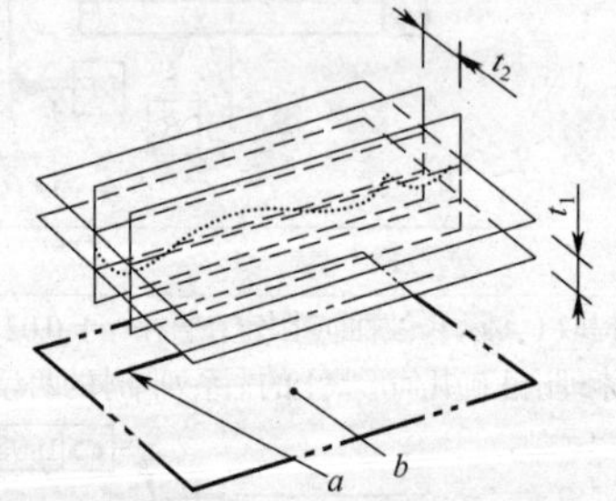

提取（实际）中心线应限定在平行于基准轴线 A 和平行或垂直于基准平面 B、间距分别等于公差值0.1和0.2，且相互垂直的两组平行平面之间

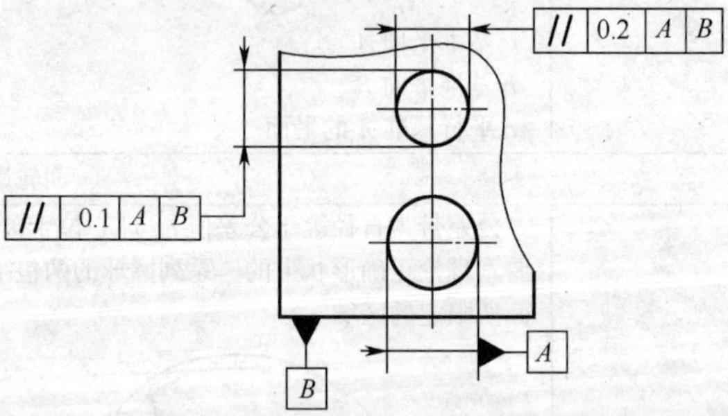

$//$

a 基准轴线　　　　b 基准平面

线对基准线平行度公差

若公差值前加注了符号 ϕ，公差带为平行于基准轴线、直径等于公差值 ϕt 的圆柱面所限定的区域

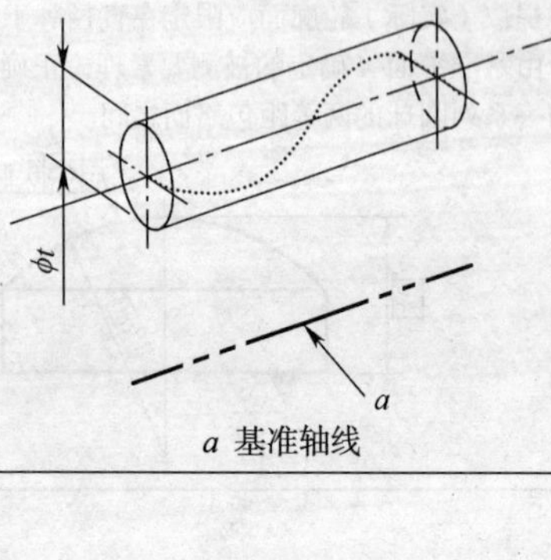

提取（实际）中心线应限定在平行于基准轴线 A、直径等于 $\phi 0.03$ 的圆柱面内

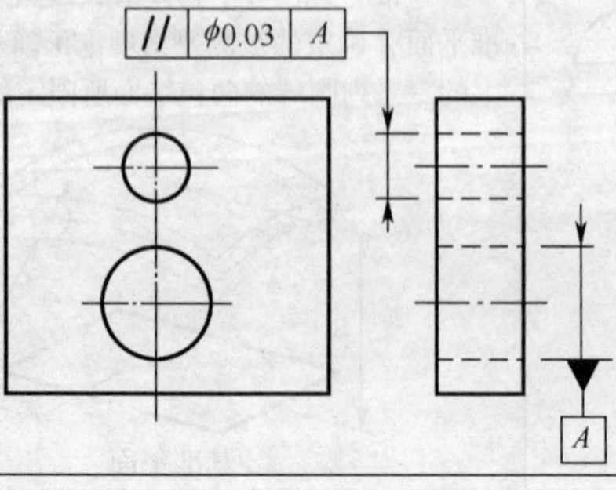

a 基准轴线

续表

符号	公差带定义	标注和解释
	线对基准面的平行度公差	
	公差带为平行于基准平面、间距等于公差值 t 的两平行平面所限定的区域 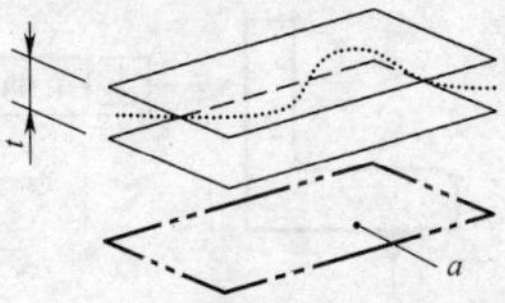 *a* 基准平面	提取（实际）中心线应限定在平行于基准平面 *B*、间距等于 0.01 的两平行平面之间 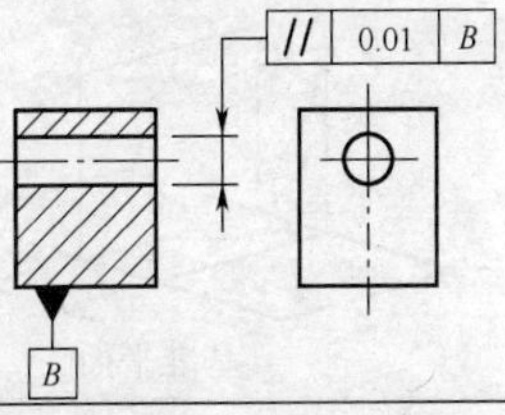
	面对基准线的平行度公差	
//	公差带是距离为公差值 t 且平行于基准线的两平行平面之间的区域 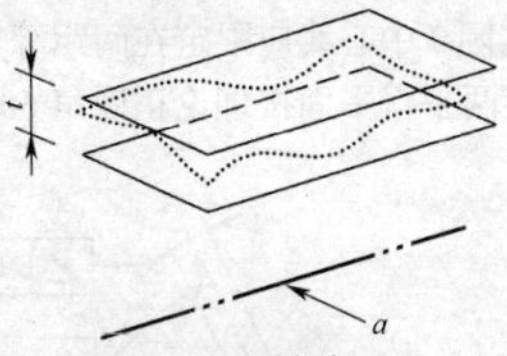 *a* 基准轴线	提取（实际）表面应限定在间距等于 0.1、平行于基准轴线 *C* 的两平行平面之间 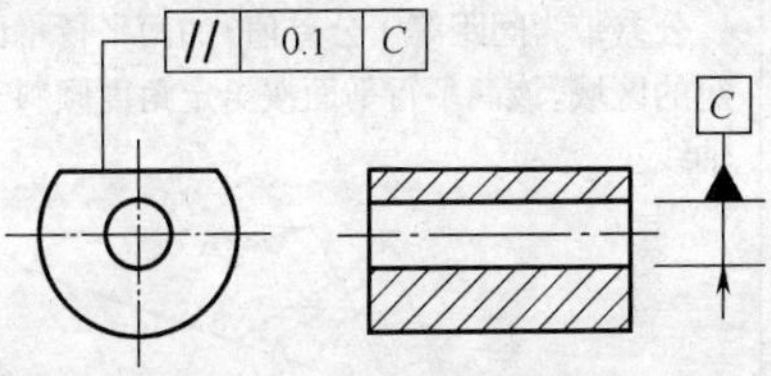
	面对基准面的平行度公差	
	公差带为间距等于公差值 t、平行于基准平面的两平行平面所限定的区域 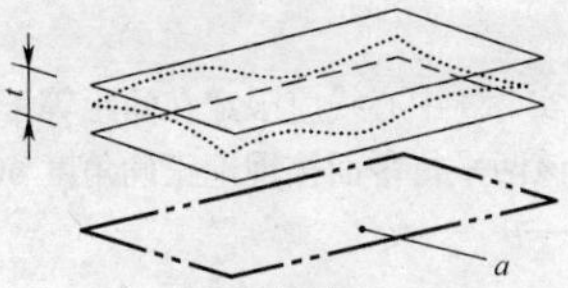 *a* 基准平面	提取（实际）表面应限定在间距等于 0.01、平行于基准 *D* 的两平行平面之间 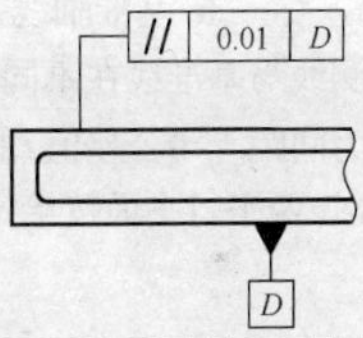
	垂直度公差	
	线对基准线的垂直度公差	
⊥	公差带为间距等于公差值 t、垂直于基准线的两平行平面所限定的区域 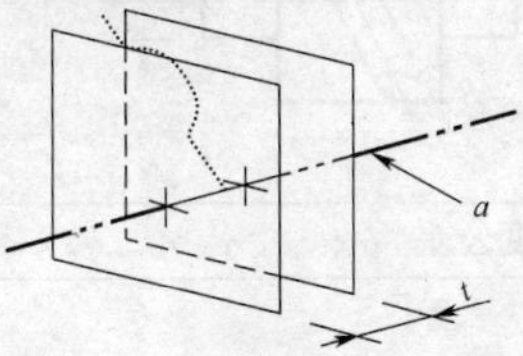 *a* 基准线	提取（实际）中心线应限定在间距等于 0.06、垂直于基准轴线 *A* 的两平行平面之间 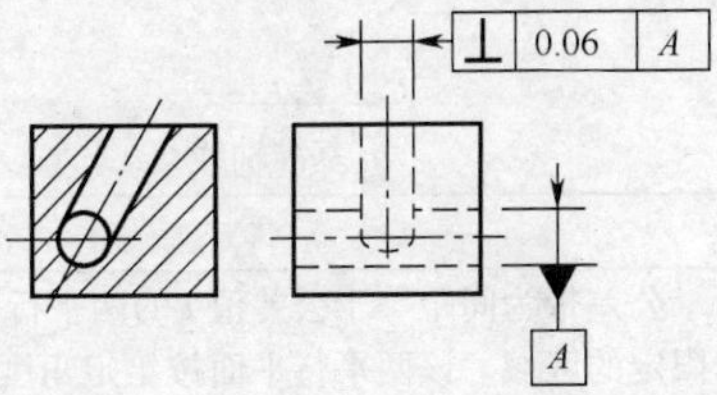
	线对基准面的垂直度公差	
	若公差值前加注符号 ϕ，公差带为直径等于公差值 ϕt、轴线垂直于基准平面的圆柱面所限定的区域 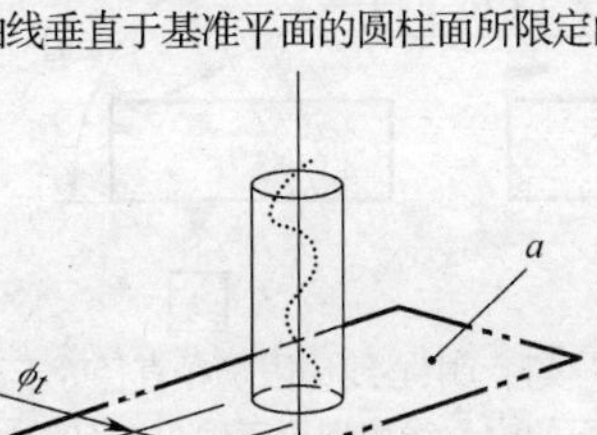 *a* 基准平面	圆柱面的提取（实际）中心线应限定在直径等于 $\phi 0.01$、垂直于基准平面 *A* 的圆柱面内 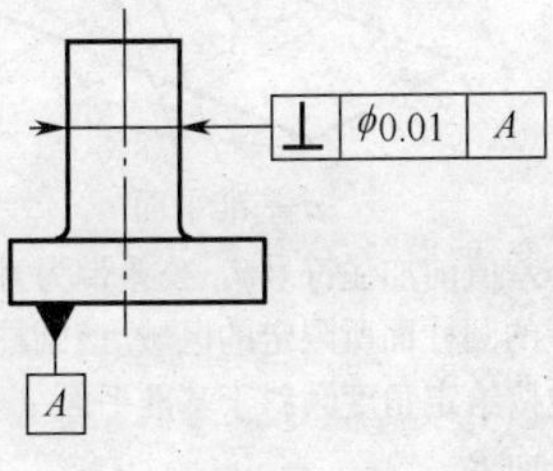

符号	公差带定义	标注和解释
	面对基准面的垂直度公差（面对线垂直度公差略）	
⊥	公差带为间距等于公差值 t、垂直于基准平面的两平行平面所限定的区域 a 基准平面	提取（实际）表面应限定在间距等于0.08、垂直于基准平面 A 的两平行平面之间
	倾斜度公差	
	线对基准线的倾斜度公差	
∠	（a）被测线与基准线在同一平面上 公差带为间距等于公差值 t 的两平行平面所限定的区域。该两平行平面按给定角度倾斜于基准轴线 a 基准轴线 （b）被测线与基准线在不同平面内 公差带为间距等于公差值 t 的两平行平面所限定的区域。该两平行平面按给定角度倾斜于基准轴线 a 基准轴线	提取（实际）中心线应限定在间距等于0.08的两平行平面之间。该两平行平面按理论正确角60° 倾斜于公共基准轴线 $A—B$ 提取（实际）中心线应限定在间距等于0.08的两平行平面之间。该两平行平面按理论正确角度60° 倾斜于公共基准轴线 $A—B$
	线对基准面的倾斜度公差	
	公差带为间距等于公差值 t 的两平行平面所限定的区域。该两平行平面按给定角度倾斜于基准平面 a 基准平面 公差值前加注符号 ϕ，公差带为直径等于公差值 ϕt 的圆柱面所限定的区域。该圆柱面公差带的轴线按给定角度倾斜于基准平面 A 且平行于基准平面 B	提取（实际）中心线应限定在间距等于0.08的两平行平面之间。该两平行平面按理论正确角度60° 倾斜于基准平面 A 提取（实际）中心线应限定在直径等于 $\phi0.1$ 的圆柱面内。该圆柱面的中心线按理论正确角度60° 倾斜于基准平面 A 且平行于基准平面 B

符号	公差带定义	标注和解释
	a 基准平面 A　b 基准平面 B	
	面对基准面的倾斜度公差（面对线倾斜度公差略）	
∠	公差带为间距等于公差值 t 的两平行平面所限定的区域。该两平行平面按给定角度倾斜于基准平面a 基准平面	提取（实际）表面应限定在间距等于 0.08 的两平行平面之间。该两平行平面按理论正确角度 40° 倾斜于基准平面 A

表 2.11　　　　　　　　　　　　定位公差标准示例　　　　　　　　　　　单位：mm

符号	公差带定义	标注和解释
	同轴度公差	
	点的同心度公差	
◎	公差值前标注符号 ϕ，公差带为直径等于公差值 ϕt 的圆周所限定的区域。该圆周的圆心与基准点重合a 基准点	在任意横截面内，内圆的提取（实际）中心应限定在直径等于 $\phi 0.1$，以基准点 A 为圆心的圆周内
	轴线的同轴度公差	
	公差值前标注符号 ϕ，公差带为直径等于公差值 ϕt 的圆柱面所限定的区域。该圆柱面的轴线与基准轴线重合	大圆柱面的提取（实际）中心线应限定在直径等于 $\phi 0.08$、以公共基准轴线 A—B 为轴线的圆柱面内

符　号	公差带定义	标注和解释
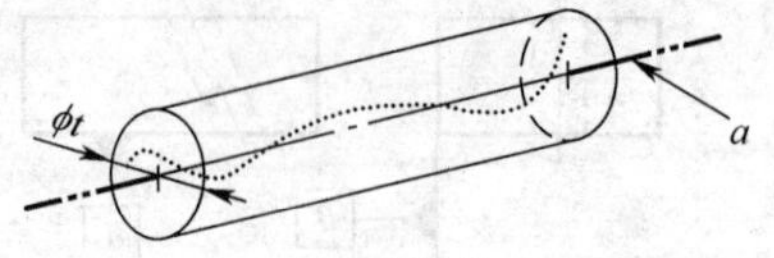 　　　　　a 基准轴线		大圆柱面的提取（实际）中心线应限定在直径等于 $\phi0.1$、以基准轴线 A 为轴线的圆柱面内 大圆柱面的提取（实际）中心线应限定在直径等于 $\phi0.1$、以垂直于基准平面 A 的基准轴线 B 为轴线的圆柱面内 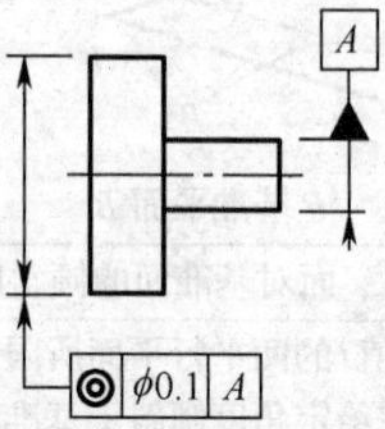 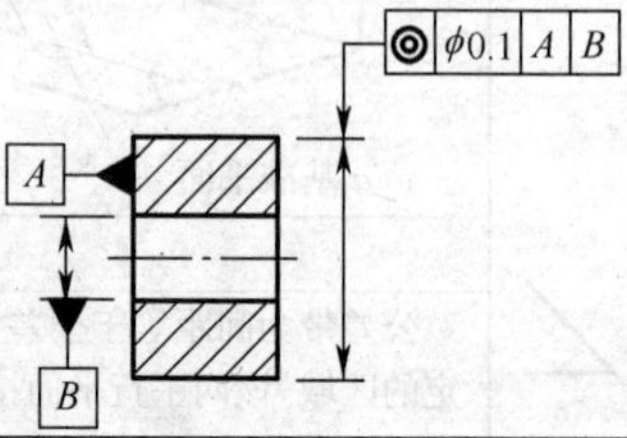

对称度公差

中心平面的对称度公差

公差带为间距等于公差值 t, 对称于基准中心平面的两平行平面所限定的区域 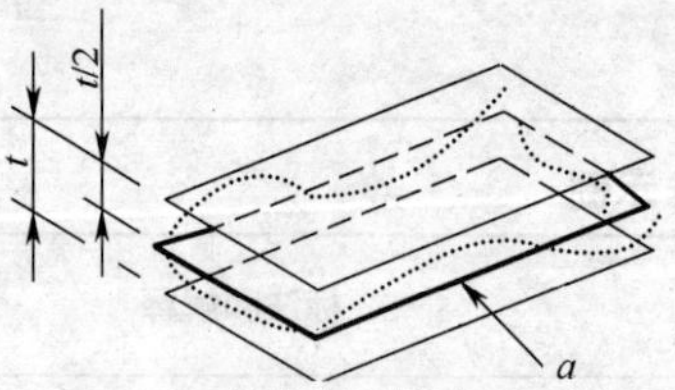 　　a 基准中心平面	提取（实际）中心面应限定在间距等于 0.08、对称于基准中心平面 A 的两平行平面之间 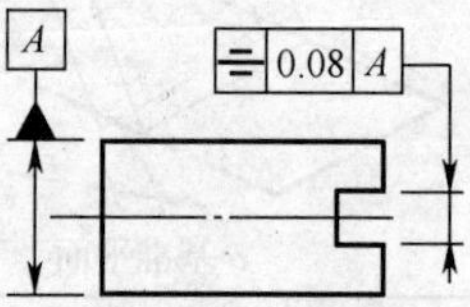 提取（实际）中心面应限定在间距等于 0.08、对称于公共基准中心平面 A—B 的两平行平面之间 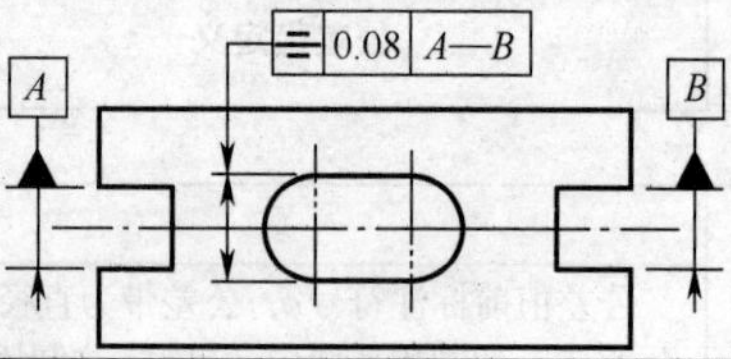

位置度公差

点的位置度公差

公差值前加注 $S\phi$, 公差带为直径等于公差值 $S\phi t$ 的圆球面所限定的区域。该圆球面中心的理论正确位置由基准 A、B、C 和理论正确尺寸确定 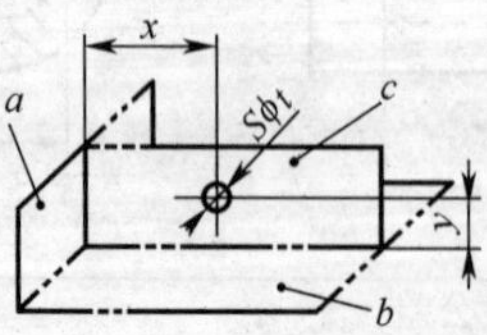 a 基准平面 A　b 基准平面 B　c 基准平面 C	提取（实际）球心应限定在直径等于 $S\phi0.3$ 的圆球面内。该圆球面的中心由基准平面 A、基准平面 B、基准中心平面 C 和理论正确尺寸 30、25 确定 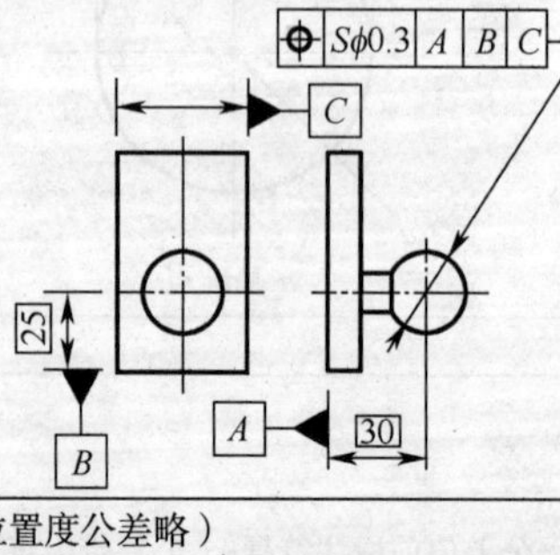

线的位置度公差（孔组位置度公差略）

公差值前加注符号 ϕ, 公差带为直径等于公差值 ϕt 的圆柱面所限定的区域。该圆柱面的轴线的位置由基准平面 C、A、B 和理论正确尺寸确定	各提取（实际）中心线应各自限定在直径等于 $\phi0.1$ 的圆柱面内。该圆柱面的轴线应处于由基准平面 C、A、B 和理论正确尺寸 20、15、30 确定的各孔轴线的理论正确位置上

符　　号	公差带定义	标注和解释
⊕	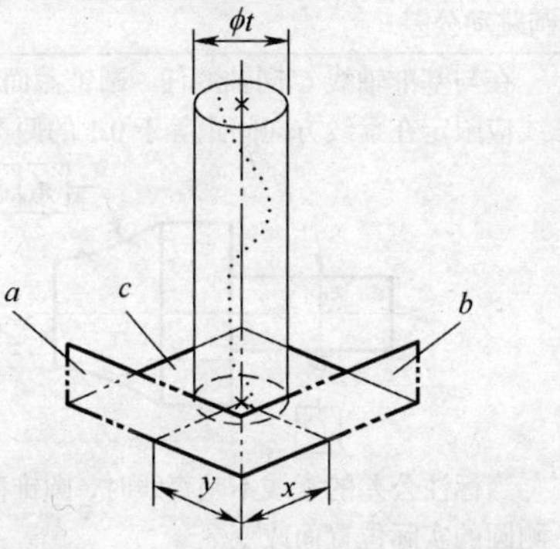 ϕt a 基准平面 A　b 基准平面 B　c 基准平面 C	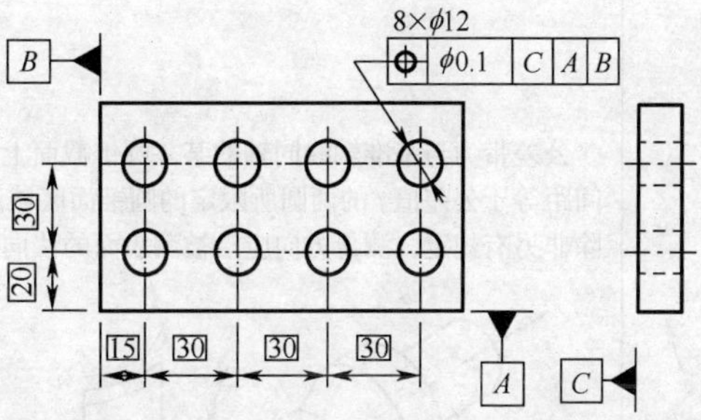 $8\times\phi12$　⊕ $\phi0.1$ C A B

表 2.12　　　　　　　　　　　　　　圆跳动公差标注示例　　　　　　　　　　　单位：mm

符号	公差带定义	标注和解释
	径向圆跳动公差	
↗	公差带为在任一垂直于基准轴线的横截面内、半径差等于公差值 t、圆心在基准轴线上的两同心圆所限定的区域 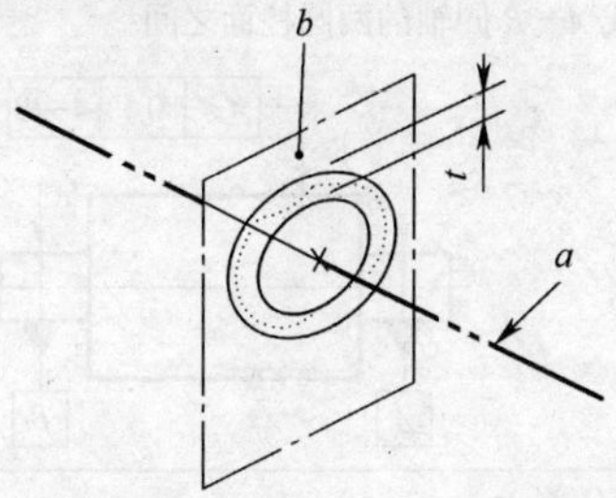 a 基准轴线　　　　b 横截面	在任一垂直于基准 A 的横截面内，提取（实际）圆应限定在半径差等于 0.1，圆心在基准轴线 A 上的两同心圆之间，如图 A 所示 在任一平行于基准平面 B、垂直于基准轴线 A 的截面上，提取（实际）圆应限定在半径差等于 0.1，圆心在基准轴线 A 上的两同心圆，如图 B 所示 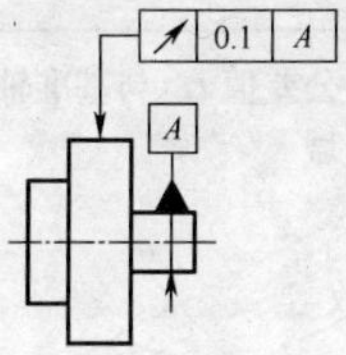 图 A 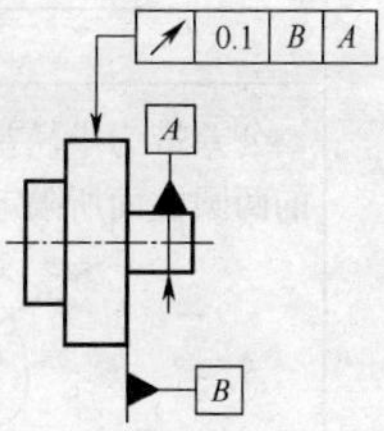　　　　　　　　图 B 在任一垂直于公共基准轴线 A—B 的横截面内，提取（实际）圆应限定在半径差等于 0.1、圆心在基准轴线 A—B 上的两同心圆之间 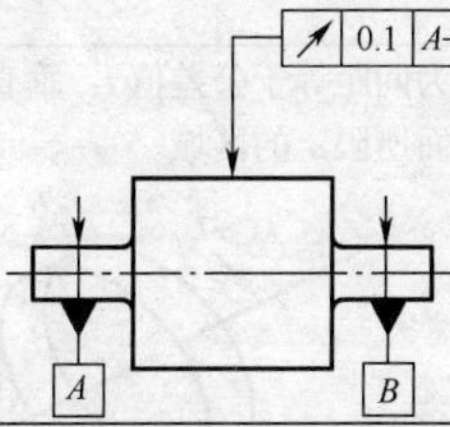
	轴向圆跳动公差	
↗	公差带为与基准轴线同轴的任一半径的圆柱截面上，间距等于公差值 t 的两圆所限定的圆柱面区域 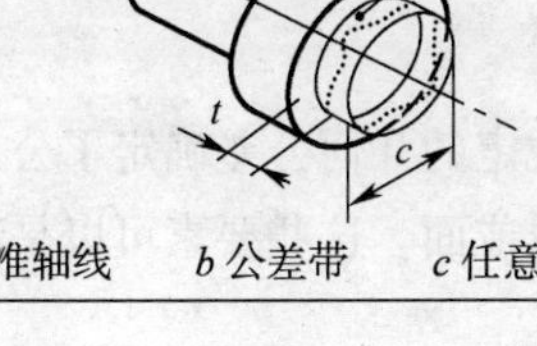 a 基准轴线　　b 公差带　　c 任意直径	在与基准轴线 D 同轴的任一圆柱形截面上，提取（实际）圆应限定在轴向距离等于 0.1 的两个等圆之间 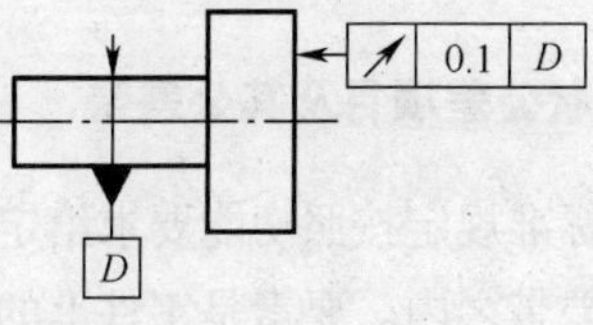

符号	公差带定义	标注和解释
	斜向圆跳动公差	
	公差带为与基准轴线同轴的某一圆锥截面上，间距等于公差值 t 的两圆所限定的圆锥面区域。除非另有规定，测量方向应沿被测表面的法向 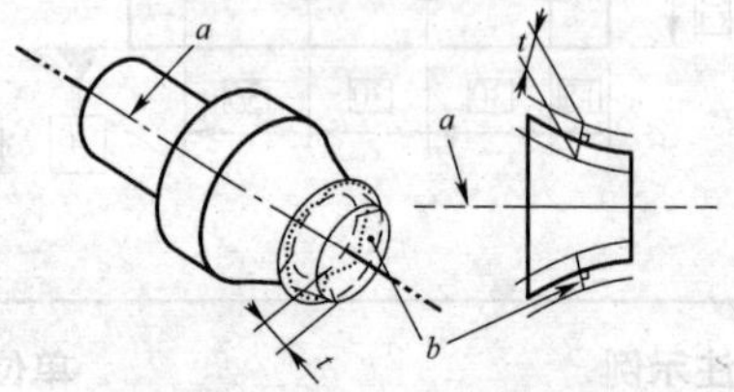 a 基准轴线　　　b 公差带	在与基准轴线 C 同轴的任一圆锥截面上，提取（实际）线应限定在素线方向间距等于 0.1 的两不等圆之间 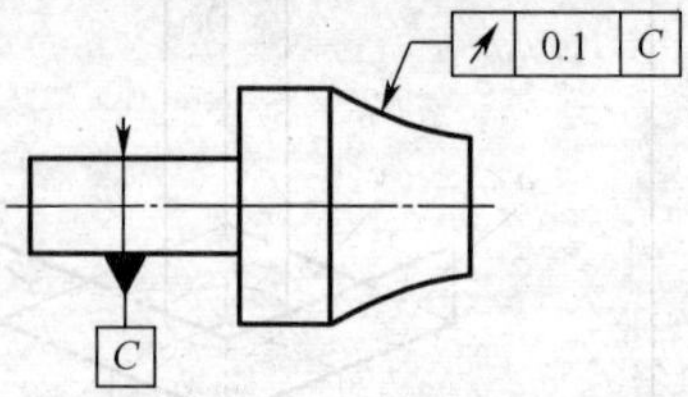 当标注公差的素线不是直线时，圆锥截面的锥角要随所测圆的实际位置而改变 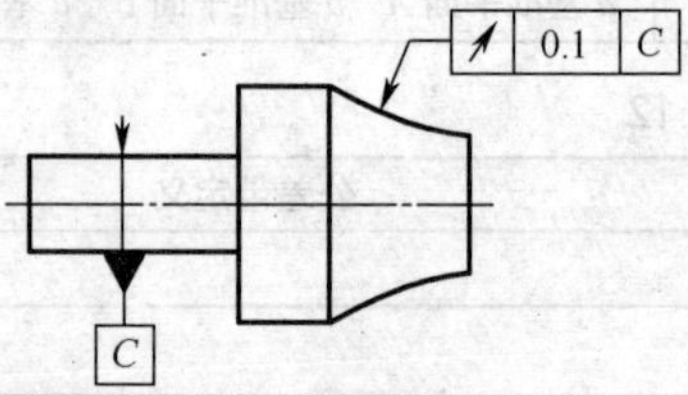

表 2.13　　　　　　　　　　　　　　全跳动公差标注示例

符号	公差带定义	标注和解释
	全跳动公差	
	径向全跳动公差	
	公差带为半径差等于公差值 t，与基准轴线同轴的两圆柱面所限定的区域 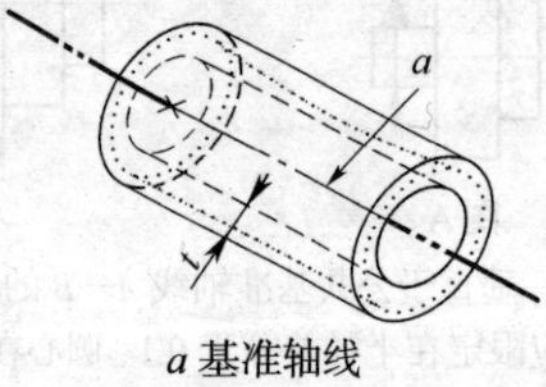 a 基准轴线	提取（实际）表面应限定在半径差等于 0.1，与公共基准轴线 A—B 同轴的两圆柱面之间 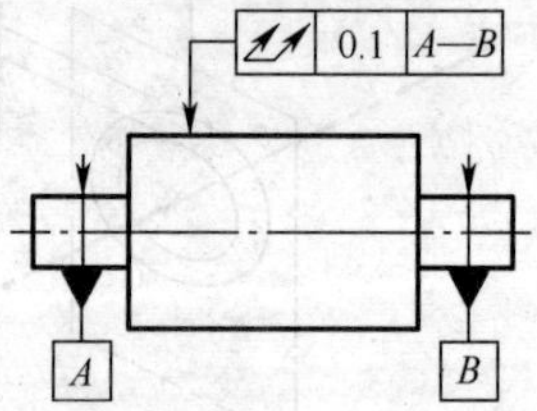
	轴向全跳动公差	
	公差带为间距等于公差值 t，垂直于基准轴线的两平行平面所限定的区域 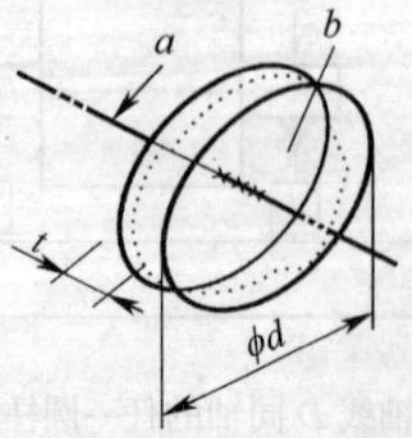 a 基准轴线　　　b 提取表面	提取（实际）表面应限定在间距等于 0.1、垂直于基准轴线 D 的两平行平面之间 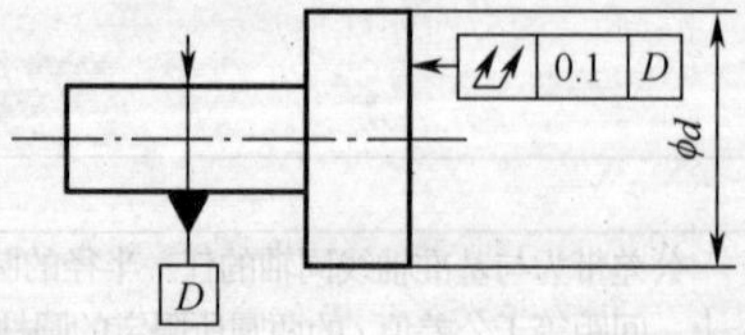

2.4.5　形状公差项目及其公差带

国家标准规定按照功能要求给定几何公差，对要素规定的几何公差确定了公差带，该要素应限定在公差带之内。要素是工件上的特定部位，如点、线或面。这些要素可以是组成要素（如圆柱体的外表面），也可以是导出要素（如中心线或中心面）。根据公差的几何特征及其标注方式，公差带的主要形状如下。

① 一个圆内的区域。

② 两同心圆之间的区域。

③ 两等距线或两平行直线之间的区域。

④ 一个圆柱面内的区域。

⑤ 两同轴圆柱面之间的区域。

⑥ 两等距面或两平行平面之间的区域。

⑦ 一个圆球面内的区域。

公差带包括公差值大小、公差带方向、公差带形状和公差带位置 4 个要素。

国家标准对形状公差规定有 6 个项目，每个项目都有各自的公差带，可以根据不同的形状误差给定不同的形状公差项目及其公差带。公差带的位置均是浮动的。各项形状公差的特点及其公差带如下。

1. 直线度

直线度是用来控制回转体的素线、棱线、轴线以及平面上的直线、面与面的交线等的形状误差。根据被测要素的空间特性及不同的使用要求，直线度可分为 3 种情况：在给定的平面内，如图 2.52 所示，在给定的方向上，如图 2.53 所示；以及在任意方向上，如图 2.54 所示。它们的公差带形状各不相同。

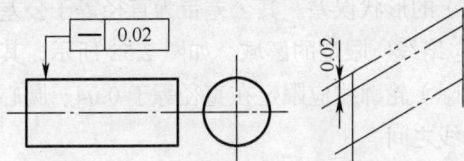

图 2.52 圆柱素线全长的直线度公差

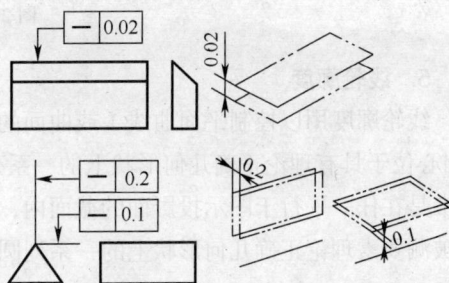

图 2.53 给定方向的直线度公差

2. 平面度

平面度用来控制被测实际平面的形状误差，其公差带为间距等于公差值 t 的两平行平面所限定的区域。如图 2.55 所示，提取（实际）表面应限定在间距等于 0.1 的两平行平面之间。

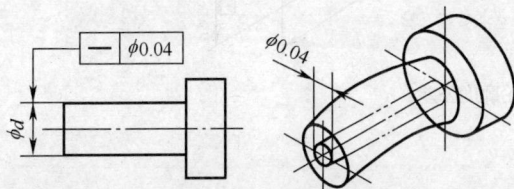

图 2.54 圆柱轴线的直线度公差

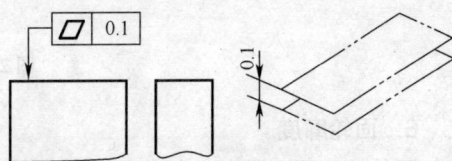

图 2.55 平面度公差

平面度是一项综合的形状公差，它既控制了平面度误差，又可控制实际平面上任一截面轮廓的直线度误差。

3. 圆度

圆度用来控制回转表面（如圆柱面、圆锥面和球面）的径向截面轮廓的形状误差。其公差带为在给定横截面内、半径差等于公差值 t 的两同心圆所限定的区域。如图 2.56 所示，其公差带是在圆柱面的任意横截面内，提取（实际）圆周应限定在半径差等于 0.02 的两共面同心圆之间。

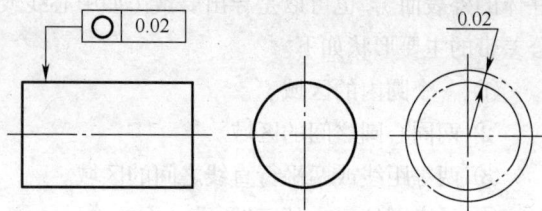

图 2.56　圆度公差

4. 圆柱度

圆柱度用以控制被测实际圆柱面纵、横剖面的形状误差。其公差带为半径差等于公差值 t 的两同轴圆柱面所限定的区域。如图 2.57 所示，其公差带是提取（实际）圆柱面应限定在半径差等于 0.05 的两同轴圆柱面之间。它可以控制任一横剖面轮廓的圆度误差和圆柱素线的直线度以及素线间的平行度误差，是一项综合的形状公差。

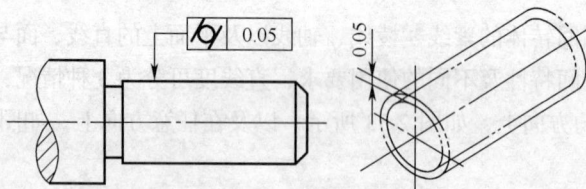

图 2.57　圆柱度公差

5. 线轮廓度

线轮廓度用以控制平面曲线（或曲面的截面轮廓）的形状误差。其公差带为直径等于公差值 t 圆心位于具有理论正确几何形状上的一系列圆的两包络线所限定的区域。如图 2.58 所示，其公差带是在任一平行于图示投影面的截面内，提取（实际）轮廓线应限定在直径等于 0.04、圆心位于被测要素理论正确几何形状上的一系列圆的两包络线之间。

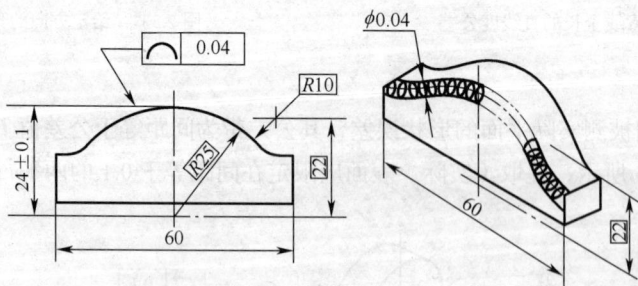

图 2.58　线轮廓度公差

6. 面轮廓度

面轮廓度用以控制一般曲面的形状误差。其公差带为直径等于公差值 t，球心位于被测要素理论正确形状上的一系列圆球的两包络面所限定的区域。如图 2.59 所示，其公差带是提取（实际）轮廓面应限定在直径等于 0.02、球心位于被测要素理论正确几何形状上的一系列圆球的两等距包络面之间。

线轮廓度和面轮廓度的公差带位置是浮动的。但是在有基准要求时，线轮廓度和面轮廓度为位置公差，其公差带的位置均是固定的。

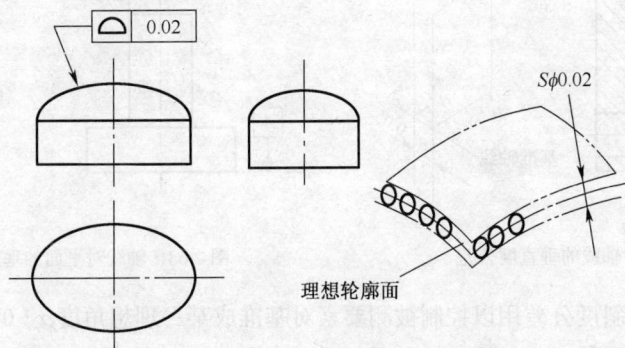

图 2.59　面轮廓度公差

2.4.6　位置公差项目及其公差带

位置公差分为定向公差、定位公差和跳动公差 3 类。每类分别包括几个项目，国家标准规定共有 8 种位置公差项目，它们的理想方向或理想位置均由基准确定。用位置公差限制被测组成要素变动的区域，称为位置公差带。各项位置公差的特点及其公差带如下。

1．定向公差

定向公差为关联组成要素的位置对基准在方向上允许的变动全量。其特点是公差带相对于基准有确定的方向。

（1）平行度。平行度公差用以控制线对线、线对面、面对面、面对线的平行度误差。其特点是公差带的方向与基准平行。公差带的形状有两个平行的平面、圆柱体等，公差带的位置是浮动的，如图 2.60 所示。提取（实际）表面应限定在间距等于 0.05、平行于基准 A 的两平行平面之间，如图 2.61 所示。提取（实际）中心线应限定在平行于基准轴线 A、直径等于 $\phi0.02$ 的圆柱面内。

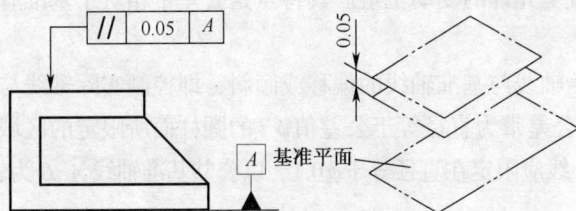

图 2.60　平面对平面的平行度公差

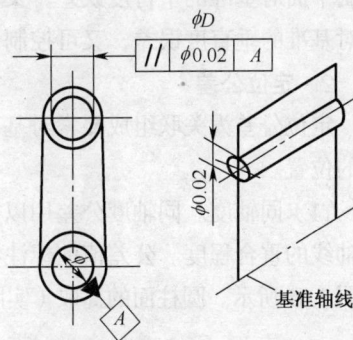

图 2.61　轴线对轴线的平行度公差

（2）垂直度。垂直度公差用以控制线对线、线对面、面对面、面对线的垂直度误差。其特点是公差带的方向与基准垂直。公差带的形状也有两平行平面和圆柱体等，公差带的位置是浮动的，如图 2.62 所示。提取（实际）中心线应限定在间距等于 0.05、垂直与基准平面 A、B 的两平行平面之间。如图 2.63 所示。圆柱面的提取（实际）中心线应限定在直径等于 $\phi0.05$ 垂直与基准平面 A 的圆柱面内。

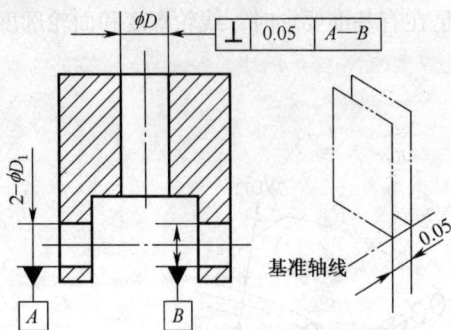

图 2.62 轴线对轴线的垂直度公差

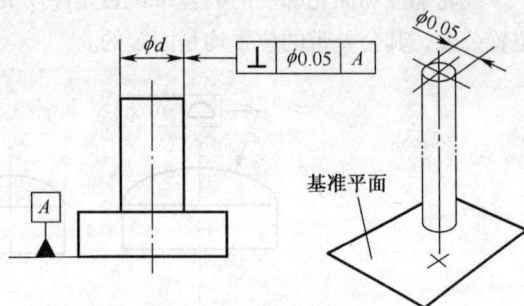

图 2.63 轴线对平面的垂直度公差

（3）倾斜度。倾斜度公差用以控制被测要素对基准成某一理想角度 α（$0° < \alpha < 90°$）的方向误差。其公差带为间距等于公差值 t 的两平行平面所限定的区域，该两平行平面按给定角度倾斜于基准直线，如图 2.64 所示。提取（实际）表面应限定在间距等于 0.05 的两平行平面之间，该两平行平面按理论正确角度 60° 倾斜于基准直线。

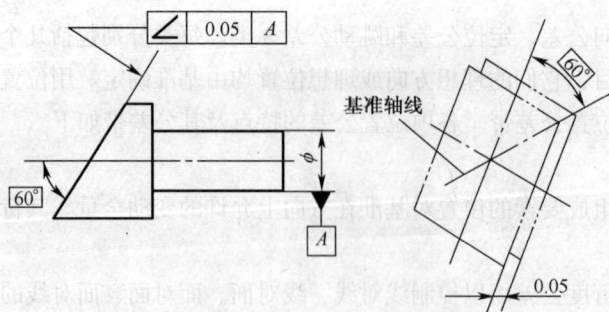

图 2.64 平面对直线的倾斜度公差

应该指出，定向公差能够综合控制被测要素的定向误差和形状误差，如平面的平行度，既可控制平面对基准的平行度误差，又可控制该平面的平面度误差；再如轴线的垂直度，既可控制轴线对基准的垂直度误差，又可控制该轴线的直线度误差。

2. 定位公差

定位公差为关联组成要素对基准在位置上允许的变动全量。其特点是公差带相对于基准有确定的位置。

（1）同轴度。同轴度公差用以控制被测轴线与基准轴线的偏移或倾斜，即控制实际轴线与基准轴线的重合程度。公差值前标注符号 ϕ，公差带为直径等于公差值 ϕt 的圆柱面所限定的区域，如图 2.65 所示。圆柱面的提取（实际）中心线应限定在直径等于 $\phi 0.1$、以公共基准轴线 $A-B$ 为轴

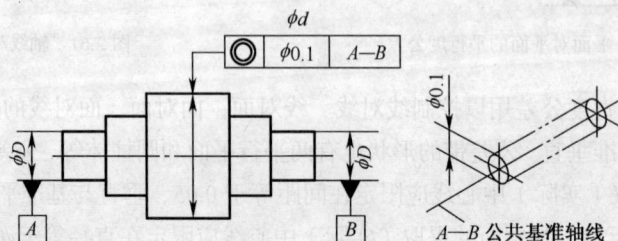

图 2.65 同轴度公差

线的圆柱面内。同轴度公差带的形状是圆柱体，方向由基准确定，位置是固定的。

（2）对称度。对称度公差用以控制被测中心平面（或轴线、中心线）对基准中心平面（或轴线、中心线）允许的变动全量。其公差带为间距等于公差值 t，对称于基准中心平面的两平行平面所限定的区域。如图 2.66 所示，提取（实际）中心面应限定在间距等于 0.1、对称于基准中心平面 A 的两平行平面之间；形状是两平行平面；方向由基准确定；位置是固定的。

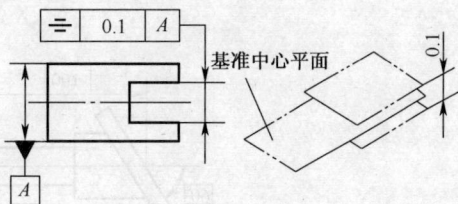

图 2.66 对称度公差

（3）位置度。位置度公差用以控制被测点、线、面的实际位置相对其理想位置的变动，即允许被测要素的实际位置对其理想位置的变动全量。被测要素的理想位置由理论正确尺寸和基准确定。

图 2.67 所示为空间点在任意方向上的位置度，其公差带为提取（实际）球心 $S\phi$ 0.08 的圆球面内。该圆球面的中心由基准轴线 A、基准平面 B 和理论正确尺寸确定。

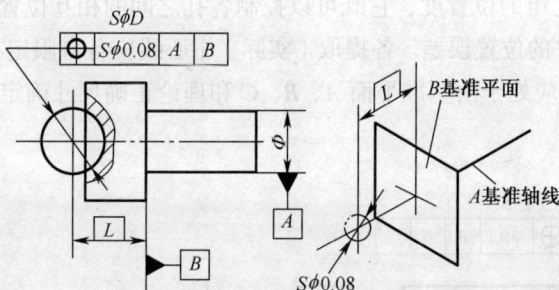

图 2.67 点的位置度公差

图 2.68 所示为空间线的位置度，其公差带为提取（实际）中心线应限定在间距等于 0.1、对称于基准平面 A、B、C 和理论正确尺寸确定的理论正确位置的两平行平面之间。方向为给定的任意方向，形状是圆柱体，位置由理论正确尺寸和基准确定，并且是固定的。

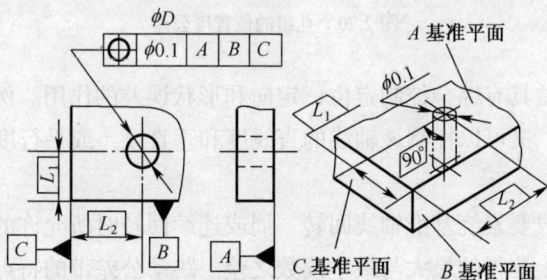

图 2.68 线的位置度公差

图 2.69 所示为面的位置度，其公差带为提取（实际）表面应限定在间距等于 0.05、且对称于被测面理论正确位置的两平行平面之间。该两平行平面对称于由基准轴线 A、基准平面 B 和理论正确尺寸 60° 、 100 确定的被测面的理论正确位置。公差带的位置是固定的。

位置度公差常用来控制孔组的位置精度。孔组的各轴线是起相同作用的一组要素，称为成组要素。成组要素往往有位置要求，如圆周均匀分布、等距或不等距的行列分布等。

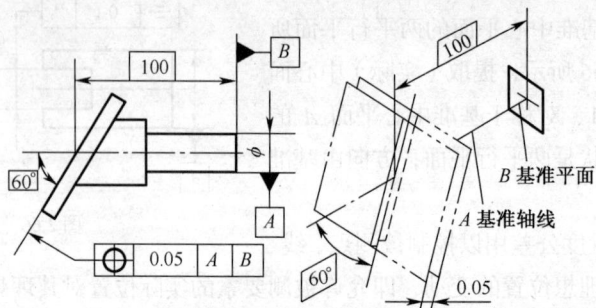

图 2.69　面的位置度公差

成组要素的理想位置关系由几何图框来反映，几何图框是指确定一组公称要素之间或它们与基准之间正确几何关系的图形，如图 2.70 所示。

图 2.70 所示为四孔组的位置度，它既可以控制各孔之间的相互位置误差，又可控制整个孔组相对于基准 A、B、C 的位置误差。各提取（实际）中心线应各自限定在直径等于 $\phi 0.1$ 的圆柱面内。该圆柱面的轴线应处于由基准平面 A、B、C 和理论正确尺寸确定的各孔轴线的理论正确位置上。

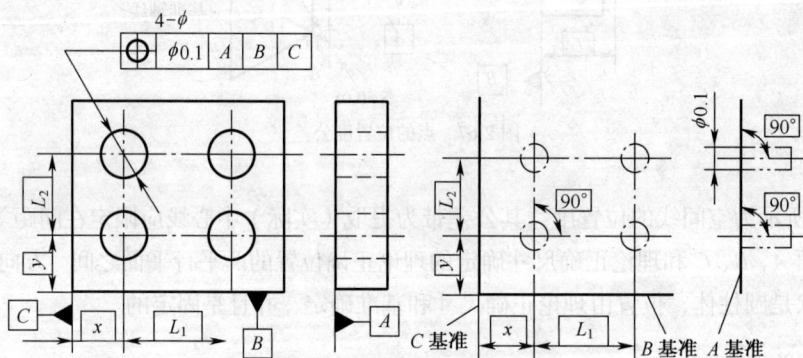

图 2.70　孔组的位置度公差

应该指出，定位公差具有综合控制定位、定向和形状误差的作用。例如，轴线的位置度公差既可以控制其位置误差，又可以控制该轴线的直线度和垂直度（或平行度）误差。

3. 跳动公差

跳动公差是关联组成要素绕基准轴线回转一周或连续回转时所允许的最大跳动量。最大跳动量是指示器在给定方向上测得的最大与最小读数之差。跳动公差带的特点是与基准轴线同轴或垂直，是依据测量方式而给定的公差项目，具有一定的综合控制功能，能将某些形状和位置误差综合反应到测量结果中去，因而在生产中应用较广，适用于回转件。跳动根据测量方式又分为圆跳动和全跳动。

（1）圆跳动。圆跳动是指被测组成要素绕基准轴线做无轴向移动回转一周时，由位置固定的指示器在给定方向上测得的最大与最小读数之差。当给定方向为垂直圆柱体轴线时称为径向圆跳动，公差带为在任一垂直于基准轴线的横截面内、半径差等于公差值 t、圆心在基准轴线上的两同心圆所限定的区域；当给定方向平行于圆柱体轴线时称为轴向圆跳动，公差带为与基准轴线同轴的任一半径的圆柱截面上，间距等于公差值 t 的两圆所限定的圆柱面区域；当给定方向是圆锥面的法向方向时称为斜向圆跳动，公差带为与基准轴线同轴的某一圆锥截面上，间距等于公差值 t、的两圆所限定的圆锥面区域。

图 2.71 所示为径向圆跳动，其公差带为在任一垂直于基准 A 的横截面内，提取（实际）圆应限定在半径差等于 0.05，圆心在基准轴线 A 上的两个同心圆之间。它可以综合控制被测要素对基准要素的同轴度误差和被测要素的圆度误差，公差带的位置既固定（圆心在基准轴线上）又浮动（两同心圆的半径可随直径变化而浮动）。

图 2.72 所示为轴向圆跳动，其公差带为与基准轴线 A 同轴的任一圆柱形截面上，提取（实际）圆应限定在轴向距离等于 0.05 的两个等圆之间。它可以控制轴向对基准轴线的垂直度误差，但是当轴向中凹或中凸时，轴向圆跳动不能反映轴向对基准轴线的垂直度误差，如图 2.73 所示。

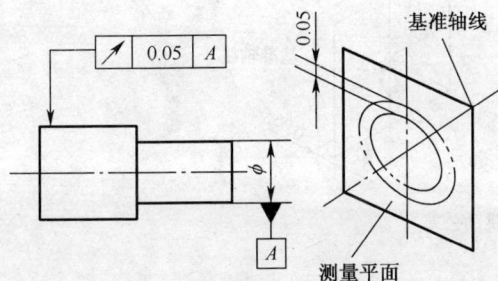

图 2.71 径向圆跳动公差

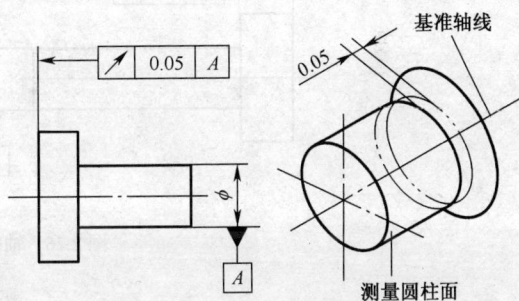

图 2.72 轴向圆跳动公差

图 2.74 所示为斜向圆跳动，其公差带为在与基准轴线 A 同轴的任一圆锥截面上，提取（实际）线应限定在素线方向间距等于 0.05 的两不等圆之间。它可以综合控制圆锥面或其他回转曲面的圆度误差及其对基准轴线的同轴度误差。

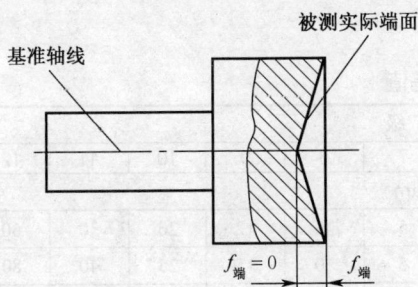

图 2.73 实际轴向中凹

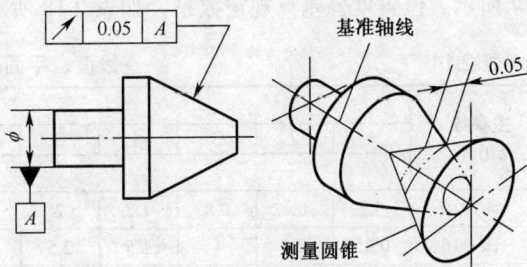

图 2.74 斜向圆跳动公差

（2）全跳动。全跳动是指被测组成要素绕基准轴线做无轴向移动的回转，同时指示器沿理想素线连续移动，由指示器在给定方向上测得的最大与最小读数之差。当给定方向为垂直基准轴线时称为径向全跳动，公差带为半径差等于公差值 t，与基准轴线同轴的两圆柱面所限定的区域；当给定方向为平行基准轴线时称为轴向全跳动，公差带为间距等于公差值 t，垂直于基准轴线的两平行平面所限定的区域。

图 2.75 所示为径向全跳动，其公差带为提取（实际）表面应限定在半径差等于 0.2，与公共基准轴线 A-B 同轴的两圆柱面之间。因此，径向全跳动可综合控制被测要素的圆柱度误差及对基准要素的同轴度误差。

图 2.76 所示为轴向全跳动，其公差带为提取（实际）表面应限定在间距等于 0.05、垂直于基准轴线的两平行平面之间。该公差带与面对线的垂直度公差带完全相同，二者体现了相同的设计要求，因此，可用轴向全跳动来控制轴向的平面度误差及对基准轴线的垂直度误差，尤其对实际轴向中凹（或中凸）的误差，轴向全跳动可充分反映实际轴向对基准的垂直度误差。

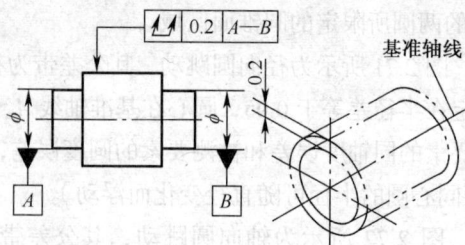

图 2.75 径向全跳动公差

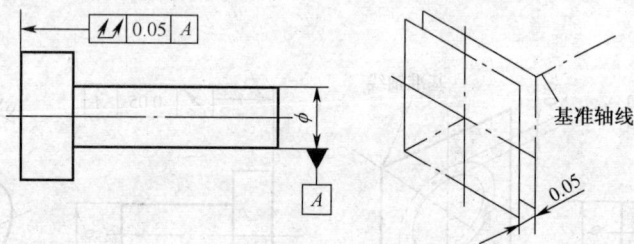

图 2.76 轴向全跳动公差

跳动公差带的位置均为既固定、又浮动，它是一项综合的位置公差，能综合控制被测要素的形状，定向或定位公差。由于其测量简便，因此应用较广泛。

2.4.7 几何公差值

在几何公差国家标准 GB/T 1184—1996 中，对于图样上需要注出的几何公差，除线轮廓度与面轮廓度没有规定公差值，其余 11 个项目均划分了公差等级，并规定有公差值，如表 2.14 至表 2.17 所示。位置度公差只规定数系，如表 2.18 所示。

表 2.14 　　　　　　　　　　　　　直线度、平面度的公差值

主参数 L/mm	公差等级											
	1	2	3	4	5	6	7	8	9	10	11	12
	公差值/μm											
≤10	0.2	0.4	0.8	1.2	2	3	5	8	12	20	30	60
>10 ~ 16	0.25	0.5	1	1.5	2.5	4	6	10	15	25	40	80
>16 ~ 25	0.3	0.6	1.2	2	3	5	8	12	20	30	50	100
>25 ~ 40	0.4	0.8	1.5	2.5	4	6	10	15	25	40	60	120
>40 ~ 63	0.5	1	2	3	5	8	12	20	30	50	80	150
>63 ~ 100	0.6	1.2	2.5	4	6	10	15	25	40	60	100	200
>100 ~ 160	0.8	1.5	3	5	8	12	20	30	50	80	120	250
>160 ~ 250	1	2	4	6	10	15	25	40	60	100	150	300

注：L 为被测要素的长度。

表 2.15　　　　　　　　　　　　　圆度、圆柱度的公差值

主参数 d(D)/mm	公差等级												
	0	1	2	3	4	5	6	7	8	9	10	11	12
	公差值/μm												
>6~10	0.12	0.25	0.4	0.6	1	1.5	2.5	4	6	9	15	22	36
>10~18	0.15	0.25	0.5	0.8	1.2	2	3	5	8	11	18	27	43
>18~30	0.2	0.3	0.6	1	1.5	2.5	4	6	9	13	21	33	52
>30~50	0.25	0.4	0.6	1	1.5	2.5	4	7	11	16	25	39	62
>50~80	0.3	0.5	0.8	1.2	2	3	5	8	13	19	30	46	74
>80~120	0.4	0.6	1	1.5	2.5	4	6	10	15	22	35	54	87
>120~180	0.6	1	1.2	2	3.5	5	8	12	18	25	40	63	100
>180~250	0.8	1.2	2	3	4.5	7	10	14	20	29	46	72	115

注：$d(D)$ 为被测要素的直径。

表 2.16　　　　　　　　　　　　平行度、垂直度、倾斜度的公差值

主参数 L, d(D)/mm	公差等级											
	1	2	3	4	5	6	7	8	9	10	11	12
	公差值/μm											
≤10	0.4	0.8	1.5	3	5	8	12	20	30	50	80	120
>10~16	0.5	1	2	4	6	10	15	25	40	60	100	150
>16~25	0.6	1.2	2.5	5	8	12	20	30	50	80	120	200
>25~40	0.8	1.5	3	6	10	15	25	40	60	100	150	250
>40~63	1	2	4	8	12	20	30	50	80	120	200	300
>63~100	1.2	2.5	5	10	15	25	40	60	100	150	250	400
>100~160	1.5	3	6	12	20	30	50	80	120	200	300	500
>160~250	2	4	8	15	25	40	60	100	150	250	400	600

注：L 为被测要素的长度，$d(D)$ 为被测要素的直径。

表 2.17　　　　　　　　　　同轴度、对称度、圆跳动、全跳动的公差值

主参数 d(D), B, L/mm	公差等级											
	1	2	3	4	5	6	7	8	9	10	11	12
	公差值/μm											
>6~10	0.6	1	1.5	2.5	4	6	10	15	30	60	100	200
>10~18	0.8	1.2	2	3	5	8	12	20	40	80	120	250
>18~30	1	1.5	2.5	4	6	10	15	25	50	100	150	300
>30~50	1.2	2	3	5	8	12	20	30	60	120	200	400
>50~120	1.5	2.5	4	6	10	15	25	40	80	150	250	500
>120~250	2	3	5	8	12	20	30	50	100	200	300	600

注：$d(D)$，B，L 为被测要素的直径或宽度、长度。

表 2.18　　　　　　　　　　　　　　位置度数系

1	1.2	1.5	2	2.5	3	4	5	6	8
$1×10^n$	$1.2×10^n$	$1.5×10^n$	$2×10^n$	$2.5×10^n$	$3×10^n$	$4×10^n$	$5×10^n$	$6×10^n$	$8×10^n$

注：表中 n 为从 0 开始的正整数。

习题

一、判断题（正确的打√，错误的打×）

1. 同一公称尺寸的零件，公差值越小，说明零件的精度越高。 （　　　）

2. 未注公差尺寸即对该尺寸无公差要求。 （　　　）

3. 配合公差的大小，等于相配合的孔、轴公差之和。 （　　　）

4. 基准要素为导出要素时，基准符号应该与该要素的组成要素尺寸线错开。 （　　　）

5. 位置公差是解决关联实际要素的方向、位置对基准要素所允许的变动量问题。 （　　　）

二、多项选择题

1. 正确的论述是_____。

A. 不完全互换性是指零件在装配时可以修配

B. 测量一批零件的实际（组成）要素最大尺寸为 20.01mm，最小为 19.96mm，则上极限偏差是+0.01mm，下极限偏差是−0.04mm

C. 上极限偏差等于上极限尺寸减公称尺寸

D. 对零部件规定的公差值越小，则其配合公差也必定越小

2. 下述论述中正确的有_____。

A. $\phi20g8$ 比 $\phi20h7$ 的精度高

B. $\phi50^{+0.013}_{0}$ mm 比 $\phi25^{+0.013}_{0}$ mm 精度高

C. 国家标准规定不允许孔、轴公差带组成非基准制配合

D. 零件的尺寸精度高，则其配合间隙小

3. 定位公差包括_____。

A. 同轴度　　　　　B. 平行度　　　　　C. 对称度　　　　　D. 位置度

4. 定向公差包括_____。

A. 平行度　　　　　B. 平面度　　　　　C. 垂直度　　　　　D. 倾斜度

5. 几何公差所描述的区域所具有的特征是_____。

A. 大小　　　　　B. 方向　　　　　C. 形状　　　　　D. 位置

6. 有关标注正确的论述有_____。

A. 圆锥体有圆度公差要求时，其指引线箭头必须与被测表面垂直

B. 圆锥体有圆跳动要求时，其指引线箭头必须与被测表面垂直

C. 直线度公差的标注其指引线箭头应与被测要素垂直

D. 平面度公差的标注其指引线箭头必须与被测表面垂直

三、填空题

1. 公称尺寸是指_____。

2. 实际偏差是指_____，极限偏差是指_____。

3. 公差值的大小表示了工件_____的要求。

4. 孔和轴的公差带由_____决定大小，由_____决定位置。

5. $\phi50P8$ 孔，其上极限偏差为_____mm，下极限偏差为_____mm。

6. 配合公差指_____，它表示_____的高低。

7. 某圆柱面的圆柱度公差为 0.03mm，该圆柱面对轴线的径向全跳动公差_____0.03mm。

四、综合题

1. 什么是尺寸公差？它与极限尺寸、极限偏差有何关系？

2. 公差与偏差概念有何根本区别？

3. 改正题图 2.1 中各项几何公差标注上的错误（不得改变公差项目）。

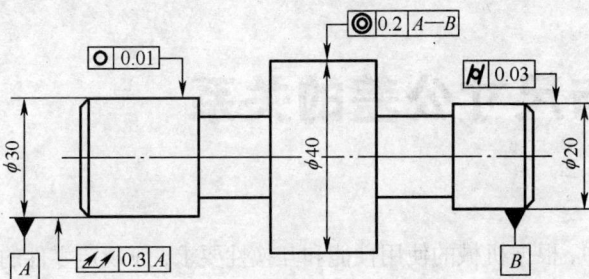

题图 2.1

4. 改正题图 2.2 中各项几何公差标注上的错误（不得改变几何公差项目）。

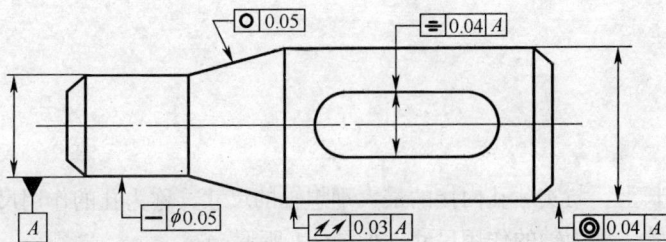

题图 2.2

5. 将下列技术要求标注在题图 2.3 上。

（1）2-ϕd 轴线对其公共轴线的同轴度公差为 ϕ0.02mm。

（2）ϕD 轴线对 2-ϕd 公共轴线的垂直度公差为 1000：0.02mm。

（3）槽两侧面对 ϕD 轴线的对称度公差为 0.04mm。

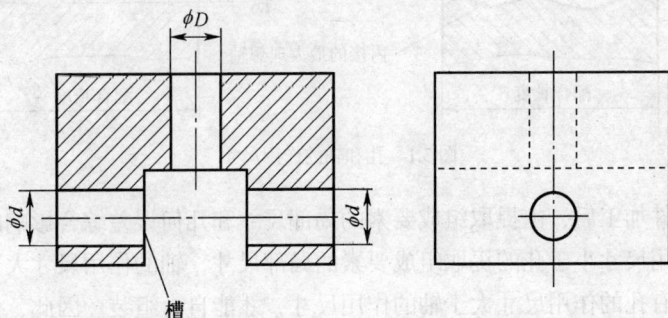

题图 2.3

第**3**章

几何公差与尺寸公差的关系

在机械产品设计中，根据机械的使用性能和互换性要求，应规定零件的尺寸公差和几何公差，从零件的功能考虑，给出的几何公差与尺寸公差既可以相互有关，也可以相互无关。通常把确定几何公差和尺寸公差之间关系的有关规定称为公差原则，它分为独立原则和相关要求。本章着重介绍公差原则及其应用。为了更好地阐述公差原则，应明确一些基本概念。

3.1 基本概念

3.1.1 作用尺寸

在配合面的全长上，与实际孔内接的最大理想轴的尺寸，称为孔的作用尺寸；与实际轴外接的最小理想孔的尺寸，称为轴的作用尺寸，如图 3.1 所示。

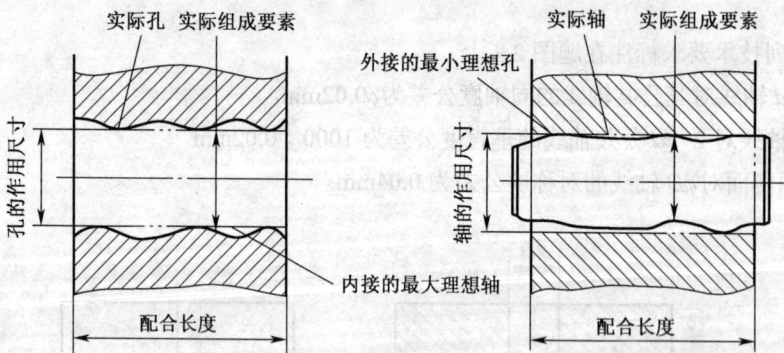

图 3.1 孔和轴的作用尺寸

作用尺寸是零件加工后，由提取组成要素的局部尺寸和几何误差综合影响的结果，是实际存在的尺寸。孔的作用尺寸小于孔的提取组成要素的局部尺寸，轴的作用尺寸大于轴的提取组成要素的局部尺寸。只有孔的作用尺寸大于轴的作用尺寸，才能自由组装。因此，作用尺寸是个很重要的概念。

3.1.2 实体状态和实体尺寸

1. 最大实体状态和最大实体尺寸

假定提取组成要素的局部尺寸处处位于极限尺寸且使其具有实体最大时的状态。称为最大实体状态（MMC）。确定要素最大实体状态下的尺寸。称为最大实体尺寸。轴即外尺寸要素的上极限尺寸，孔内尺寸要素的下极限尺寸。孔用 D_{MMS} 表示，轴用 d_{MMS} 表示。

2. 最小实体状态和最小实体尺寸

假定提取组成要素的局部尺寸处处位于极限尺寸且使其具有实体最小时的状态，称为最小实体状态（LMC）。确定要素最小实体状态下的尺寸，称为最小实体尺寸，轴即外尺寸要素的下极限尺寸，孔内尺寸要素的上极限尺寸。孔用 D_{LMS} 表示，轴用 d_{LMS} 表示。

引入实体尺寸，主要是为了判定零件处于极限尺寸时是否合格，即零件在尺寸误差和几何误差综合影响下，是否仍满足设计时要求的配合性能。由定义可知，最大实体尺寸是零件合格的"起始尺寸"，最小实体尺寸是零件合格的"终止尺寸"。

3.1.3 极限尺寸判断原则（泰勒原则）

孔或轴的作用尺寸不允许超过最大实体尺寸；在任何位置上的实际（组成）要素不允许超过最小实体尺寸。即对孔，其作用尺寸应大于或等于下极限尺寸；实际（组成）要素应小于或等于上极限尺寸。对轴，其作用尺寸应小于或等于上极限尺寸；实际（组成）要素应大于或等于下极限尺寸。

泰勒原则是一个综合性的检验原则，它考虑了尺寸误差和几何误差的综合影响。因此，加工后零件的作用尺寸和提取组成要素的局部尺寸都在极限尺寸范围内，才是合格品。这样的零件装配后能保证配合性能和互换性的要求。

3.1.4 实效状态和实效尺寸

实效状态是被测要素的实际（组成）要素处于最大实体状态，而且几何误差达到最大允许值的极限状态。这是几何效果实质上有效的状态。实效状态下的边界尺寸称为实效尺寸。

最大实体实效状态（MMVC）：

拟合要素的尺寸为其最大实体实效尺寸（MMVS）时的状态。最大实体实效状态对应的极限包容面称之为最大实体实效边界 MMVB。当几何公差是方向公差时，最大实体实效状态（MMVC）和最大实体实效边界（MMVB）受其方向所约束；当几何公差是位置公差时，最大实体实效状态（MMVC）和最大实体实效边界（MMVB）受其位置所约束。

最大实体实效尺寸（MMVS）：

尺寸要素的最大实体尺寸与其导出要素的几何公差（形状、方向或位置）共同作用产生的尺寸。

对于外尺寸要素，MMVS= MMS+几何公差；

对于内尺寸要素，MMVS= MMS−几何公差。

最小实体实效状态（LMVC）

拟合要素的尺寸为其最小实体实效尺寸（LMVS）时的状态。

最小实体实效状态对应的极限包容面称之为最小实体实效边界（LMV）。当几何公差是方向公差时，最小实体实效状态（LMVC）和最小实体实效边界（LMVB）受其方向所约束；当几何公差是位置公差时，最小实体实效状态（LMVC）和最小实体实效边界（LMVB）受其位置所约束。

最小实体实效尺寸（LMVS）：

尺寸要素的最小实体尺寸与其导出要素的几何公差（形状、方向或位置）共同作用产生的尺寸。

对于外尺寸要素，LMVS=LMS-几何公差；

对于内尺寸要素，LMVS= LMS+几何公差。

因为被测要素有单一要素和关联要素，所以实效状态和实效尺寸也有两种情况。

1. 单一要素的实效状态和实效尺寸

实效状态是指被测组成要素处于最大实体状态，且其导出要素的形状误差等于图样上给出的形状公差时的状态。此状态下的尺寸为实效尺寸，孔用 D_{VS1} 表示，轴用 d_{VS1} 表示，如图3.2所示。

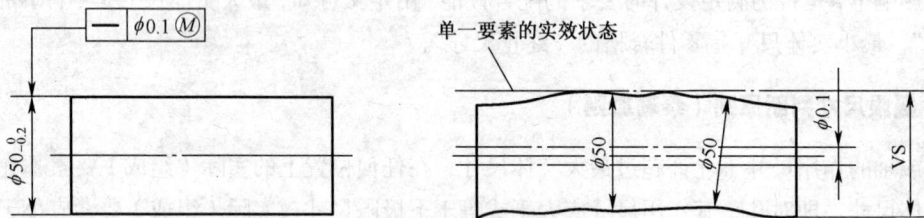

图 3.2 单一要素的实效状态及实效尺寸

单一要素的实效尺寸按下式计算：

$$\left.\begin{cases} D_{VS1} = D_{MMS} - t \\ d_{VS1} = d_{MMS} + t \end{cases}\right\} \qquad (3.1)$$

式中，t 为图样上导出要素给出的形状公差值。

2. 关联要素的实效状态及实效尺寸

实效状态是指被测组成要素处于最大实体状态，且其导出要素的定向或定位误差等于图样上给出的定向或定位公差时的状态。此状态下的尺寸为关联实效尺寸，孔用 D_{VS2} 表示，轴用 d_{VS2} 表示，如图3.3所示。

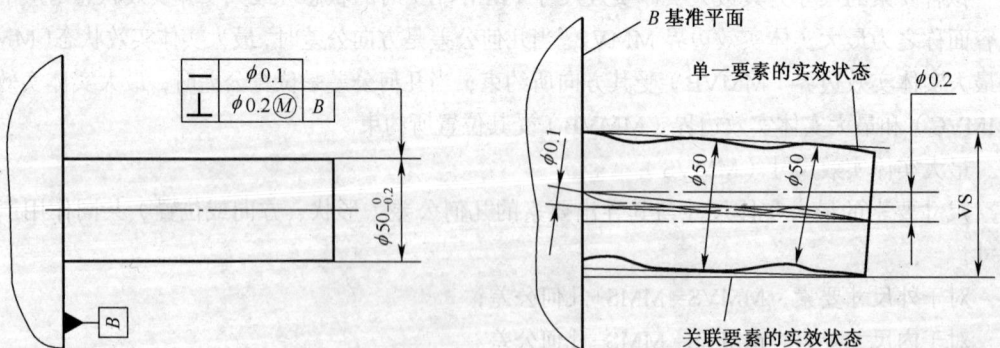

图 3.3 关联要素的实效状态及实效尺寸

关联要素的实效尺寸按下式计算：

$$\left.\begin{cases} D_{VS2} = D_{MMS} - t_1 \\ d_{VS2} = d_{MMS} + t_1 \end{cases}\right\} \qquad (3.2)$$

式中，t_1 为图样上给出的导出要素的定向或定位公差值。

实效尺寸和作用尺寸是两个不同的概念，应注意它们之间的区别。

（1）两者在性质上十分相似，都是尺寸和几何误差的综合结果；但在概念上有原则性的区别，实效尺寸是设计者确定的，而作用尺寸却是零件上实际存在的。

（2）两者在量值上不相同。实效尺寸在给定尺寸公差和几何公差之后，就是一个定值；而作用尺寸是零件完工后的提取组成要素的局部尺寸与实际几何误差综合形成的，对一批零件而言，它是一个变量。因而，实效尺寸在某些情况下可以控制作用尺寸。

3.2 公差原则

3.2.1 独立原则

1. 独立原则的涵义

独立原则（IP）是指图样上给定的每一个尺寸，和几何（形状、方向或位置）要求均是独立的，应分别满足要求的一种公差原则。

遵守独立原则时，尺寸公差仅控制实际要素的提取组成要素的局部尺寸的变动量，不控制实际要素的几何误差；同样，图样给出的几何公差仅控制实际要素的几何误差，不论该要素的提取组成要素的局部尺寸大小如何，其几何误差均不得超出给定的几何公差带。两者必须同时满足要求。

如图 3.4 所示销轴，标注的尺寸公差仅控制提取组成要素的局部尺寸的变动量，即销轴的实际（组成）要素只能在 $\phi34.975 \sim \phi35$mm 变动；同样，图中标注的直线度公差仅控制轴线的直线度误差。不论销轴的实际（组成）要素为 $\phi34.975 \sim \phi35$mm 的何值，其轴线的直线度误差 ϕt 均不得超出给定的以 $\phi0.02$mm 为直径的公差带。它们各自是独立的，只有两者同时满足要求，销轴才合格；否则，其中有一项超出了，即为废品。

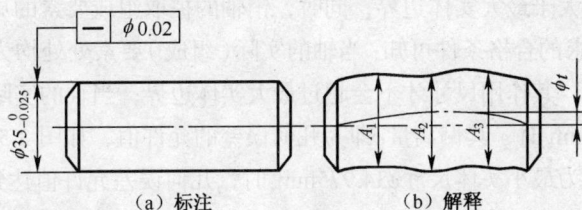

（a）标注　　　（b）解释

图 3.4　独立原则

2. 图样标注、检测和应用

独立原则在图样上的标注不需附加任何表示相互关系的符号，如图 3.4 所示。

按独立原则要求的零件，其实际（组成）要素按两点法测量，通常使用千分尺、游标卡尺或卡规等；几何误差需采用通用量具或量仪单独测出具体数值，而不能采用综合量规。

独立原则主要应用于以下几个方面。

（1）根据不同的功能要求给出几何公差和尺寸公差，且两者之间没有联系的要素。例如，印刷机的滚筒，其功能要求是圆柱度精度高，才能保证印刷清晰，而对尺寸精度无严格要求，且尺寸精度对印刷质量影响不大。若采用独立原则规定较小的圆柱度公差值和较大的尺寸公差值，既可使加工经济，又能满足功能要求。类似的例子还有测量平台的平面度公差与其厚度的尺寸公差，高速飞轮安装孔的尺寸公差与外表面的同轴度公差，以及滑块工作面的尺寸公差与平行度公差等。

（2）当配合精度要求很高，其尺寸精度可以通过分组装配或调整等方法来保证，而对几何公差将提出很严要求的要素。例如，滚动轴承内外圈滚道与滚动体的装配间隙，可通过选择滚动体的直径尺寸来保证，而对滚道的形状则给定较严的公差。

（3）没有配合要求的结构尺寸及未注尺寸公差的要素，例如，倒角、圆角和退刀槽等。

独立原则的应用十分广泛，除非采用相关要求有明显的优越性，一般都按独立原则给出尺寸公差和几何公差。

3.2.2 相关要求

相关要求是图样上给定的几何公差与尺寸公差相互有关的公差原则。采用相关要求时，被测要素允许的几何误差数值的大小与该要素实际（组成）要素有关，即几何公差值随被测要素实际（组成）要素的变动而改变。按两者关系的不同，相关要求又分为包容要求和最大实体要求。

1. 包容要求

（1）包容要求的涵义。包容要求是尺寸要素的非理想要素不得违反其最大实体边界的一种尺寸要素要求。该理想形状极限包容面的尺寸等于最大实体尺寸时称为最大实体边界。

遵守包容要求时，表示提取组成要素不得超越最大实体边界（MMB），其局部尺寸不得超出最小实体尺寸（LMS），即零件的合格条件为

对孔： $D_m \geq D_{MMS} = D_{min}$ $D_a \leq D_{LMS} = D_{max}$

对轴： $d_m \leq d_{MMS} = d_{max}$ $d_a \geq d_{LMS} = d_{min}$ （3.3）

式中，D_m、d_m 分别为孔、轴的作用尺寸；

D_a、d_a 分别为孔、轴的局部实际组成要素。

① 单一要素遵守包容要求。如图 3.5（a）所示，销轴的理想形状包容面为 ϕ35mm 的最大实体边界，如图 3.5（b）所示。销轴加工后，无论轴线的直线度误差值为多少，其圆柱的外表面（轴的作用尺寸）都不允许大于最大实体边界；同时，销轴的提取组成要素的局部尺寸不得小于最小实体尺寸。根据包容要求的合格条件可知：当轴的实际（组成）要素处处均为最大实体尺寸 ϕ35mm 时，几何误差必须是零，其作用尺寸才不会超过最大实体边界；当轴的实际（组成）要素偏离最大实体尺寸为 ϕ(35-δ)mm 时，其偏离量 δ 即为几何误差的允许值，如图 3.5（c）所示；当轴的实际（组成）要素处处均为最小实体尺寸 ϕ34.975mm 时，几何误差允许值达到 0.025mm，如图 3.5（d）所示，即最大允许值（等于尺寸公差）。显然，几何误差允许值随轴的实际（组成）要素变动而呈线性变化，这就是通常所说的用尺寸公差控制几何误差。

② 关联要素遵守包容要求。图 3.6（a）所示零件遵守包容要求，其理想形状包容面为直径等于最大实体尺寸 ϕ20mm，且与基准平面 B 保持垂直的最大实体边界，如图 3.6（b）所示。根据包容要求的合格条件可知：当零件的内孔直径处处均为最大实体尺寸 ϕ20mm 时，垂直度误差必须是零，其作用尺寸才不会超越最大实体边界；当内孔的实际（组成）要素偏离最大实体尺寸为 ϕ(20+δ)mm 时，其偏离量 δ 即为垂直度误差的允许值，如图 3.6（c）所示；当内孔的实际（组成）要素处处均为最小实体尺寸 ϕ20.025mm 时，垂直度误差允许达到最大值 0.025mm，如图 3.6（d）所示。由此可见，采用包容要求时，图样上给定的尺寸公差具有综合控制被测要素的实际（组成）要素变动和几何误差的双重职能。

（2）图样标注、检测和应用。单一要素遵守包容要求时，应在该尺寸公差后面加注符号 Ⓔ，如图 3.5（a）所示。关联要求遵守包容原则时，则应在公差框格中加注符号 "0Ⓜ" 或 "ϕ0Ⓜ"，

如图 3.6（a）所示。如果被测要素要求遵守包容要求，但对几何误差又有较高要求时，可按图 3.7 所示标注，即不仅要求该轴的实际轮廓处处不得超越最大实体边界 $\phi 30mm$，而且当轴的实际（组成）要素偏离到 $\phi 29.979mm$ 时，轴线的直线度误差也不能超出给定的直线度公差 $\phi 0.01mm$。

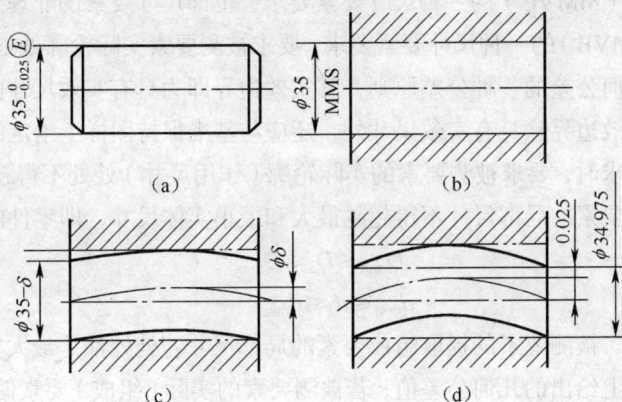

图 3.5 单一要素遵守包容要求

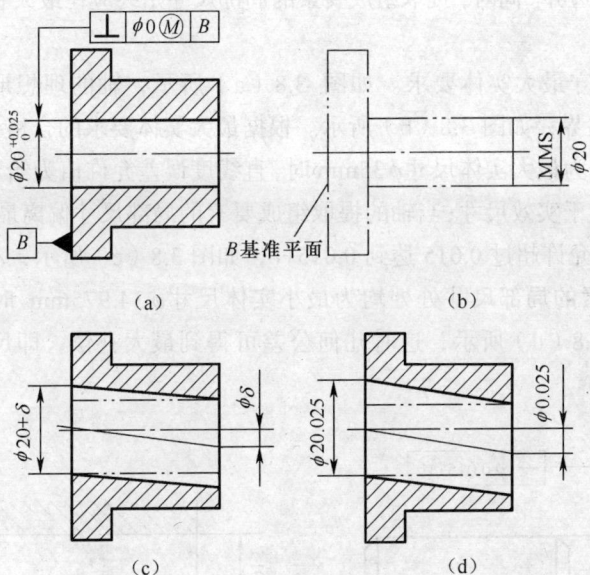

图 3.6 关联要素遵守包容要求

单一要素遵守包容要求,检测时必须按极限尺寸判断原则（泰勒原则）来判定，即用通端极限量规控制被测要素的作用尺寸不得超越最大实体边界；用两点法测量（包括用不全形止规）提取组成要素的局部尺寸，使其不得超越最小实体尺寸。关联要素遵守包容要求，检测时用综合量规（其测量部分模拟最大实体边界）控制被测要素的作用尺寸不得超越最大实体边界；用两点法测量提取组成要素的局部尺寸，看其是否超越了最小实体尺寸。

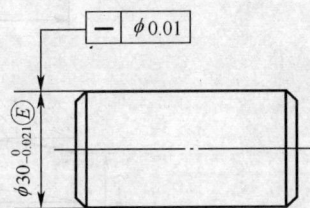

图 3.7 对直线误差进一步限制

包容要求主要用于必须保证配合性质的要素，用最大实体边界保证必要的最小间隙和最大过盈，用最小实体尺寸防止间隙过大或过盈过小，适用于圆柱面或由两平行平面组成的单一要素以及轴线和中心平面的关联要素。

2. 最大实体要求

（1）最大实体要求的涵义。最大实体要求（MMR）的涵义是尺寸要素的非理想要素不得违反其最大实体实效状态（MMVC）的一种尺寸要素要求，也即尺寸要素的非理想要素不得超越其最大实体实效边界（MMVB）的一种尺寸要素要求。要求被测要素实际轮廓处处不得超越实效边界，尺寸公差可以补偿几何公差的一种公差原则。其实效边界即为具有实效尺寸的理想形状包容面，对关联要素而言，实效边界除具有实效尺寸外，还应与基准保持图样上给定的几何关系。

遵守最大实体要求时，要求被测要素的实际轮廓（作用尺寸）处处不得超越实效边界；同时，被测要素的提取组成要素的局部尺寸不得超越最大和最小实体尺寸，即零件的合格条件为

对孔：$D_m \geqslant D_{vs}$ $\qquad\qquad\qquad D_{min} \leqslant D_a \leqslant D_{max}$

对轴：$d_m \leqslant d_{vs}$ $\qquad\qquad\qquad d_{min} \leqslant d_a \leqslant d_{max}$ $\qquad\qquad$ (3.4)

由合格条件可知，被测要素的提取组成要素的局部尺寸若处处都是最大实体尺寸，则其几何误差的允许值为图样上给出的几何公差值；若被测要素的实际（组成）要素偏离最大实体尺寸时，几何误差允许值可以超出几何公差值，允许超出的数值等于实际（组成）要素的偏离量，这样作用尺寸不会超过实效边界。同时，提取组成要素的局部尺寸始终应在最大和最小实体尺寸范围内，具体分析如下。

① 单一要素遵守最大实体要求。如图 3.8（a）所示，轴的理想形状包容面为直径等于$\phi35.015$mm 的实效边界，如图 3.8（b）所示。根据最大实体要求的合格条件：当轴提取组成要素的局部尺寸处处均为最大实体尺寸$\phi35$mm 时，直线度误差允许值为给定的公差值$\phi0.015$mm，此时作用尺寸不会大于实效尺寸；当轴的提取组成要素的局部尺寸偏离最大实体尺寸为$\phi(35-\delta)$mm 时，直线度误差允许超过0.015达到$0.015+\delta$，如图 3.8（c）所示，δ为几何公差的补偿值；当轴的提取组成要素的局部尺寸处处均为最小实体尺寸$\phi34.975$mm 时，直线度误差允许达到$\phi0.04$mm，如图 3.8（d）所示，这时几何公差可得到最大补偿，即尺寸公差全部补偿给几何公差。

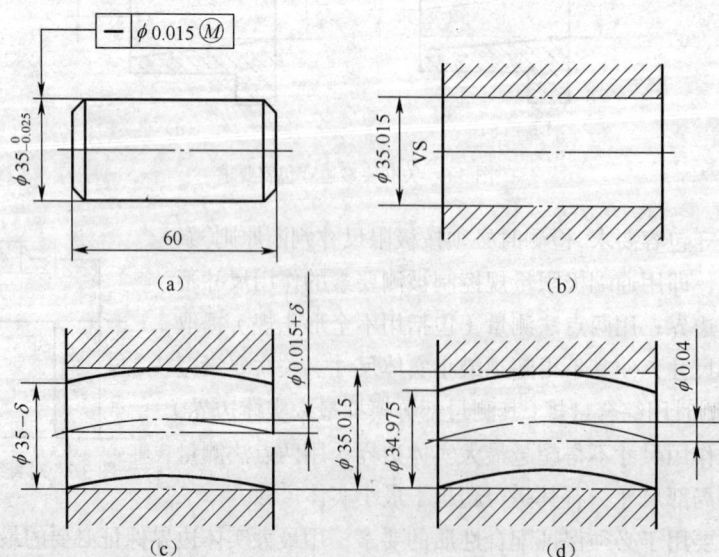

图3.8 单一要素遵守最大实体原则

② 关联要素遵守最大实体要求。如图 3.9（a）所示，孔的理想形状极限包容面为直径等于 $\phi 19.95$mm 且与基准平面 A 保持垂直的实效边界，如图 3.9（b）所示。根据最大实体要求的合格条件：当孔的提取组成要素的局部尺寸处处均为最大实体尺寸 $\phi 20$mm 时，孔轴线的垂直度误差允许值为给定的 0.05mm，此时其作用尺寸不会小于实效尺寸；当孔的提取组成要素的局部尺寸偏离最大实体尺寸 $\phi(20+\delta)$mm 时，孔轴线的垂直度误差允许超过给定的 0.05mm，可达到（$0.05+\delta$mm），如图 3.9（c）所示，δ 为垂直度公差补偿值；当孔的提取组成要素的局部尺寸处处均为最小实体尺寸 ϕ 20.033mm 时，垂直度误差允许达到 0.083mm，如图 3.9（d）所示，这时，垂直度公差可得到最大补偿，其值即为尺寸公差。

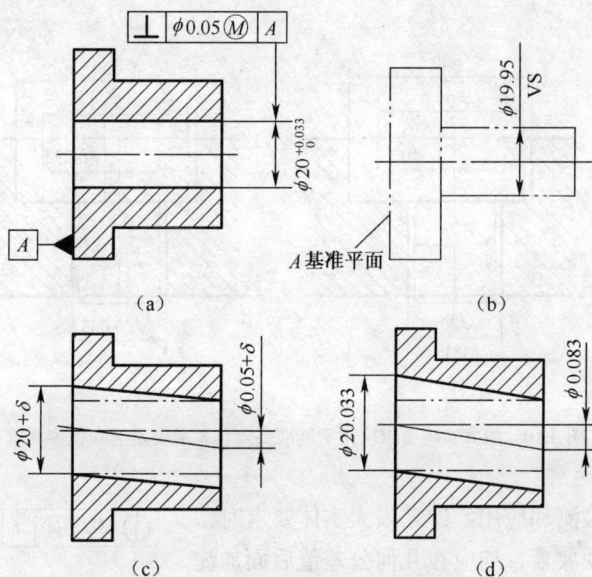

图 3.9 关联要素遵守最大实体原则

③ 基准要素遵守最大实体要求。如图 3.10（a）所示，最大实体要求同时用于被测要素和基准要素且基准要素本身又遵守包容要求。被测孔的理想形状包容面为直径等于 $\phi 39.9$mm 的实效边界，基准孔的理想形状包容面为直径等于 $\phi 20$mm 的最大实体边界；根据最大实体要求的合格条件：当被测孔的提取组成要素的局部尺寸处处均为最大实体尺寸 $\phi 40$mm，而基准孔的作用尺寸也为最大实体尺寸 $\phi 20$mm 时，被测轴线对基准轴线的同轴度误差允许值为给定的 $\phi 0.1$mm，如图 3.10（b）所示；当被测孔的提取组成要素的局部尺寸处处均为最小实体尺寸 $\phi 40.1$mm，而基准孔的作用尺寸仍为最大实体尺寸 $\phi 20$mm 时，被测轴线对基准轴线的同轴度误差允许达到（0.1+0.1），为 0.2mm。同轴度公差得到被测要素尺寸公差的补偿，如图 3.10（c）所示；当被测孔的实际（组成）要素为最小实体尺寸 $\phi 40.1$mm，基准孔的作用尺寸也为最小实体尺寸 $\phi 20.033$mm 时，被测轴线对基准轴线的同轴度误差可允许达到（0.1+0.1+0.033），为 0.233mm，即同时得到被测要素和基准要素提供的两部分补偿（最大补偿量），数值上等于两者的尺寸公差之和，如图 3.10（d）所示。

如图 3.11 所示为最大实体要求同时用于被测要素和基准要素，且基准要素不要求遵守包容要求。被测孔遵守以 $\phi 29.9$mm 为直径的实效边界，基准孔遵守以 $\phi 9.9$mm 为直径的实效边界；当基准孔的关联作用尺寸偏离实效尺寸后，被测要素的位置度公差才可得到补偿；当基准孔的关联作用尺寸为 $\phi 9.9$ 时，基准要素可提供最大补偿量 0.122mm。

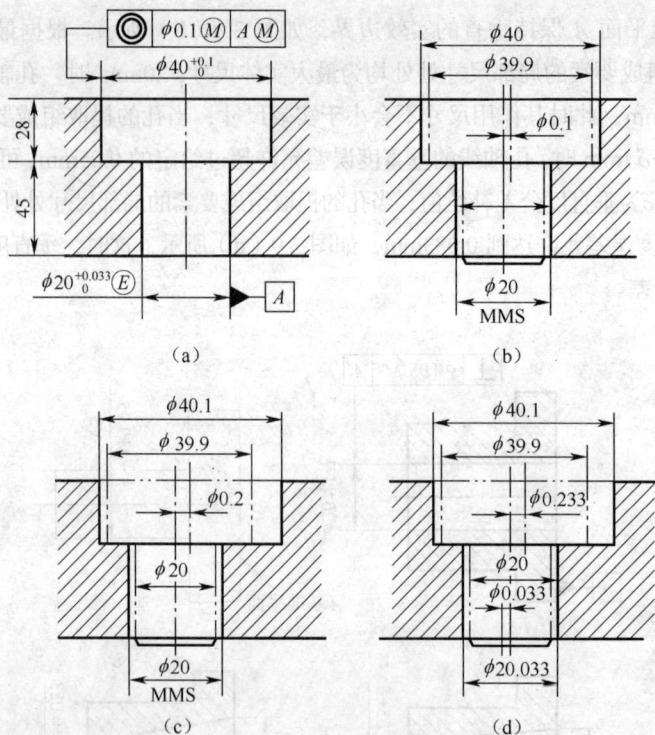

图 3.10 最大实体要求应用于基准要素且基准要素遵守包容要求

（2）图样标注、检测和应用。遵守最大实体要求时，无论单一要素还是关联要素，均应在几何公差值后面加注符号"Ⓜ"，如图 3.8 和图 3.9 所示。最大实体要求用于基准要素时，在相应基准代号字母之后加注符号"Ⓜ"，如图 3.10 所示。如果被测要素既遵守最大实体原则，又对其几何误差有较严要求时，可按如图 3.12 所示标注，即不仅要求 φ30 孔的实际轮廓（作用尺寸）不超越实效边界，而且要求孔轴线的垂直度误差不得大于给定的垂直度公差 φ0.03mm。

检验按最大实体要求的零件时，用两点法测量实际（组成）要素，看其是否在最大、最小实体尺寸范围；用综合量规控制被测要素的作用尺寸不得超越实效边界。综合量规工作部位的形状和基本尺寸与实效边界的形状和尺寸相

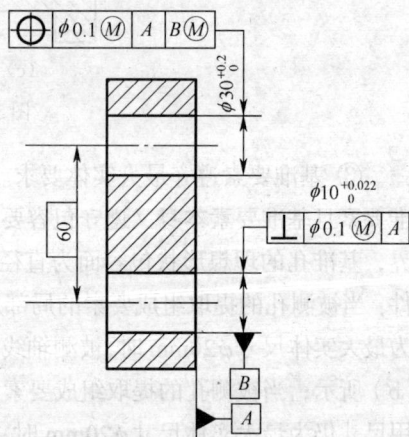

图 3.11 最大实体要求应用于基准要素且
基准要素不遵守包容要求

同，如图 3.13 和图 3.14 所示，它们分别用于检验如图 3.8 和图 3.10 所示的零件。检测时，若综合量规能通过被测要素，则表明其作用尺寸没有超越实效边界。

最大实体要求主要用于仅要求保证自由组装（可装入性），具有较大间隙配合的要素，适用于导出要素的直线度、定向公差和定位公差，宜要求尺寸误差与几何误差的变动方向应相同。

综上所述，公差原则在实际应用中，对满足功能要求、保证配合性质和保证顺利组装等方面起到了积极的作用。

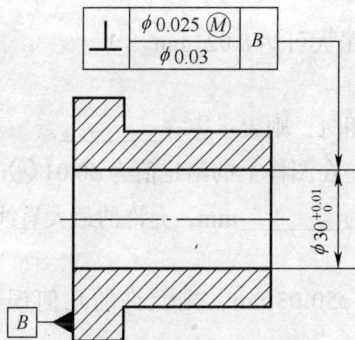

图 3.12　进一步限制垂直度误差

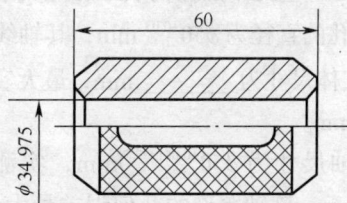

图 3.13　检验图 3.8 所示轴的直线度综合量规

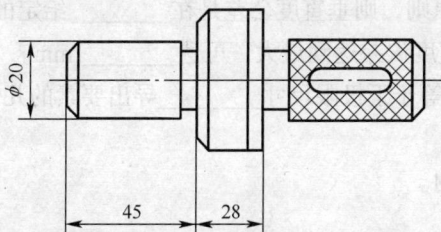

图 3.14　检验图 3.10 所示孔的同轴度综合量规

.... 习题

一、判断题（正确的打√，错误的打×）

1. 最大实体尺寸是孔和轴的最大极限尺寸的总称。　　　　　　　　　　　　（　　　）

2. 按同一公差要求加工的同一批轴，其作用尺寸不完全相同。　　　　　　　（　　　）

3. 实际要素处于上极限尺寸且相应的导出要素的几何误差达到最大允许值时的状态称为实效状态。　　　　　　　　　　　　　　　　　　　　　　　　　　　　　　　　（　　　）

4. 包容要求是要求实际要素处处不超越最小实体边界的一种公差原则。　　　（　　　）

二、多项选择题

1. 尺寸公差与几何公差采用独立原则时，零件加工后的实际尺寸和几何误差中有一项超差，则该零件（　　　）。

　　A. 合格　　　　　　　B. 不合格　　　　　C. 尺寸最大　　　D. 变形最小

2. 公差原则是指（　　　）。

　　A. 确定公差值大小的原则　　　　　　B. 制定公差与配合标准的公差

　　C. 形状公差与位置公差的关系　　　　D. 尺寸公差与几何公差的关系

3. 轴的直径为 $\phi 30^{\ 0}_{-0.03}$ mm，其轴线的直线度公差在图样上的给定值为 $\phi 0.01$ Ⓜ mm，则直线度公差的最大值可为（　　　）。

　　A. $\phi 0.01$ mm　　　B. $\phi 0.02$ mm　　　C. $\phi 0.03$ mm　　　D. $\phi 0.04$ mm

4. 某轴标注 $\phi 20^{\ 0}_{-0.021}$ Ⓔ，则_____。

　　A. 被测要素尺寸遵守最大实体边界

　　B. 当被测要素尺寸为 $\phi 20$mm，允许形状误差最大可达 0.021mm

C. 被测要素尺寸遵守实效边界

D. 被测要素尺寸为$\phi19.979$mm 时，允许形状误差最大可达 0.021mm

三、填空题

1. 当图样上无附加任何表示相互关系的符号或说明时，则表示遵守_____。

2. 某孔的直径为$\phi50^{+0.03}_{0}$ mm，其轴线的直线度公差在图样上的给定值为$\phi0.01$Ⓜmm，则该孔的最大实体尺寸为_____mm，最大实体实效尺寸为_____mm，允许的最大直线度公差为_____ mm。

3. 某轴尺寸为$\phi50^{+0.041}_{+0.002}$Ⓔmm，实测得其尺寸为$\phi50.03$mm，则允许的几何误差数值是_____mm，该轴允许的几何误差最大为_____mm。

4. 某轴尺寸为$\phi10^{-0.018}_{-0.028}$ mm，轴线对基准 A 的垂直度公差为$\phi0.01$mm，被测要素给定的尺寸公差和几何公差采用最大实体原则，则垂直度公差是在_____给定的。当轴实际（组成）要素为_____mm 时，允许的垂直度误差达到最大，可达_____mm。

5. 对于孔，其实效尺寸等于下极限尺寸_____导出要素的几何公差。

四、综合题

试将下图按要求填入表内。

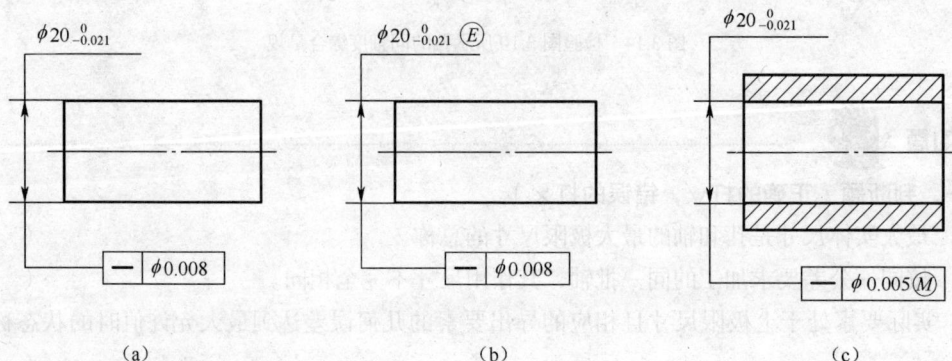

(a)　　　　　　　　　(b)　　　　　　　　　(c)

图　　例	采用公差原则	边界及边界尺寸	给定的形位公差值	允许的最大形位误差值
（a）				
（b）				
（c）				

第**4**章
表面粗糙度

4.1 概述

4.1.1 表面粗糙度的概念

经机械加工后的零件表面，总会存在宏观和微观的几何形状误差。微观的几何形状特性，即微小峰谷高低程度及其间距状况称为表面粗糙度。

表面粗糙度是实际表面的微观特性，而形状误差则是宏观的，表面波度介于两者之间，通常以一定的波距 λ 与波高 h 之比来划分一般：比值大于 1 000 为形状误差、小于 40 为表面粗糙度、介于两者之间为表面波度。图 4.1 所示为加工误差放大示意图，下面三条曲线是将三种类型的误差分解后的情况。它们叠加在一起，即为零件表面的实际情况。对已完工的零件，只有同时满足尺寸精度、形状和位置精度、表面粗糙度的要求，才能保证零件几何参数的互换性。

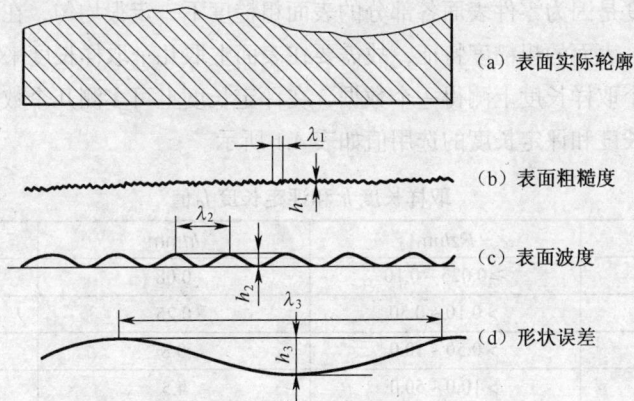

（a）表面实际轮廓

（b）表面粗糙度

（c）表面波度

（d）形状误差

图 4.1 加工误差示意图

4.1.2 表面粗糙度对零件使用性能的影响

零件表面粗糙不仅影响美观并且对运动面的摩擦与磨损、配合性质、疲劳强度、耐腐蚀性、接触刚度、结合面的密封性等都有影响。

表面粗糙度影响零件的使用性能和寿命，因此，应对零件的表面粗糙度加以合理确定。

我国表面粗糙度的有关标准主要有三个，《GB 3505—2009 表面结构 轮廓法 术语 定义及表面结构参数》、《GB 1031—2009 表面粗糙度 参数及其数值》和《GB 131—2009 表面粗糙度 符号、代号及其注法》。

4.2 表面粗糙度评定参数

表面粗糙度是零件表面质量高低的一项指标，为了能客观地、合理地反映和评定表面粗糙度，首先应明确它的评定基准和评定参数，才能更好地选择恰当的参数值来控制零件的表面质量。

1. 评定基准

（1）取样长度 lr。是指用来判别具有表面粗糙度特征的一段基准线的长度，如图 4.2 所示，在取样长度内一般应包含有 5 个以上的峰谷。规定取样长度的目的主要是为了限制和减弱表面波度对测量结果的影响。

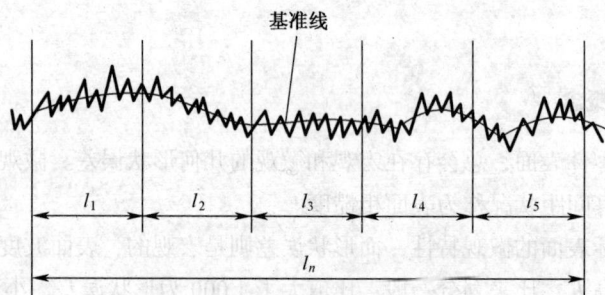

图 4.2　取样长度 lr 和评定长度 l_n

（2）评定长度 l_n。是在评定图样上表面结构要求时所必需的一段长度，它可包括一个或几个取样长度，一般为 5 个，即 $l_1 \sim l_5$；对均匀性好的表面，可少于 5 个，反之可多于 5 个，如图 4.2 所示。规定评定长度是因为零件表面各部分的表面粗糙度不一定很均匀，在一个取样长度上往往不能合理地反映某一表面的粗糙度特征，故需要在表面上取几个取样长度来评定表面粗糙度。

测量时，在每个取样长度上测得一个数据，在评定长度上可多测几个数据，最后取其平均值为测量结果。取样长度和评定长度的选用值如表 4.1 所示。

表 4.1　　　　　　　　　　　取样长度 lr 和评定长度 l_n 值

Ra/μm	Rz/μm	lr/mm	l_n/mm（l_n=5l）
≥0.008 ~ 0.02	≥0.025 ~ 0.10	0.08	0.4
> 0.02 ~ 0.1	> 0.10 ~ 0.50	0.25	1.25
> 0.1 ~ 4.0	> 0.50 ~ 10.0	0.8	4.0
> 4.0 ~ 10.0	> 10.0 ~ 50.0	4.5	14.5
> 10.0 ~ 80.0	> 50 ~ 320	8.0	40.0

（3）原始轮廓中线。在原始轮廓上按照标称形状用最小二乘法拟合确定的中线。它是具有几何轮廓的形状并将被测轮廓加以划分的线，可根据实际轮廓用最小二乘法来确定，即在取样长度内，使被测轮廓上各点到中线的距离 y_i 的平方和为最小称为最小二乘中线，如图 4.3（a）所示。从理论上讲最小二乘中线是理想的唯一基准线，但在实际应用时，其位置很难确切地获得，因此常用轮廓的算术平均中线来代替，这条基准线的方向应与被测轮廓的方向一致，并将轮廓曲线划分为上、下两半，使其在取样长度内，由中线至轮廓上、下两边的面积相等，即：$F_1+F_2+F_3+\cdots=F_1'+F_2'+F_3'+\cdots$，如图 4.3（b）所示。

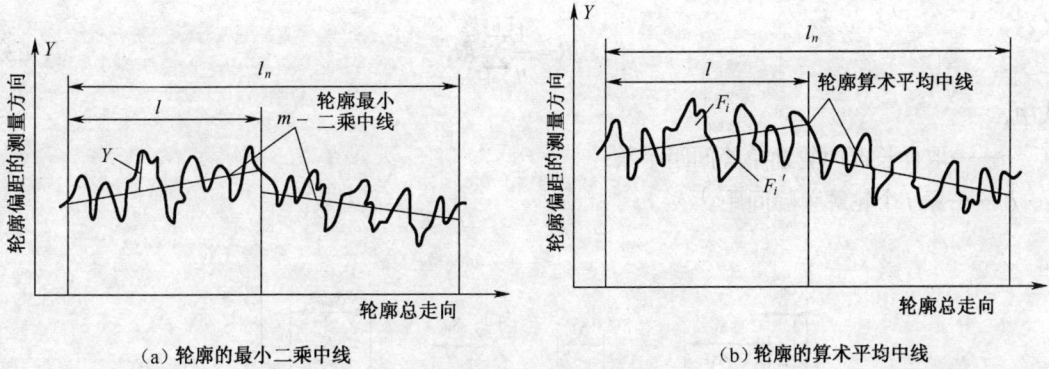

(a) 轮廓的最小二乘中线   (b) 轮廓的算术平均中线

图 4.3　轮廓中线

2. 评定参数

评定表面粗糙度的参数有以下 2 个方面。

（1）表征微观不平度的高度参数。

① 轮廓算术平均偏差 Ra。它是指在取样长度内纵坐标值 $Z(x)$ 绝对值的算术平均值。用公式表示为

$$Ra = \frac{1}{l} \int_0^l |Z(x)| \, \mathrm{d}x \qquad (4.1)$$

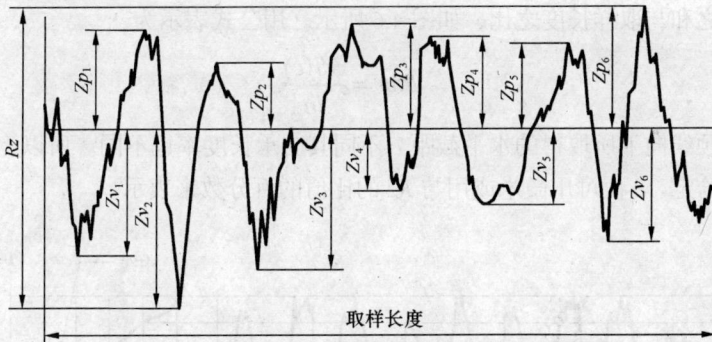

图 4.4　轮廓最大高度 Rz

② 轮廓最大高度 Rz。它是指在取样长度内，轮廓的最高点与最低点在垂直于中线方向上的距离，如图 4.4 所示。

（2）表征微观不平度的间距参数。

① 轮廓微观不平度的平均间距 Rsm。它是指在取样长度内，轮廓微观不平度的间距的平均值（在中线上取值，如图 4.5 所示）。用公式表示为：

$$Rsm = \frac{1}{n} \sum_{i=1}^{n} Rsmi \qquad (4.2)$$

式中，

　　　n——取样长度内所含的轮廓微观不平度间距的个数；

　　$Rsmi$——第 i 个轮廓微观不平度间距。

② 轮廓的单峰平均间距 R。它是指在取样长度内，轮廓单峰间距的平均值，如图 4.5 所示。

用公式表示为

$$R = \frac{1}{n}\sum_{i=1}^{n} Ri \qquad (4.3)$$

式中，

    n——取样长度内轮廓单峰间距个数；

    Ri——第 i 个轮廓单峰间距。

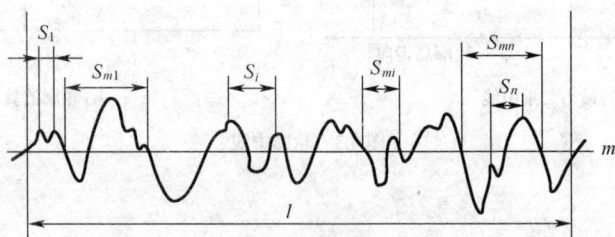

图 4.5　轮廓曲线和表征参数

    Rsm 和 R 的数值大小都是表明轮廓长度方向特性的，它们很直观地反映了加工痕迹的细密程度。

    （3）表征微观不平度的形状参数。

    轮廓支承长度率 Rmr：它是指在取样长度内，一平行于中线（或峰顶线）的线与轮廓相截，所得各截线长度之和与取样长度之比，如图 4.6 所示。用公式表示为

$$Rmr = \frac{Ml(c)}{ln} \qquad (4.4)$$

    显然，从峰顶线向下所取得的水平截距 c 不同其支承长度率也不同。所以，Rmr 值需对应一定的水平截距 c 给定。c 值可用微米或用与 Rz 的比值的百分数来表示。

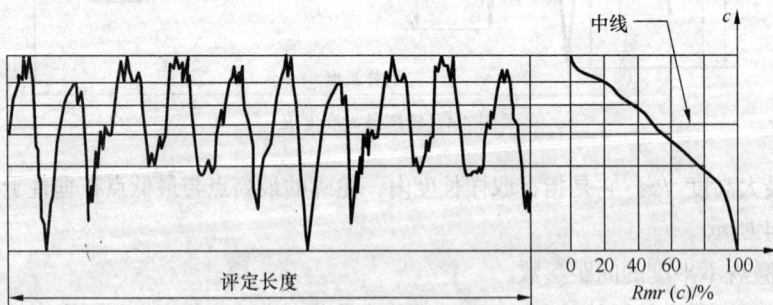

图 4.6　轮廓支承长度率

4.3　表面粗糙度的标注

4.3.1　表面粗糙度符号

    若零件表面仅需要加工，但对表面粗糙度的其他规定没有要求时，可以只注表面粗糙度符号，表面结构符号及含义如表 4.2 所示。

表 4.2   表面结构符号及含义

符 号	含 义
$\sqrt{}$	基本图形符号，未指定工艺方法的表面。当通过一个注释解释时可单独使用
$\sqrt{}$	扩展图形符号，用去除材料方法获得的表面；仅当其含义是"被加工表面"时可单独使用
$\sqrt{}$	扩展图形符号，不去除材料的表面，也可用于表示保持上道工序形成的表面，不管这种状况是通过去除材料或不去除材料形成的

4.3.2 表面结构完整图形符号的组成

为了明确表面结构的要求，除了标注表面结构参数和数值外，必要时应标注补充要求。补充要求包括：传输带、取样长度、加工工艺、表面纹理及方向、加工余量等。为了保证表面的功能特征，应对表面结构参数规定不同要求。参见 GB/T 131—2006 附录 D，如图 4.7 所示。

补充要求的注写位置说明：

（a）位置 a 注写表面结构的单一要求。为了避免误解，在参数代号和极限值间应插入空格。传输带或取样长度后应有一斜线"/"，之后是表面结构参数代号，最后是数值。

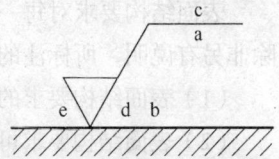

图 4.7 补充要求的注写位置

示例 1：0.0025−0.8/*Rz*   6.3（传输带标注）。

示例 2：−0.8/*Rz*   6.3（取样长度标注）。

对图形法应标注传输带，后面应有一斜线"/"，之后是评定长度值，再后是一斜线"/"，最后是表面结构参数代号及其数值。

示例 3：0.008−0.5/16/*R*   10

注意：传输带是两个定义的滤波器之间的波长范围，见 GB/T 6062 和 GB/T 18777；对于图形法，是在两个定义极值之间的波长范围（见 GB/T 18618）。

（b）位置 a 和位置 b 注写两个或多个表面结构要求。位置 a 注写第一个表面结构要求，方法同（a）。在位置 b 注写第二个表面结构要求。如果要注写第三个或更多个表面结构要求，图形符号应在垂直方向扩大，以空出足够的空间。扩大图形符号时，a 和 b 的位置随之上移（见 GB/T 131—2006）。

（c）位置 c 注写加工方法。注写加工方法、表面处理、涂层或其他加工工艺要求等。如车、磨、镀等加工表面。

（d）位置 d 注写表面纹理和方向。注写所要求的表面纹理和纹理的方向，如"="、"X"、"M"（见 GB/T 131—2006）。

（e）位置 e 注写加工余量。注写所要求的加工余量，以毫米为单位给出数值（见 GB/T 131—2006）。

表面结构代号的含义如表 4.3 所示。

表 4.3   表面结构代号的含义

符 号	含义/解释
$\sqrt{}$ *Rz* 0.4	表示不允许去除材料，单向上限值，默认传输带，R 轮廓，粗糙度的最大高度 0.4μm，评定长度为 5 个取样长度（默认），"16%规则"（默认）
$\sqrt{}$ *Rz* max 0.2	表示去除材料，单向上限值，默认传输带，R 轮廓，粗糙度最大高度的最大值 0.2μm，评定长度为 5 个取样长度（默认），"最大规则"
$\sqrt{}$ 0.008∼0.8/*Ra* 3.2	表示去除材料，单向上限值，传输带 0.008∼0.8mm，R 轮廓，算术平均偏差 3.2μm，评定长度为 5 个取样长度（默认），"16%规则"（默认）

符　号	含义/解释
$\sqrt{\quad-0.8/Ra3\ 3.2}$	表示去除材料，单向上限值，传输带：根据 GB/T 6062，取样长度 0.8μm（λs 默认 0.002 5 mm），R 轮廓，算术平均偏差 3.2μm，评定长度包含 3 个取样长度，"16%规则"（默认）
$\sqrt{\begin{array}{l}U\ Ra\ \max\ 3.2\\ L\ Ra\quad0.8\end{array}}$	表示不允许去除材料，双向极限值，两极限值均使用默认传输带，R 轮廓，上限值：算术平均偏差 3.2μm，评定长度为 5 个取样长度（默认），"最大规则"，下限值：算术平均偏差 0.8μm，评定长度为 5 个取样长度（默认），"16% 规则"（默认）
$\sqrt{0.8\sim25/Wz\ 3\ 10}$	表示去除材料，单向上限值，传输带 0.8～25 mm，W 轮廓，波纹度最大高度 10μm，评定长度包含 3 个取样长度，"16%规则"（默认）

4.3.3　表面结构要求在图样上的注法

表面结构要求对每一表面一般只标注一次，并尽可能注在相应的尺寸及其公差的同一视图上。除非另有说明，所标注的表面结构要求是对完工零件表面的要求。

（1）表面结构要求的注写方向与尺寸的注写和读取方向一致，如图 4.8 所示。

（2）表面结构要求可标注在轮廓线上，其符号应从材料外指向并接触表面。必要时，表面结构符号也可用带箭头或黑点的指引线引出标注，如图 4.9 所示。

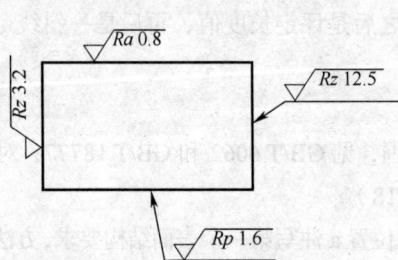

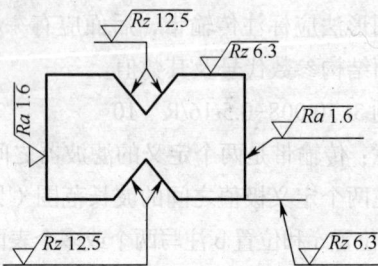

图 4.8　注写方向　　　　　图 4.9　符号从材料外指向并接触表面

（3）用指引线引出标注表面结构要求，如图 4.10 所示。

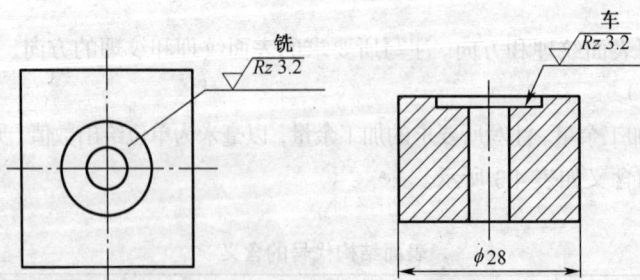

图 4.10　引出标注表面结构

（4）表面结构要求标注在尺寸线上，如图 4.11 所示。

（5）表面结构要求标注在形位公差框格的上方，如图 4.12 所示。

（6）表面结构要求标注在圆柱特征的延长线上，如图 4.13 所示。

（7）圆柱和棱柱的表面结构要求的注法，如图 4.14 所示。

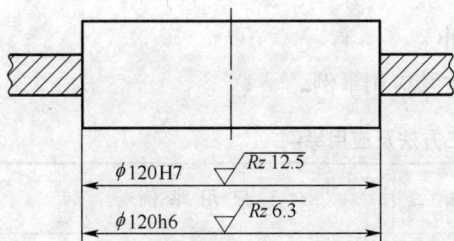

图 4.11 标注在尺寸线上

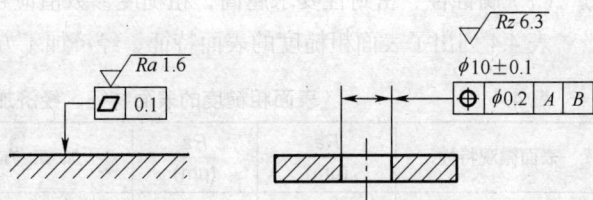

图 4.12 标注在形位公差框格的上方

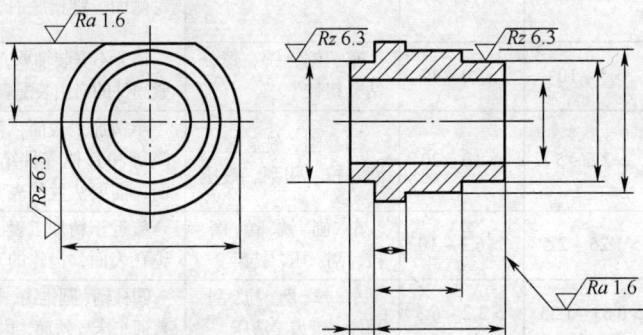

图 4.13 标注在圆柱特征的延长线上

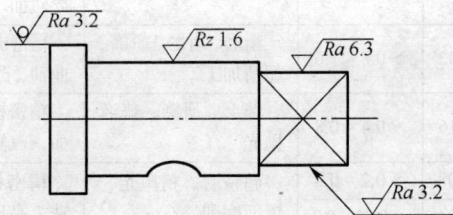

图 4.14 圆柱和棱柱表面结构要求的注法

标准还规定了一些简化标注方法，使用时可查阅 GB/T 131—2006 中的有关规定。

4.4 表面粗糙度的选择

表面粗糙度参数值选择应遵循既满足零件表面的功能要求，又考虑经济性的原则，一般用类比法确定。其选择原则如下。

（1）既要满足零件表面的功能要求，又要考虑尽量简化加工工艺和降低加工成本，应尽量选择大的参数值。

（2）在同一零件上，工作表面的粗糙度数值一般小于非工作表面的粗糙度数值。

（3）摩擦表面应比非摩擦表面的粗糙度参数值小，滚动轴承表面应比滑动摩擦表面的粗糙度参数值小。

（4）运动速度越高，粗糙度参数值越小。

（5）配合性质要求越稳定，其配合面的粗糙度参数值越小。

（6）尺寸公差等级高，形状位置精度高，其表面粗糙度参数值越小；同一公差等级，轴应比孔的粗糙度参数值小。

（7）腐蚀性、密封性要求越高，粗糙度参数值应越小。

表 4.4 列出了表面粗糙度的表面特征、经济加工方法及应用举例。

表 4.4　　　　　表面粗糙度的表面特征、经济加工方法及应用举例

表面微观特性		Ra (μm)	Rz (μm)	加 工 方 法	应 用 举 例
粗糙表面	可见刀痕	> 20 ~ 40	> 80 ~ 160	粗车、粗刨、粗铣、钻、毛锉、锯断	半成品粗加工过的表面，非配合的加工表面，如轴端面、倒角、钻孔、齿轮皮带轮侧面、键槽底面、垫圈接触面等
	微见刀痕	> 10 ~ 20	> 40 ~ 80		
半光表面	微见加工痕迹	> 5 ~ 10	> 20 ~ 40	车、刨、铣、镗、钻、粗铰	轴上不安装轴承、齿轮处的非配合表面，紧固件的自由装配表面，轴和孔的退刀槽等
	微见加工痕迹	> 2.5 ~ 5	> 10 ~ 20	车、刨、铣、镗、磨、拉、粗刮、滚压	半精加工表面，箱体、支架、盖面、套筒等和其他零件结合而无配合要求的表面，需要法兰的表面等
	看不清加工痕迹	> 1.25 ~ 2.5	> 6.3 ~ 10	车、刨、铣、镗、磨、拉、刮、压、铣齿	接近于精加工表面，箱体上安装轴承的镗孔表面，齿轮的工作面
光表面	可辨加工痕迹方向	> 0.63 ~ 1.25	> 3.2 ~ 6.3	车、镗、磨、拉、刮、精铰、磨齿、滚压	圆柱销、圆锥销、与滚动轴承配合的表面，普通车床导轨面，内、外花键定心表面等
	微辨加工痕迹方向	> 0.32 ~ 0.63	> 1.6 ~ 3.2	精铰、精镗、磨、刮、滚压	要求配合性质稳定的配合表面，工作时受交变应力的重要零件，较高精度车床的导轨面
	不可辨加工痕迹方向	> 0.16 ~ 0.32	> 0.8 ~ 1.6	精磨、珩磨、研磨、超精加工	精密机床主轴锥孔、顶尖圆锥面、发动机曲轴、凸轮轴工作表面，高精度齿轮齿面
极光表面	暗光泽面	> 0.08 ~ 0.16	> 0.4 ~ 0.8	精磨、研磨、普通抛光	精密机床主轴颈表面，一般量规工作表面，汽缸套内表面，活塞销表面等
	亮光泽面	> 0.04 ~ 0.08	> 0.2 ~ 0.4	超精磨、精抛光、镜面磨削	精密机床主轴颈表面，滚动轴承的滚珠，高压油泵中柱塞和柱塞配合的表面
	镜状光泽面	> 0.01 ~ 0.04	> 0.05 ~ 0.2		
	镜面	≤ 0.01	≤ 0.05	镜面磨削、超精研	高精度量仪，量块的工作表面，光学仪器中的金属镜面

习题

一、判断题（正确的打√，错误的打×）

1. 表面越粗糙，取样长度应越小。　　　　　　　　　　　　　（　　）

2. 要求耐腐蚀的零件表面，粗糙度数值应小一些。　　　　　　（　　）

3. 测量表面粗糙度时，规定取样长度是为了限制和减弱宏观几何形状误差的影响。（　　）

二、多项选择题

1. 表面粗糙度的符号√用于_____。

A. 需要去除材料的表面　　　B. 不需要去除材料的表面

C. 用任何方法获得的表面　　D. 特殊加工的表面

2. 关于表面粗糙度的标注的正确论述有_____。

A. 所有表面具有相同的粗糙度时，可在零件图的左上角标注粗糙度代号

B. 标注螺纹的粗糙度时，应标注在顶径处

C. 表面结构要求的注写方向与尺寸的注写和读取方向一致

D. 同一表面上各部位有不同表面粗糙度要求时，应以细实线划出界线

3. 选择表面粗糙度评定参数值时，下列论述正确的有_____。

A. 受交变载荷的表面，参数值应大

B. 配合表面的粗糙度数值应小于非配合表面

C. 摩擦表面应比非摩擦表面参数值小

D. 配合质量要求高，参数值应小

三、综合题

1. 评定表面粗糙度时，为什么要规定取样长度？有了取样长度，为什么还要规定评定长度？

2. 测量和评定表面粗糙度的基本原则是什么？

第5章

螺纹的公差与配合

5.1 概述

在各种机械中，螺纹应用广泛，按其用途分为：

紧固螺纹——用于连接或紧固零件，如公制普通螺纹。

传动螺纹——用于传递动力，运动或位移，如丝杠螺纹。

5.1.1 普通螺纹的基本要求

螺纹结合，要保证它的互换性，对普通螺纹必须满足两个基本要求：

1. 可旋合性

可旋合性是指不经任何选择或修配，且不要特别地用力，即可将内、外螺纹自由地旋合。

2. 连接可靠性

连接可靠性是指内、外螺纹旋合后，接触均匀以减少内、外螺纹发生破坏的危险，且在长期使用中，有足够可靠的结合力。

5.1.2 普通螺纹的基本牙型

普通螺纹的基本牙型是指在螺纹轴剖面内高为 $H = \sqrt{3}P/2$ 的正三角形（原始三角形）上，顶部截去 $H/8$，底部截去 $H/4$ 所形成的螺纹牙型。该牙型具有螺纹的基本尺寸，故称为基本牙型。如图 5.1 所示（小写字母为外螺纹的几何参数，大写字母为内螺纹的几何参数）。

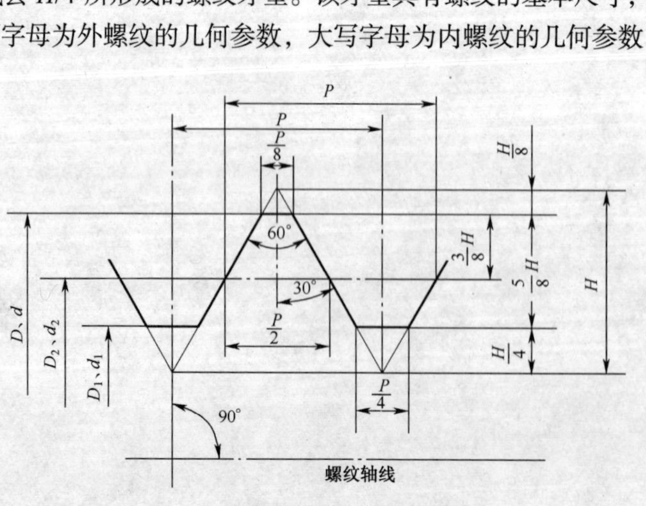

图 5.1 螺纹的基本尺寸和基本牙型

5.1.3 螺纹的主要几何参数

1. 大径（d 或 D）

与外螺纹的牙顶或内螺纹的牙底相重合的假想圆柱体的直径，称为大径。国家标准 GB 193—81 规定，普通螺纹大径的基本尺寸为螺纹的公称直径，其位置在原始三角形上部 $H/8$ 削平处。螺纹的尺寸系列就是以该直径与不同螺距的组合，如表 5.1 所示。

表 5.1　　　　　　　　　　　　普通螺纹的基本尺寸

公称直径（大径）D、d			螺距 P	中径 D_2、d_2	小径 D_1、d_1	公称直径（大径）D、d			螺距 P	中径 D_2、d_2	小径 D_1、d_1
第一系列	第二系列	第三系列				第一系列	第二系列	第三系列			
10			1.5	9.026	8.376			17	1.5	16.026	15.376
			1.25	9.188	8.647				1	16.350	15.917
			1	9.350	8.917		18		2.5	16.376	15.294
			0.75	9.513	9.188				2	16.701	15.835
			(0.5)	9.675	9.459				1.5	17.026	16.376
		11	(1.5)	10.026	9.376				1	17.350	16.917
			1	10.350	9.917				(0.75)	17.513	17.188
			0.75	10.513	10.188				(0.5)	17.675	17.459
			0.5	10.675	10.459	20			2.5	18.376	17.294
12			1.75	10.863	10.106				2	18.701	17.835
			1.5	11.026	10.376				1.5	19.026	18.376
			1.25	11.188	10.647				1	19.350	18.917
			1	11.350	10.917				(0.75)	19.513	19.188
			(0.75)	11.513	11.188				(0.5)	19.675	19.459
			(0.5)	11.675	11.459		22		2.5	20.376	19.294
	14		2	12.701	11.835				2	20.701	19.835
			1.5	13.026	12.376				1.5	21.026	20.376
			(1.25)	13.188	12.647				1	21.350	20.917
			(1)	13.350	12.917				(0.75)	21.513	21.188
			(0.75)	13.513	13.188				(0.5)	21.675	21.459
			(0.5)	13.675	13.459	24			3	22.051	20.752
		15	1.5	14.026	13.376				2	22.701	21.835
			(1)	14.350	13.917				1.5	23.026	22.376
16			2	14.701	13.835				1	23.350	22.917
			1.5	15.026	14.376				(0.75)	23.513	23.188
			1	15.350	14.917			25	2	23.701	22.835
			(0.75)	15.513	15.188				1.5	24.026	23.376
			(0.5)	15.675	15.459				(1)	24.350	23.917

注：1. 直径优先选用第一系列，其次第二系列，第三系列尽可能不用。

2. 黑体字数码为粗牙螺距，括号内的螺距尽可能不用。

2. 小径（d_1 或 D_1）

与外螺纹牙底或内螺纹牙顶相重合的假想圆柱体的直径，称为小径。其位置在原始三角形下部 $H/4$ 削平处。

为了叙述方便，与牙顶相重合的直径又称为顶径。

3. 中径（d_2 或 D_2）

中径是一个假想圆柱的直径，是该圆柱的母线通过牙型上的沟槽和凸起宽度相等的地方的直径，该母线称为中径线。根据定义可知，螺纹中径完全不受其大径、小径尺寸变化的影响，不等于大径和小径的平均值。中径的大小决定了螺纹牙侧相对于轴线的径向位置。因此，中径是螺纹公差与配合的主要参数之一。

4. 单一中径（d_{2s}或D_{2s}）

单一中径同样也是一个假想圆柱的直径，该圆柱的母线只规定通过牙型上沟槽宽度等于 1/2 基本螺距的地方，而不考虑其突起宽度是多少，如图 5.2 所示。单一中径是用三针测量法测得的，当螺距无误差时，单一中径就是中径，螺距有误差时两者不相等。

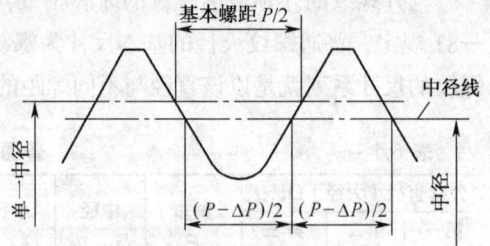

图 5.2　螺纹的中径和单一中径

5. 螺距（P）

螺距是相邻两牙在中径线上对应两点间的轴向距离。螺纹有单线与多线之分，在同一螺旋线上相对应两点间的轴向距离称为导程。导程等于螺纹线数与螺距的乘积。

6. 牙型角（α）与牙型半角（$\alpha/2$）

牙型角是指在通过螺纹轴线剖面内，相邻两牙间的夹角。米制普通螺纹牙型角 $\alpha = 60°$。牙侧与螺纹轴线的垂线之间的夹角称为牙型半角，$\alpha/2 = 30°$，如图 5.1 所示。在测量时应测螺纹的牙型半角，这是因为牙型角虽然正确但牙型半角仍可能有误差，如左右半角分别为 $29°40'$和$30°20'$。

7. 旋合长度（L_e）

旋合长度是指相配合的内外螺纹沿其轴线方向相互旋合部分的有效长度，如图 5.3 所示。

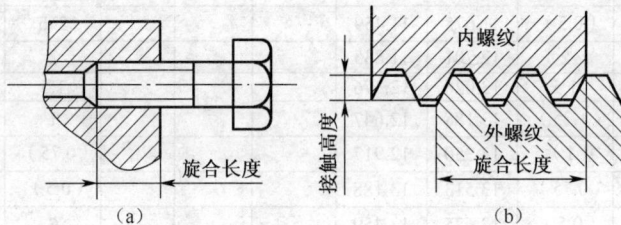

图 5.3　螺纹的接触高度和旋合长度

5.2　螺纹几何参数误差对互换性的影响

5.2.1　几何参数误差对互换性的影响

螺纹结合的互换性是指内螺纹（或外螺纹）可以不经任何选择或修配，就能旋入任何一个相同规格、相同尺寸的外螺纹（或内螺纹）全长上，并保证连接可靠。从互换性的角度来看，螺纹的五个基本几何参数（即大径、小径、中径、螺距和牙型半角）都有影响，这 5 个基本几何参数在加工过程中不可避免地都有一定的误差，不仅会影响螺纹的旋合性、接触高度、配合松紧，还会影响连接的可靠性，从而影响螺纹的互换性。为了保证螺纹的互换性，必须对内、外螺纹的 5 个基本几何参数误差加以限制。

1. 螺纹大、小径误差对互换性的影响

从加工工艺上和使用强度上考虑，实际加工出来的内螺纹大径和外螺纹小径的牙底形状都是

略呈圆弧状的，为了防止旋合时在该处发生干涉，因此，螺纹结合在大径和小径处规定不接触。为了保证内、外螺纹的旋合性，应使内螺纹大、小径的实际尺寸分别大于外螺纹大、小径的实际尺寸。但内螺纹的小径过大，外螺纹的大径过小，虽不影响螺纹结合性，但会减小螺纹的接触高度，从而影响螺纹的连接可靠性，因此必须加以限制，规定其公差。内螺纹小径和外螺纹大径的公差应考虑螺纹毛坯的制造精度，以及与中径公差的协调，因此，内螺纹小径和外螺纹大径规定了较大的公差。

从互换性观点来看，对内螺纹大径只要求与外螺纹大径之间不发生干涉，因此内螺纹只限制大径的最小极限尺寸，而外螺纹小径不仅要与内螺纹小径保持间隙的要求，还要考虑其牙底对外螺纹的影响，所以外螺纹不仅要限制小径的最大极限尺寸，而且对外螺纹小径的最小极限尺寸，还应考虑其牙底的形状。

2. 螺距误差对互换性的影响

螺距误差是客观存在的，它使内、外螺纹发生干涉，影响旋合性，并且在螺纹旋合长度内使实际接触的牙数减少，影响螺纹连接的可靠性。螺距误差包括两部分，即与旋合长度有关的累积误差和与旋合长度无关的局部误差，从互换性的观点来看，螺距的累积误差是主要的。

在车间生产条件下，对螺距很难逐个地分析检测，因而对普通螺纹不采用规定螺距公差的办法，而采取将外螺纹中径减少或内螺纹中径增大，抵消螺距误差的影响，以保证达到旋合的目的。

为了便于分析，假定内螺纹具有基本牙型，内、外螺纹的中径与牙型半角分别相同，仅外螺纹的螺距有误差，并设在旋入 n 个螺牙的旋合长度内，其螺距最大累积误差为 ΔP_Σ。此误差 ΔP_Σ 相当于使外螺纹中径增大一个 f_p 值，此 f_p 值称为螺距误差的中径当量或补偿值。$f_p=\left|\ \Delta P_\Sigma\ \right|\cot\dfrac{\alpha}{2}$。当 $\alpha=60°$ 时，则 $f_p=1.732\left|\ \Delta P_\Sigma\ \right|$。

如图 5.4 所示，表示螺距误差对互换性的影响，以及外螺纹中径减小后的旋合情况，图中用粗实线表示具有基本牙型的内螺纹，用细实线表示具有螺距误差的外螺纹牙型，螺纹两侧接触不均匀，产生干涉，即一侧有间隙，另一侧产生过盈。显然，在这种情况下，内、外螺纹因产生干涉，而无法旋合。因此，必须用螺距最大累积误差 ΔP_Σ 来计算外螺纹的中径当量 f_p，才能补偿螺距误差的影响。如图 5.4 所示的细实线表示外螺纹中径减小 f_p 值后与内螺纹旋合在一起的情况。

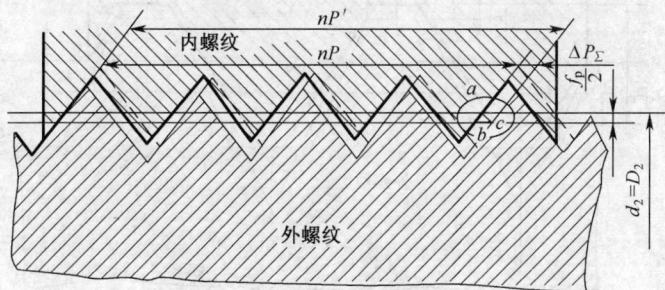

图 5.4　螺距误差对互换性的影响

3. 牙型半角误差对互换性的影响

牙型半角误差是由于牙型角有误差[$\dfrac{\alpha}{2}$（右）$=\dfrac{\alpha}{2}$（左）]，而 α（实际）$\neq\alpha$，或是由于对牙型角位置误差造成牙型角的平分线不垂直于螺纹轴线所引起，如图 5.5 所示，也可能是两个因素共同造成。

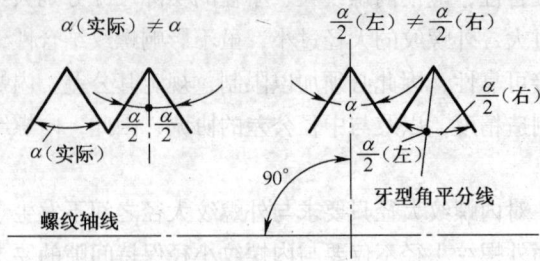

图 5.5 牙型半角误差

牙型半角误差也使内、外螺纹结合时发生干涉，影响可旋合性，并且使螺纹接触面积减少，磨损加快，降低了连接的可靠性，所以必须限制牙型半角误差。在车间生产条件下，对牙型半角误差更难逐个地分析检测，因而对普通螺纹的牙型半角公差也不作具体规定，而同样采取将外螺纹中径减少或内螺纹中径增大，即用牙型半角误差换算成中径的补偿值，称为牙型半角误差的中径当量，以 $f_{\alpha/2}$ 或 $F_{\alpha/2}$ 表示。

为了便于分析，假定内螺纹具有基本牙型，内、外螺纹的中径与螺距分别相同，仅外螺纹的牙型半角有误差，并分别为 $\Delta\alpha/2$（左）<0，$\Delta\alpha/2$（右）<0，如图 5.6 所示，表示牙型半角误差对互换性的影响，以及外螺纹中径减小后的旋合情况。图中用粗实线表示具有基本牙型的内螺纹，用细实线表示具有牙型半角误差的外螺纹牙型。由于外螺纹的牙型半角为 $\alpha/2-\Delta\alpha/2$，螺纹两侧产生干涉，即近螺纹大径处产生过盈，而近螺纹小径处产生间隙，内、外螺纹无法旋合。必须用牙型半角误差来计算外螺纹的中径当量 $f_{\alpha/2}$ 才能补偿牙型半角误差的影响。$f_{\alpha/2}=0.36p\,|\,\Delta\alpha/2\,|$（μm）。当左右牙型半角误差不相等时，

$$\Delta\alpha/2 = [\,|\,\Delta\alpha/2（左）\,|\,+\,|\,\Delta\alpha/2（右）\,|\,]/2$$

图 5.6 所示的细实线表示外螺纹中径减小 $f_{\alpha/2}$ 之后与内螺纹旋合在一起的情况。

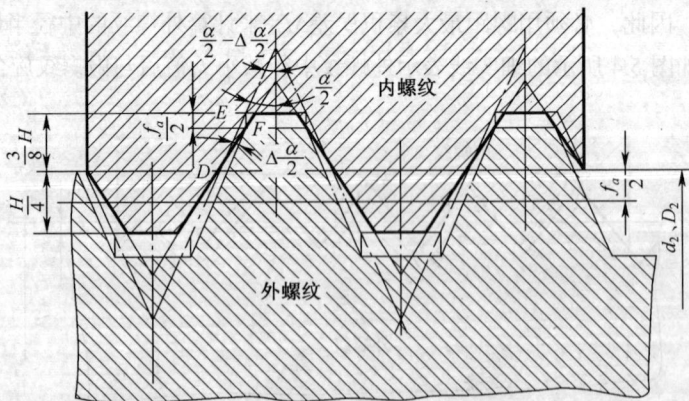

图 5.6 螺纹牙型半角误差对互换性的影响

4. 螺纹中径误差对互换性的影响

在制造内外螺纹时，中径本身不可能制造得绝对准确，不可避免地会出现一定的误差。当外螺纹的中径大于内螺纹中径时，会影响旋合性；反之，若外螺纹中径过小，内螺纹中径过大，则配合太松，难以使牙侧良好接触，影响连接可靠性。由此可见，为了保证螺纹的旋合性，应该限

制外螺纹的最大中径和内螺纹的最小中径,因此,要对中径规定合适的公差。

由于规定螺纹结合在大径和小径处不接触,因而螺纹大、小径误差是不影响螺纹配合性质的,而螺距、牙型半角误差可换算成螺纹中径的当量值来处理,所以螺纹中径是影响螺纹互换性的主要参数。

5.2.2 作用中径及保证螺纹互换性的条件

1. 作用中径

由于螺距误差和牙型半角误差均用中径补偿,对内螺纹讲相当于螺纹中径变小,对外螺纹讲相当于螺纹中径变大,此变化后的中径称为作用中径,即螺纹配合中实际起作用的中径。即

外螺纹
$$d_{2作用} = d_{2单-} + f_p + f_{\alpha/2}$$
内螺纹
$$D_{2作用} = D_{2单-} - F_p - F_{\alpha/2} \tag{5.1}$$

螺纹的作用中径是用来判断螺纹可否旋合的中径,即要保证内、外螺纹的旋合性,就必须满足以下要求:

$$D_{2作用} \geqslant d_{2作用} \tag{5.2}$$

2. 保证螺纹互换性的条件

要实现螺纹结合的互换性,必须同时满足两个基本要求:可旋合性和连接可靠性。

对于外螺纹,为保证可旋合性,其作用中径 $d_{2作用}$ 不能大于最大极限中径 d_{2max};为保证连接可靠性,避免旋合太松,应保证任一部位的单一中径 $d_{2单-}$ 不能小于最小极限中径 d_{2min}。

用关系式表示为

$$d_{2作用} \leqslant d_{2max} \quad ; \quad d_{2单-} \geqslant d_{2min}$$

同理,对于内螺纹:
$$D_{2作用} \geqslant D_{2min}; \quad D_{2单-} \leqslant D_{2max} \tag{5.3}$$

【例 5.1】 有一外螺纹 M24-6h,螺距为 3,测得其单一中径 $d_{2单-} = 21.95$mm,

$\triangle P_\Sigma = -50\mu m$, $\triangle \alpha/2$(左)$= -80'$, $\triangle \alpha/2$(右)$= +60'$。试求外螺纹的作用中径,问此螺纹是否合格?

解:

由表 5.1 查得中径尺寸 $d_2 = 22.051$mm,

由表 5.3 和表 5.4 查得中径上偏差 es = 0,下偏差 ei = $-200\mu m$,则中径的极限尺寸为:

$$d_{2max} = 22.051\text{mm}, \quad d_{2min} = 21.851\text{mm}$$

计算螺距、牙型半角误差在中径上的当量值:

$$f_p = 1.732 \mid \triangle P_\Sigma \mid = (1.732 \times \mid -50 \mid)\mu m = 86.6\mu m = 0.0866\text{mm}$$

由于 $\triangle \alpha/2 = [\mid \triangle \alpha/2(左)\mid + \mid \triangle \alpha/2(右)\mid]/2$

$$\triangle \alpha/2 = (\mid -80 \mid + \mid +60 \mid)/2 = 70'$$

$f_{\alpha/2} = 0.36p \mid \triangle \alpha/2 \mid (\mu m) = 0.36 \times 3 \times 70\mu m = 75.6\mu m = 0.0756\text{mm}$

计算作用中径

$$d_{2作用} = d_{2单-} + f_p + f_{\alpha/2} = 21.95 + 0.0866 + 0.0756 = 22.112\text{mm}$$

则:$d_{2作用} > d_{2max}$

由于作用中径超出外螺纹的最大极限中径,因而外螺纹不能旋入具有基本牙型的内螺纹中。虽然其单一中径在中径公差带内,但此螺纹仍不合格。

5.3 螺纹连接的公差与配合

5.3.1 螺纹的公差等级

螺纹公差带的大小由标准公差确定，在普通螺纹国家标准 GB 197—2003 中，按内、外螺纹的中径、大径和小径公差的大小分为若干等级。内、外螺纹各直径的公差等级规定如下：

螺纹直径	公差等级
内螺纹小径 D_1	4、5、6、7、8
内螺纹中径 D_2	4、5、6、7、8
外螺纹大径 d	4、6、8
外螺纹中径 d_2	3、4、5、6、7、8、9

不同直径、螺距和公差等级的标准公差值如表 5.2 和表 5.3 所示。

表 5.2　　　　普通内螺纹小径公差 TD_1 和外螺纹大径公差 Td

螺距 P/mm	内螺纹小径公差 TD_1/μm					外螺纹大径公差 Td/μm		
	公差 等 级							
	4	5	6	7	8	4	6	8
1	150	190	236	300	375	112	180	280
1.25	170	212	265	335	425	132	212	335
1.5	190	236	300	375	475	150	236	375
1.75	212	265	335	425	530	170	265	425
2	236	300	375	475	600	180	280	450
2.5	280	355	450	560	710	212	335	530
3	315	400	500	630	800	236	375	600
3.5	355	450	560	710	900	265	425	670
4	375	475	600	750	950	300	475	750

表 5.3　　　　普通内、外螺纹中径公差 TD_2、Td_2

公称直径 D、d/mm		螺距 P/mm	内螺纹中径公差 TD_2/μm					外螺纹中径公差 Td_2/μm						
			公差 等 级										
>	≤		4	5	6	7	8	3	4	5	6	7	8	9
		1	100	125	160	200	250	60	75	95	118	150	190	236
		1.25	112	140	180	224	280	67	85	106	132	170	212	265
11.2	22.4	1.5	118	150	190	236	300	71	90	112	140	180	224	280
		1.75	125	160	200	250	315	75	95	118	150	190	236	300
		2	132	170	212	265	335	80	100	125	160	200	250	315
		2.5	140	180	224	280	355	85	106	132	170	212	265	335
		1	106	132	170	212	—	63	80	100	125	160	200	250
		1.5	125	160	200	250	315	75	95	118	150	190	236	300
22.4	45	2	140	180	224	280	355	85	106	132	170	212	265	335
		3	170	212	265	335	425	100	125	160	200	250	315	400
		3.5	180	224	280	355	450	106	132	170	212	265	335	425
		4	190	236	300	375	475	112	140	180	224	280	355	450

对外螺纹的小径和内螺纹的大径不规定具体的公差数值，只规定内、外螺纹牙底实际轮廓的任何点均不得超越按基本偏差所确定的最大实体牙型。

5.3.2 螺纹的基本偏差

螺纹公差带的位置由基本偏差决定，并以基本牙型为零线上下分布，如图 5.7（a）所示。对内螺纹，基本偏差是下偏差（EI），公差带在零线之上，各直径的基本偏差相同，大径 D 的上限未规定。对外螺纹，基本偏差是上偏差（es），公差带在零线之下，大径 d 和中径 d_2 的基本偏差相同，小径 d_1 的公差带由下述两种情况决定。

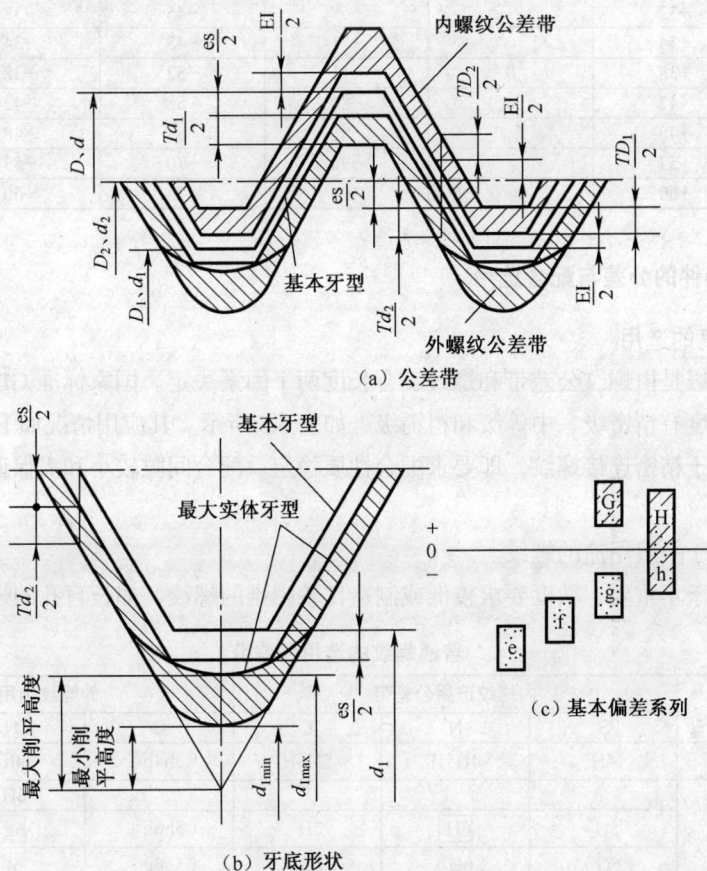

（a）公差带

（b）牙底形状

（c）基本偏差系列

图 5.7　螺纹公差带位置和基本偏差系列

对于性能等级大于或等于 8.8 级（前面的 "8" 代表抗拉强度，后面的 "8" 代表屈服点与抗拉强度比值）的紧固件，要求其外螺纹的牙型底轮廓要有圆滑的连接曲线，如图 5.7（b）所示，曲线部分的半径 R 不应小于 $0.125P$。

性能等级小于 8.8 级的紧固件，其外螺纹牙底尽可能与上述要求一致，这对于承受疲劳或冲击载荷的螺纹连接件是特别重要的。若不按上述要求规定，牙底也应在最小削平高度为 $H/8$ 处削平或倒圆。

螺纹的基本偏差系列，如图 5.7（c）所示为：内螺纹规定有 G 和 H；外螺纹规定有 e、f、g 和 h（e 限用于螺距 $P \geqslant 0.5$mm，f 限用于 $P \geqslant 0.35$mm）。

内、外螺纹的基本偏差值如表 5.4 所示。

表 5.4 内外螺纹中径和顶径的基本偏差

螺距 P/mm	基本偏差/μm					
	内螺纹 D_2、D_1		外螺纹 d、d_2			
	G (EI)	H (EI)	e (es)	f (es)	g (es)	h (es)
1	+26		−60	−40	−26	
1.25	+28		−63	−42	−28	
1.5	+32		−67	−45	−32	
1.75	+34		−71	−48	−34	
2	+38	0	−71	−52	−38	0
2.5	+42		−80	−58	−42	
3	+48		−85	−63	−48	
3.5	+53		−90	−70	−53	
4	+60		−95	−75	−60	

5.3.3 螺纹连接件的公差与配合选用

1. 配合精度的选用

螺纹精度等级是由螺纹公差带和螺纹旋合长度两个因素决定。国家标准 GB 197—81 规定：普通螺纹配合精度有精密级、中等级和粗糙级，如表 5.5 所示。其应用情况如下。

精密级：用于精密连接螺纹，即要求配合性质稳定、配合间隙较小和需保证一定的定心精度的螺纹连接。

中等级：用于一般用途的螺纹。

粗糙级：用于不重要，精度要求较低或制造比较困难的螺纹，如长盲孔的螺纹。

表 5.5 普通螺纹的选用公差带

旋 合 长 度		内螺纹选用公差带			外螺纹选用公差带		
		S	N	L	S	N	L
配合精度	精 密	4H	4H5H	5H6H	（3h4h）	4h*	（5h4h）
	中 等	5H*	6H	7H*	（5h6h）	6H* / 6g*	（7h6h）
		（5G）	（6G）	（7G）	（5g6g）	6f* / 6e*	（7g6g）
	粗 糙	—	7H	—	—	（8h）	—
			（7G）			8g	

注：大量生产的精制紧固件螺纹，推荐采用带方框的公差带；带*的公差带优先选用，如（ ）的公差带尽量不用。

2. 旋合长度的确定

在加工和装配螺纹连接件时，螺纹的旋合长度同样影响螺纹连接件的配合精度和互换性，如表 5.6 所示。实践证明：旋合长度越长，不仅结构笨重，加工困难，而且由于螺距累积误差增大，反而会降低承载能力，造成螺牙强度和密封性下降。所以国标将螺纹的旋合长度分为短旋合长度 S 组、中等旋合长度 N 组和长旋合长度 L 组，如表 5.6 所示。一般应优先选用中等旋合长度 N 组，只有当结构和强度上有特殊要求时，才采用 L 或 S 组。

3. 公差等级及公差带的确定

在选定配合精度和旋合长度后，可由表 5.5 选定螺纹的公差等级。表中列有两个等级的（如

4H5H），前者用于中径，后者用于顶径。

表 5.6   螺纹旋合长度

公 称 直 径 D、d		螺距 P	旋 合 长 度					
			S		N		L	
>	≤		≤	>	≤	>	≤	>
		0.5	1.6	1.6		4.7	4.7	
		0.75	2.4	2.4		7.1	7.1	
5.6	11.2	1	3	3		9	9	
		1.25	4	4		12	12	
		1.5	5	5		15	15	
		0.5	1.8	1.8		5.4	5.4	
		0.75	2.7	2.7		8.1	8.1	
		1	3.8	3.8		11	11	
11.2	22.4	1.25	4.5	4.5		13	13	
		1.5	5.6	5.6		16	16	
		1.75	6	6		18	18	
		2	8	8		24	24	
		2.5	10	10		30	30	

由基本偏差和公差等级可组成多种公差带。在生产中为了减少刀具、量具的规格与数量，对公差带的种类应加以限制，推荐按表 5.5 选用。

4. 配合的选用

配合的选用主要根据使用要求。

① 为了保证足够的连接强度和接触高度及便于装拆，通常采用 H/h 的配合。

② 为了装拆方便及改善螺纹的疲劳强度，选用小间隙配合（H/g 和 G/h）为宜。

③ 对需要涂镀保护层的螺纹，选择配合间隙的大小取决于镀层的厚度。当镀层厚度为 5μm 左右时，一般选 6H/6g；镀层厚度为 10μm 左右时，选 6H/6e。若内、外螺纹均涂镀，则选 6G/6e。

5. 表面粗糙度和形位公差的选用

螺纹表面粗糙度值的选用主要根据公差等级和用途确定，如表 5.7 所示。对疲劳强度要求高的螺纹底牙表面，其粗糙度参数值 Ra 应不大于 0.32μm。

表 5.7   螺纹表面粗糙度的推荐值   （单位：μm）

螺纹工作表面	螺纹的公差等级		
	4 ~ 5	6 ~ 7	8 ~ 9
	Ra 不大于		
螺栓、螺钉和螺母的螺纹表面	1.6	3.2	3.2 ~ 6.3
轴、拉杆及套上螺纹	0.8 ~ 1.6	1.6	3.2

普通螺纹一般不规定几何公差，而由尺寸公差来限制其几何误差，但螺纹的几何误差不得超出螺纹轮廓公差所规定的范围。对于高精度螺纹，主要规定旋合长度范围内的圆柱度、同轴度和垂直度，它们的公差值一般不得大于中径公差的 50%，并按包容要求控制。

5.3.4 螺纹在图样上的标注

螺纹的完整标记由螺纹代号、公称直径、螺距、螺纹公差带代号和螺纹旋合长度代号（或数值）组成。公差带代号由公差等级级别（在前）和基本偏差代号（在后）组成。例如：

```
M 20—5h 6h
         └── 外螺纹顶径公差带代号
      └───── 外螺纹中径公差带代号
   └──────── 公称直径（粗牙螺纹不标螺距）
 └─────────── 螺纹代号
```

```
M20×1—6H
        └── 内螺纹中径和顶径公差带代号（相同）
   └──────── 公称直径乘螺距（细牙螺纹要标螺距）
```

```
M10LH—7H—L
          └── 长旋合长度代号（不标时为中等旋合长度 N）
   └────────── 左旋螺纹代号（不标时为右旋螺纹）
```

```
M20×2—7g6g—40
            └── 旋合长度的数值（mm）
```

```
M24—6H/6g
       └── 表示内、外螺纹装配在一起
```

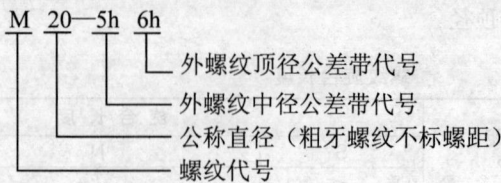

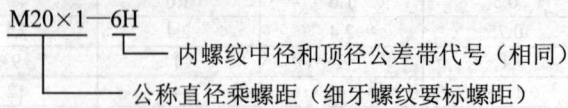

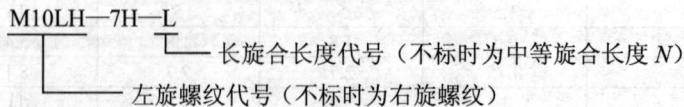

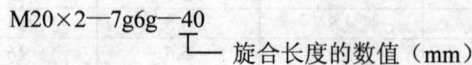

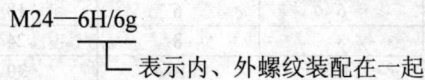

无论内、外螺纹，其标记均应标注在公称直径（大径）的尺寸线上。

习题

一、判断题（正确的打√，错误的打×）

1. 螺纹按其用途分为紧固螺纹和传动螺纹。 （　　）

2. 螺纹的牙型半角是指相邻两牙侧间夹角的 1/2。 （　　）

3. 螺纹精度仅取决于螺纹公差带。 （　　）

4. 在同样的公差等级中，内螺纹的中径公差比外螺纹中径公差小。 （　　）

5. 作用中径是指螺纹配合中实际起作用的中径。 （　　）

二、多项选择题

1. 影响螺纹配合性质的主要参数是_____。

A. 大径　　　　　　　　B. 牙型半角　　　　　　C. 螺距　　　　　　D. 中径

2. 对于外螺纹保证可旋合的条件是_____。

A. $d_{2max} \geqslant d_{2作用}$　　　　　　　　　　B. $d_{2max} \leqslant d_{2作用}$

C. $d_{2单} \leqslant d_{2min}$　　　　　　　　　　D. $d_{2单} \geqslant d_{2min}$

3. 螺纹标注应标注在螺纹的_____尺寸线上。

A. 大径　　　　　　　B. 小径　　　　　　　　C. 顶径　　　　　D. 底径

4. 标准对内螺纹规定的基本偏差代号是_____。

A. G　　　　　　　　B. F　　　　　　　　　　C. H　　　　　D. K

5. 标准对外螺纹规定的基本偏差代号是_____。

A. h　　　　　　　　B. g　　　　　　　　　　C. f　　　　　D. e

三、填空题

1. 普通螺纹要保证它的互换性必须实现两个要求，即_____和_____。

2. 保证螺纹互换性的最主要参数是_____。

3. 螺纹的配合精度不仅与_____有关，而且与_____有关。

4. 螺纹按其用途分为_____、_____。

5. 普通螺纹配合精度有_____、_____和_____。

四、解释下列螺纹标记的含义：

1. M10×1－5g6g－s

2. M10×1－6H

3. M20×2LH－6H/5g6g

4. M10－5g

5. M36－6H/6g

五、有一内螺纹 M24×2－7H，其单一中经 $d_{2\text{单}-}=22.710\text{mm}$，螺距累积误差的中经当量值 $f_p=0.018\text{mm}$，牙型半角误差的中经当量值 $f_{\alpha/2}=0.022\text{mm}$，问此螺纹是否合格？

第 **6** 章
测量技术基础

在机械制造业中，要实现零件的互换性，除了合理地规定公差外，还需要利用测量技术对加工后的零件进行几何量的测量或检验，以判断它们是否符合技术要求。只有经检验合格的零件才具有互换性。

本章所涉及的测量技术，主要研究如何对零件的长度、角度、表面粗糙度、几何形状和相互位置等几何量进行测量或检验。

6.1 测量单位和测量值传递

1. 测量技术的含义

测量技术包括测量和检验，具有比较广泛的含意。对测量技术的基本要求是：合理地选用计量器具与测量方法，保证一定的测量精度，具有较高的测量效率，较低的测量成本，通过测量分析零件的加工工艺，积极采取预防措施，避免废品的产生。

测量是指为确定被测几何量的量值而进行的实验过程，实质上是将被测几何量与作为计量单位的标准量进行比较，从而确定被测几何量是计量单位的倍数或分数的实验过程。一个完整的测量过程应包括被测对象、计量单位、测量方法（指测量时采用的方法、计量器具和测量条件的综合）和测量精度 4 个方面。

检验是指判断被测量是否在规定范围内的过程，它不要求得到被测量的具体数值。

2. 测量要素

任何一个完整的测量过程，都包括被测对象、计量单位、测量方法和测量精度 4 个方面，通常将它们统称为测量过程四要素。

6.1.1 长度单位和长度基准

对几何量进行测量时，必须有统一的长度计量单位和相应的、准确可靠的计量基准。

1. 长度单位

我国国务院于 1984 年发布了《关于在我国统一实行法定计量单位的命令》，决定在采用先进的国际单位制基础上，规定我国计量单位一律采用《中华人民共和国法定计量单位》中规定的计量单位，其中规定"米"（m）为长度的基本单位，同时使用米的十进倍数和分数的单位。米（m）、毫米（mm）、微米（μm）间换算关系如下：$1mm=10^{-3}m$；$1\mu m=10^{-3}mm$。在超精密测量中，长度计量单位采用纳米（nm），$1nm=10^{-3}\mu m$。

在实际工作中，如遇到英制长度单位时，常以英寸作为基本单位，它与法定长度单位的换算关系是 1 英寸=25.4mm。

机械制造中常用的角度单位为弧度（rad）、微弧度（μrad）和度、分、秒。$1μrad=10^{-6}rad$，$1°=0.0174533rad$。度、分、秒的关系采用 60 进位制，即 $1°=60'$，$1'=60''$。

2. 长度基准

（1）定义。复现及保存长度计量单位并通过它传递给其他计量器具的物质称长度计量基准。长度计量基准分国家基准（主基准）、副基准和工作基准。

（2）国家基准（主基准）。国家基准是用来复现和保存计量单位，具有现代科学技术所能达到的最高准确度的计量器具，经国家鉴定并批准，作为统一全国计量单位量值的最高依据。如上述"米"的定义，推荐用激光辐射来复现它。

（3）副基准。副基准是通过直接或间接与国家基准对比来确定其量值并经国家鉴定批准的计量器具。它在全国作为复现计量单位的地位仅次于国家基准。

（4）工作基准。工作基准是经与国家基准或副基准校准或比对，并经国家鉴定，实际用以检定计量标准的计量器具。它在全国作为复现计量单位的地位仅在国家基准及副基准之下。设立工作基准为的是不使国家基准和副基准由于使用频繁而丧失其应有的准确度或遭受损坏。

6.1.2 长度量值传递系统

在机械制造中，自然基准不便于普遍直接应用。为了保证测量值的统一，必须把国家基准所复现的长度计量单位量值经计量标准逐级传递到生产中的计量器具和工件上去，以保证对被测对象所测得的量值的准确和一致。为此，需要在全国范围内从技术上和组织上建立起严密的长度量值传递系统。目前，线纹尺和量块是实际工作中常用的两种实体基准。

（1）在技术上，长度量值传递系统一是由自然基准过渡到国家基准米尺、工作基准米尺，再传递到工程技术中应用的各种刻线线纹尺至工件尺寸；另一系统是由自然基准过渡到基准组量块，再传递到工作量块及各种计量器具至工件尺寸。

（2）在组织上，长度量值传递系统是由国家计量局、各地区计量中心，省、市计量机构，一直到各企业的计量机构所组成的计量网，负责其管辖范围内的计量工作和量值传递工作。

6.1.3 量块

1. 量块的定义和用途

量块通常也叫块规，它是一种没有刻度的、截面为矩形的平行端面量具，一般用铬锰钢或用线胀系数小、不易变形及耐磨的其他材料制成。

量块除了作为长度基准进行尺寸传递外，还用于检定和校准其他量具、量仪，相对测量时调整量具和量仪的零位，以及用于精密机床的调整、精密划线和测量精密零件。

2. 量块的形状

图 6.1 所示量块有一对相互平行的测量端面和 4 个非工作面，量面间有精确尺寸。量块长度是指量块一个测量面上的一点至与此量块另一测量面相研合的辅助体表面之间的垂直距离。

量块一个测量面上任意一点的量块长度，定为量块的任意点长度，如图 6.2 所示的 L_i。

量块一个测量面上中心点的量块长度，定为量块的中心长度，如图 6.2 所示的 L，它也是量块的标称长度。

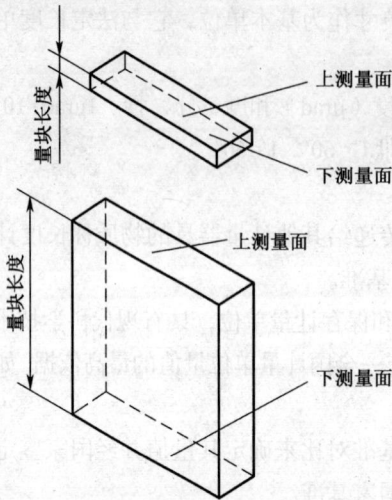

图 6.1　量块

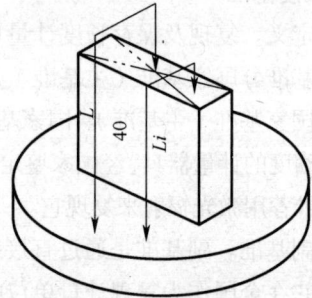

图 6.2　量块长度

3. 量块的研合性

量块的研合性是指量块的一个测量面与另一量块的测量面通过分子吸力作用而粘合的性能。这是由于量块工作面的表面粗糙度数值很小，平整性好，如将一量块的工作面沿着另一量块工作面滑动时，稍加压力，两量块便能研合在一起。应用其研合性可以使多个固定尺寸的量块，组成一个量块组，组成所需的尺寸。

量块的尺寸系列及其组合量块是成套生产的，根据 GB/T 6093—2001 规定共有 17 种套别，其每套数目分别为 91、83、46、38、10、8 和 5 等。常用成套量块的级别、尺寸系列、间隔和块数如表 6.1 所示。

表 6.1　　　　　　　　　　　　　　　　成套量块尺寸表

套　别	总 块 数	级　别	尺寸系列/mm	间隔/mm	块　数
1	91	00, 0, 1	0.5		1
			1		1
			1.001, 1.002, …, 1.009	0.001	9
			1.01, 1.02, …, 1.49	0.01	49
			1.5, 1.6, …, 1.9	0.1	5
			2.0, 2.5, …, 9.5	0.5	16
			10, 20, …, 100	10	10
2	83	00, 0, 1	0.5		1
		2, （3）	1		1
			1.005		1
			1.01, 1.02, …, 1.49	0.01	49
			1.5, 1.6, …, 1.9	0.1	5
			2.0, 2.5, …, 9.5	0.5	16
			10, 20, …, 100	10	10
3	46	0, 1, 2	1		1
			1.001, 1.002, …, 1.009	0.001	9
			1.01, 1.02, …, 1.09	0.01	9
			1.1, 1.2, …, 1.9	0.1	9
			2, 3, …, 9	1	8
			10, 20, …, 100	10	10

套 别	总 块 数	级 别	尺寸系列/mm	间隔/mm	块 数
4	38	0, 1, 2	1		1
		（3）	1.005		1
			1.01, 1.02, …, 1.09	0.01	9
			1.1, 1.2, …, 1.9	0.1	9
			2, 3, …, 9	1	8
			10, 20, …, 100	10	10

组合量块成一定尺寸时，为了迅速选择量块，应从所给尺寸的最后一位数字考虑，每选一块应使尺寸的位数减小一位，其余依此类推。为减少量块组合的累积误差，应尽量用最少数量的量块组成所需的尺寸，通常不应多于 4～5 块。

【例 6.1】 要组成 38.935mm 的尺寸，若采用 91 块一套的量块，其选取方法为

$$
\begin{array}{r}
38.935 \\
-)\ 1.005 \\
\hline
37.93
\end{array}
$$ 第一块量块尺寸 1.005mm

$$
\begin{array}{r}
-)\ 1.43 \\
\hline
36.5
\end{array}
$$ 第二块量块尺寸 1.43mm

$$
\begin{array}{r}
-)\ 6.5 \\
\hline
30
\end{array}
$$ 第三块量块尺寸 6.5mm

第四块量块尺寸 30mm
量块组合尺寸 38.985 mm

【例 6.2】 试用 83 块套别和 38 块套别的两套量块组成 59.995mm 的尺寸。

解：（1）用 83 块一套的量块

$$
\begin{array}{r}
59.995 \\
-)\ 1.005 \\
\hline
58.99
\end{array}
$$ 第一块量块尺寸

$$
\begin{array}{r}
-)\ 1.49 \\
\hline
57.5
\end{array}
$$ 第二块量块尺寸

$$
\begin{array}{r}
-)\ 7.5 \\
\hline
50
\end{array}
$$ 第三块量块尺寸
第四块量块尺寸

（2）用 38 块一套的量块

$$
\begin{array}{r}
59.995 \\
-)\ 1.005 \\
\hline
58.99
\end{array}
$$ 第一块量块尺寸

$$
\begin{array}{r}
-)\ 1.09 \\
\hline
57.9
\end{array}
$$ 第二块量块尺寸

$$
\begin{array}{r}
-)\ 1.9 \\
\hline
56
\end{array}
$$ 第三块量块尺寸

$$
\begin{array}{r}
-)\ 6 \\
\hline
50
\end{array}
$$ 第四块量块尺寸
第五块量块尺寸

由上例可以看出，用 83 块套别的要比用 38 块套别的量块好。

4. 量块的精度

为了满足不同应用场合对量块精度的要求，根据量块长度的极限偏差和长度变动量，如图 6.3

所示，量块按制造精度分为 5 个等级，即 K、0、1、2、3 级，其中 K 级精度最高。分级的主要依据是量块长度的极限偏差、量块长度的变动允许值、测量面的平行度精度、量块的研合性及测量面粗糙度等。

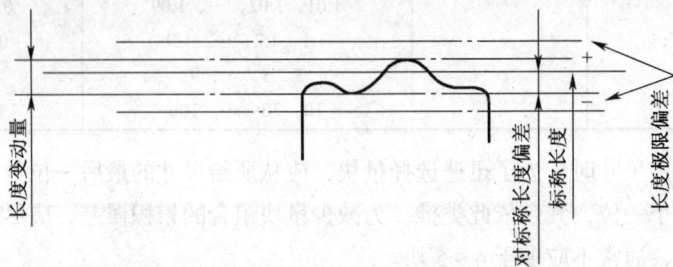

图 6.3　量块的长度极限偏差和长度变动量

量块按检定精度分为 6 等，即 1、2、3、4、5、6 等，其中 1 等精度最高。分等的主要依据是量块中心长度测量的极限误差和平面平行性极限误差。

为了扩大量块的应用范围，可采用量块附件，量块附件中主要是夹持器和各种量爪，如图 6.4（a）所示。量块及其附件装配后，可用于测量外径、内径或作精密划线等，如图 6.4（b）所示。

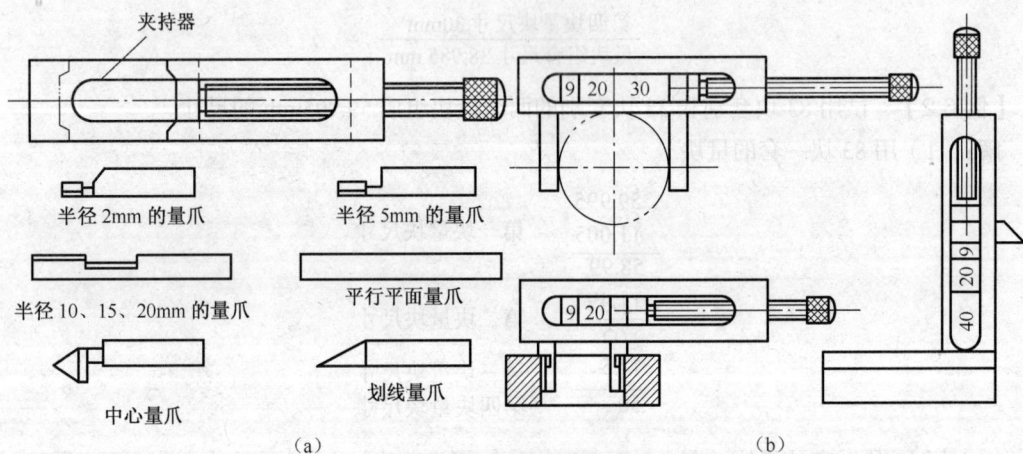

图 6.4　量块附件及其应用

5. 量块的使用方法

量块的使用方法可分为按"级"使用和按"等"使用两种。

（1）按"级"使用，是以量块的标称尺寸为工作尺寸，不计量块的制造误差和磨损误差，精度不高，但使用方便。

（2）按"等"使用，是用经检定后的量块的实测值作为工作尺寸，它不包含量块的制造误差，因此提高了测量精度，但使用不够方便。

量块使用注意事项：量块在组合前应先用航空汽油或苯洗净表面的防锈油，并用鹿皮或软绸擦干，然后将选好的量块逐块研合。研合时要保持动作平稳，避免量块的棱角划伤测量面。使用时不能用手接触量块的测量面，防止生锈影响组合精度。使用完后，一定拆开组合的量块，再用航空汽油或苯洗净擦干，并涂上防锈油，然后装在盒子中。

6.2 测量器具和测量方法

6.2.1 测量器具及其技术性能指标

1. 测量器具

直接或间接测出被测对象的量具、计量仪器和计量装置统称为计量器具。计量器具也包括计量基准、计量标准。

2. 计量器具的分类

计量器具按照结构特点可分为量具、量规、量仪和计量装置 4 类。

（1）量具。量具是以固定形式复现量值的计量器具。量具可与其他计量器具共同进行测量工作，或者单独进行测量工作。如量块只复现单个长度量值，用它进行测量时，必须和其他计量器具一起使用。线纹尺则不用其他计量器具而可单独使用，这种量具称为独立量具。量具可分为单值量具和多值量具两种。

① 单值量具用来复现单一量值，如量块、角度量块等。

② 多值量具用来复现一定范围内计量单位某些倍数或分数值的量具，如线纹尺、千分尺、游标卡尺和百分表等虽属结构简单的计量仪器，但习惯上称量具。

（2）量规。量规是没有刻度的专用计量器具，用以检验零件要素的实际（组成）要素和几何误差的综合结果。检验结果只能判断被测几何量合格与否，而不能获得被测几何量的具体数值，如光滑极限量规、位置量规和螺纹量规等。

（3）量仪。量仪是将被测几何量的量值转换成可直接观测的指示值（示值）或等效信息的计量器具，一般具有传动放大系统。量仪按原始信号转换原理的不同，可分为以下 4 种。

① 机械式量仪是用机械方法实现原始信号转换的量仪，如指示表、杠杆齿轮比较仪等。

② 光学式量仪是用光学方法实现原始信号转换的量仪，如光学计、工具显微镜等。

③ 电动式量仪是将原始信号转换为电量形式信息的量仪，如电感比较仪、电容比较仪和干涉仪等。

④ 气动式量仪是以压缩空气为介质,通过气动系统流量或压力的变化来实现原始信号转换的量仪，如水柱式气动量仪、浮标式气动量仪等。

（4）计量装置。计量装置是确定被测几何量值所必需的计量器具和辅助设备的总体，它能够测量较多的几何量和较复杂的零件。

3. 量具的技术性能指标

量具的技术性能指标也称为计量器具的参数，它表征了计量器具的性能和功用，是选择和使用计量器具的依据。度量指标如下。

（1）量具的标称值。量具的标称值是指在量具上标注的量值。

（2）计量器具的示值。计量器具的示值是指由计量器具指示的被测量值。它的概念也适用于量具，这时示值等于量具的标称值。

（3）刻度。刻度是指在计量器具上指示不同量值的刻线标记的组合。

（4）刻度间距（刻线间距）。刻度间距是指标尺或刻度盘上两相邻刻线中心的距离。刻度间隔太小，会影响估读精度，刻度间距太大，会影响加工读数装置的轮廓尺寸，一般刻度间距为 1 ~

2.5mm。

（5）分度值。分度值（刻度值或读数值）是计量器具标尺上每一刻度间距所代表的被测量的数值。例如，游标卡尺的分度值分别是 0.02mm、0.05mm 和 0.10mm，千分尺的分度值是 0.01mm。通常，分度值越小，计量器具的精度越高。

（6）示值范围。示值范围是指由计量器具所显示或指示的最低值到最高值的范围。示值范围的最低值、最高值也称为起始值、终止值。例如，机械比较仪的示值范围为±0.015mm，如图 6.5 所示。

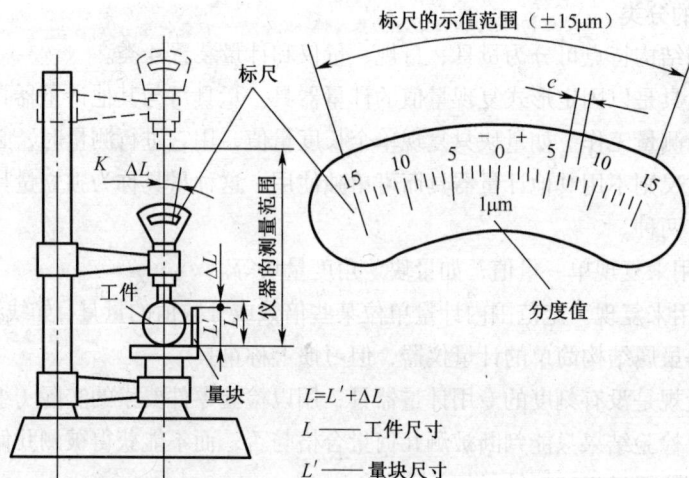

标尺的示值范围（±15μm）

$L=L'+\Delta L$

L —— 工件尺寸

L' —— 量块尺寸

图 6.5 计量器具的参数和特征

（7）测量范围。测量范围是计量器具所能测量的被测量的最小值到最大值的范围。测量范围的最高、最低值称为测量范围的上限值、下限值。测量范围也包括仪器的悬臂或尾座等调节范围。

例如，千分尺的测量范围有 0～25 mm、25～50mm 和 50～75mm 等多种。

（8）灵敏度（放大比）。灵敏度是计量器具对被测量变化的反映能力。对于一般长度计量器具，它等于刻度间距与分度值之比。例如，百分表的刻度间距为 1.5mm，分度值为 0.01mm，其放大比为 1.5/0.01=150。

（9）灵敏阈（灵敏限）。灵敏阈是引起计量器具示值可察觉变化的被测量的最小变化值，它反映了计量器具最小被测尺寸的灵敏性。越是精密的仪器，灵敏阈越小。

（10）测量力。测量力是在接触测量过程中，测头与被测物体表面之间的接触压力。测量力的大小应当，太大引起弹性变形，太小则影响接触的可靠性。因此，必须合理控制测量力的大小。

（11）示值误差。示值误差是计量器具的示值与被测量的真值之差。它主要由计量器具的原理误差、刻度误差和传动机构的制造与调整误差所产生。示值误差的大小可通过对计量器具的检定得到。

（12）示值稳定性。示值稳定性是在测量条件不做任何变动的情况下，对同一被测量进行多次重复测量时，其示值的最大变化范围。

（13）校正值（修正值）。校正值为消除示值误差，用代数法加到测量结果上的值，它与示值误差的绝对值相等，而符号相反。

6.2.2　测量方法及其分类

被测对象的结构特征和测量要求在很大程度上决定了测量方法。广义的测量方法是指测量时所采用的方法、计量器具和测量条件的综合。但在实际工作中，往往单纯从获得测量结果的方式来理解测量方法。按照不同的出发点、测量方法有各种不同的分类。

1. 按获得被测值的方法分类

（1）直接测量。凡是被测的量，可直接由量具或计量仪器的读数装置上读得的测量方法称为直接测量。例如，用游标卡尺测量轴的直径。直接测量按测量时是否与标准器比较可分为绝对测量和相对测量。

① 绝对测量。测量时，被测量的全值可以直接由计量器具的读数装置上获得。例如，用测长仪测量轴颈。

② 相对测量。测量时，先用标准器调整计量器具零位，然后再把被测件放进去测量，由计量仪器的读数装置上读出被测的量相对于标准器的偏差。例如，用量块调整比较仪测量轴的直径，被测量值等于计量仪器所示偏差值与标准量值的代数和。相对测量又称比较测量。一般而言，相对测量比绝对测量的精度要高一些。

（2）间接测量。测量与被测的量有一定函数关系的其他参数，然后通过函数关系算出被测量值的测量方法。例如，欲测两孔的孔心距 L，如图 6.6 所示，可先测出 L_1 和 L_2 然后算出孔心距：

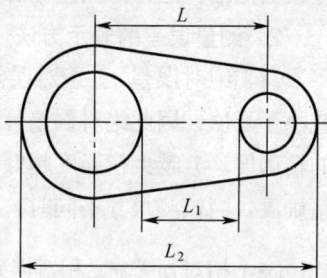

图 6.6　间接测量

$$L = \frac{L_1 + L_2}{2} \qquad (6.1)$$

2. 按被测表面与计量器具是否有机械接触分类

（1）接触测量。接触测量是指计量器具的测量头与工件被测表面以机械测量力接触。例如，用机械比较仪测量轴颈。

（2）非接触测量。非接触测量是指计量器具的测量头与工件被测表面不相接触，因而没有机械作用的测量力。例如，用光切显微镜测量表面粗糙度。

3. 按同时测量的参数多少分类

（1）综合测量。综合测量是指对被测工件几个有关互换性参数一次同时测量或测量其综合指标。例如，用螺纹通规检验螺纹的作用中径。

（2）单项测量。单项测量是指对被测工件每一个参数分别进行测量。例如，用工具显微镜分别测量螺纹的大径、中径、小径、螺距和牙型半角等。

4. 按测量技术在机械制造工艺过程中所起的作用分类

（1）被动测量。被动测量是被测工件在加工完以后进行的测量，其测量结果主要用于发现并剔除废品。

（2）主动测量。主动测量是被测工件在加工过程中所进行的测量，测量结果可直接用于控制加工过程，决定是否继续加工还是调整机床，因此，能及时防止废品的产生。

5. 按被测工件在测量过程中所处的状态分类

（1）静态测量。静态测量是指在测量过程中，工件的被测表面与计量器具的测量头处于相对静止状态，例如，用游标卡尺测量轴颈。

（2）动态测量。动态测量是指在测量过程中，工件的被测表面与计量器具的测量头处于相对运动状态，例如，用圆度仪测量圆度误差。

6.3 测量误差与数据处理

6.3.1 测量误差的基本概念及其表示方法

1. 测量误差的基本概念

由于计量器具与测量条件的限制或其他因素的影响，每一个测得值，往往只是在一定程度上近似于真值，这种近似程度在数值上则表现为测量误差。所以测量误差是指测量结果与被测量的真值之间的差异。可以说，任何测量过程总是不可避免地存在测量误差。所以，只有知道测量误差或其范围，这样的测量才有意义。

2. 测量误差的表示方法

（1）绝对误差 δ。绝对误差 δ 是测量结果 x 与其真值 x_o 之差，即 $\delta=x-x_o$。由于测量结果可大于或小于真值，因此绝对误差可能是正值或负值，即 $x_o=x\pm\delta$。这说明，测量误差的大小决定了测量的精确度。δ 越大精确度越低，反之则越高。绝对误差可用来评定大小相同的被测几何量的测量精确度。当被测尺寸不同时，要比较其精确度的高低，需采用相对误差。

（2）相对误差 f。相对误差 f 是测量的绝对误差 δ 与其真值 x_o 之比，即 $f=\dfrac{|\delta|}{x_o}$，由于被测量的真值是不可知的，实际中以被测几何量的量值 x 代替真值 x_o 进行估算，即

$$f=\frac{|\delta|}{x}\times100\% \tag{6.2}$$

相对误差是无量纲的数值，通常常用百分数表示。

【例 6.3】 测量一个长 100mm 尺寸的误差为 0.01mm；测量另一个长 1000mm 尺寸的误差也为 0.01mm。根据绝对误差表示不出它们精确度的差别，用相对误差表示时：

$$f_1=\frac{0.01}{100}\times100\%=0.01\%$$

$$f_2=\frac{0.01}{1000}\times100\%=0.001\%$$

显然，$f_1>f_2$ 表示后者的精确度比前者高。

3. 测量误差产生的原因

综上所述，绝对误差和相对误差都用来判断测量的精确度。由于存在测量误差，测得值不能真实地反映被测量的大小，这就有可能歪曲了客观存在。在实际生产中，就可能使合格品报废，也可能使废品判为合格品。因此，必须分析测量误差的产生原因，尽量减小测量误差，提高测量精度。测量误差产生的原因可归纳为下列几种。

（1）计量器具误差。计量器具误差是由计量器具本身在设计、制造、装配和使用调整中的不准确而引起的。这些误差综合表现为示值误差和示值变化性上。例如，机械比较仪为简化结构采用近似设计，测量杆的直线位移与指针杠杆的角位移不成正比，这时，若标尺的等分刻度代替其理论上的不等分刻度，就会产生原理性的示值误差。又如，传动系统元件制造不准确所引起的放大比误差；传动系统元件接触间隙引起读数不稳定误差以及磨损等因素都会产生测量误差。

（2）测量方法误差。测量方法误差是测量方法不完善所产生的误差，它包括计算公式不精确、测量方法不当和工件安装不合理等。例如，对同一个被测几何量分别用直接测量法和间接测量法会产生不同的方法误差。再如，先测出圆的直径 d，然后按公式：$S=\pi d$ 计算出周长，由于 π 取近似值，所以计算结果中带有方法误差。

（3）环境误差。环境误差是指测量时，环境不符合标准状态所引起的测量误差。影响环境的因素有温度、湿度、振动和灰尘等。其中温度引起的误差最大。因此规定：测量的标准温度为 20℃，高精度测量应在恒温条件下进行；当室温与标准温度差异为测量精度所许可，而且被测工件、量仪及调整标准器的温度达到平衡后才进行测量，这时由温度变化所引起的测量误差，可减少到最小程度或忽略不计。

（4）人员误差。人员误差是测量人员的主观因素引起的误差，它包括技术熟练程度、分辨能力、思想情绪、连续工作时间长短和工作责任心等。例如，计量器具调整不正确和量值估读错误等因素引起的测量误差。为了减少上述误差，减轻测量人员的疲劳，愈来愈多地采用数字显示及计算机打印等读数方法。

总之，造成测量误差的因素有很多，测量者应对一些可能产生测量误差的原因进行分析，设法消除或减少其对测量结果的影响，以提高测量的精确度。

6.3.2 测量误差的分类及其处理方法

根据测量误差出现的规律，可以将其分为系统误差、随机误差和粗大误差 3 种基本类型。

1. 系统误差及其处理方法

（1）系统误差。系统误差是指在相同条件下多次重复测量同一几何量时，误差的大小和符号均不变，或按一定规律变化的测量误差。前者称定值系统误差，后者称变值系统误差，例如，千分尺的零位不正确引起的误差是定值系统误差，分度盘偏心所引起的按正弦规律周期变化的误差是变值系统误差。一般利用正确度这一概念表示系统误差大小的程度。

（2）系统误差处理方法。定值系统误差可用对比检定法消除，变值系统误差可用对称法或半周期法消除。

2. 随机误差及其处理方法

（1）随机误差。随机误差是指在相同条件下多次重复测量同一几何量时，误差的大小和符号以不可预定的方式变化的测量误差。随机误差主要是由测量中一些偶然因素或不稳定因素引起的。测量结果中随机误差大小的程度可以用测量精密度表示。例如，计量器具传动机构的间隙、摩擦测量力的不稳定以及温度波动等引起的误差。

（2）随机误差处理方法。所谓随机是指它在单次（某一次）测量中误差出现是无规律可循的，但若进行多次重复测量时，则可发现随机误差符合正态分布规律，因此常用概率统计方法和通过改善测量方法估计误差范围，但不能将其消除或校正。

系统误差和随机误差是测量过程中的常见误差现象，通常用准确度来表示测量结果中系统误差和随机误差的综合，表示测量结果与真值的一致程度。

3. 粗大误差及其处理方法

（1）粗大误差。粗大误差是指超出在规定条件下预计的测量误差。粗大误差的产生是由于某些不正常的原因所造成的。例如，测量者的粗心大意、测量仪器和被测工件的突然振动、读数和记录错误等。由于粗大误差一般数值较大，它会明显歪曲测量结果，因此，是绝对不允许存在的。

（2）粗大误差处理方法。若发现有粗大误差，应按一定准则设法消除。

6.3.3 等精度直接测量的数据处理

等精度直接测量就是在同一条件下（即等精度条件），对某一量值进行 n 次重复测量而获得一系列的测量值。在这些测量值中，可能同时含有系统误差、随机误差和粗大误差。为了获得正确的测量结果，应对各类误差分别进行处理。

1. 数据处理的步骤

（1）判断系统误差。首先查找并判断测得值中是否含有系统误差，如果存在系统误差，则应采取措施加以消除。关于系统误差的发现和消除方法可参考有关资料。

（2）求算术平均值。消除系统误差后，可求出测量列的算术平均值，即

$$\overline{L} = \frac{1}{n}\sum_{i=1}^{n}L_i \tag{6.3}$$

（3）计算残余误差 V_i。测得值 L_i 与算术平均值 $\overline{L}$ 之差即为残余误差 V_i，简称残差。可用下式表示：

$$V_i = L_i - \overline{L} \tag{6.4}$$

（4）计算单次测量的标准偏差 σ。

$$\sigma = \sqrt{\frac{1}{n-1}\sum_{i=1}^{n}V_i^2} \tag{6.5}$$

（5）判断有无粗大误差。如果存在粗大误差，应将含有粗大误差的测得值从测量列中剔除，然后重新计算算术平均值。重复以上各步骤。

粗大误差通常用拉依达准则来判断。拉依达准则又称 3σ 准则，主要适用于服从正态分布的误差，重复测量次数又比较多的情况。其具体做法是用系列测量的一组数据，按式（6.5）算出标准偏差 σ，然后用 3σ 作为准则来检查所有的残余误差 V_i，若某一个 $|V_i| > 3\sigma$，则该残余误差判为粗大误差，应剔除。然后重新计算标准偏差 σ，再将新算出的残差进行判断，直到不再出现粗大误差为止。

（6）求算术平均值的标准偏差 $\sigma_{\overline{L}}$。根据误差理论，测量列算术平均值的标准偏差与单次测量值的标准偏差存在如下关系：

$$\sigma_{\overline{L}} = \frac{\sigma}{\sqrt{n}} \tag{6.6}$$

式中，

n——测量次数；

σ——单次测量的标准偏差。

由式（6.6）可知，在 n 次等精度测量中，算术平均值的标准偏差 $\sigma_{\overline{L}}$ 为单次测量的标准偏差的 $1/\sqrt{n}$ 倍。

算术平均值的标准偏差用残余误差表示为

$$\sigma_{\overline{L}} = \frac{\sigma}{\sqrt{n}} = \sqrt{\frac{1}{n(n-1)}\sum_{i=1}^{n}V_i^2} \tag{6.7}$$

（7）测量结果的表示方法。

单次测量：
$$L = l \pm 3\sigma = l \pm \delta_{\lim} \tag{6.8}$$

多次测量：
$$L = \overline{L} \pm 3\sigma\overline{L} = \overline{L} \pm \delta_{\lim\overline{L}} \qquad (6.9)$$

式中，

L——测量结果；

$\overline{L}$——测量列的算术平均值；

l——单次测量值；

$\delta_{\lim}$——单次测量极限误差；

$\delta_{\lim\overline{L}}$——算术平均值的测量极限误差。

2. 举例

【例 6.4】 对某一工件的同一部位进行 10 次重复测量，测得值 L_i 列于表 6.2 中，试求其测量结果。

表 6.2   数据处理计算表

序　号	L_i	$V_i = L_i - \overline{L}$	V_i^2
1	30.049	+0.001	0.000 001
2	30.047	−0.001	0.000 001
3	30.048	0	0
4	30.046	−0.002	0.000 004
5	30.050	+0.002	0.000 004
6	30.051	+0.003	0.000 009
7	30.043	−0.005	0.000 025
8	30.052	+0.004	0.000 016
9	30.045	−0.003	0.000 009
10	30.049	+0.001	0.000 001
	$\sum L_i = 300.48$ $\overline{L} = \dfrac{\sum L_i}{n} = 30.048$	$\sum\limits_{i=1}^{n} V_i = 0$	$\sum\limits_{i=1}^{n} V_i^2 = 0.00007$

解：

① 判断系统误差：假定经过判断，测量列中不存在定值系统误差。

② 求算术平均值：$\overline{L} = \dfrac{\sum L_i}{n} = 30.048\text{mm}$。

③ 计算残差：各残差的数值列于表 6.2 中，按残差观察法进一步判断，残差的符号大体上正、负相间。因此可判断该测量列中不存在变值系统误差。

④ 求标准偏差：$\sigma = \sqrt{\dfrac{\sum V_i^2}{n-1}} = \sqrt{\dfrac{0.000\ 07}{9}} = 0.002\ 8\text{mm}$。

⑤ 判断粗大误差：用拉依达准则 $3\sigma = 3 \times 0.002\ 8 = 0.008\ 4\text{mm}$，故不存在粗大误差。

⑥ 求算术平均值的标准偏差：$\sigma_{\overline{L}} = \dfrac{\sigma}{\sqrt{n}} = \dfrac{0.002\ 8}{\sqrt{10}} = 0.000\ 88\text{mm}$。

⑦ 测量结果为：$L = \overline{L} \pm 3\sigma_{\overline{L}} = 30.048 \pm 0.002\ 6\text{mm}$。

即该工件的测量结果为 30.048mm，其误差在 ±0.002 6mm 范围内的置信概率为 99.73%。

6.4 测量器具的选择及使用

6.4.1 工件尺寸的验收极限

为了防止误收（把废品作为合格品验收），保证产品质量，国家标准 GB 3177—2009《光滑工件尺寸的检验》规定：工件尺寸的验收极限是从最大实体尺寸与最小实体尺寸向工件公差带内移动一个安全裕度（A）来确定的，如图 6.7 所示。A 值按工件公差（T）的 1 / 10 确定，其数值在表 6.3 中给出。

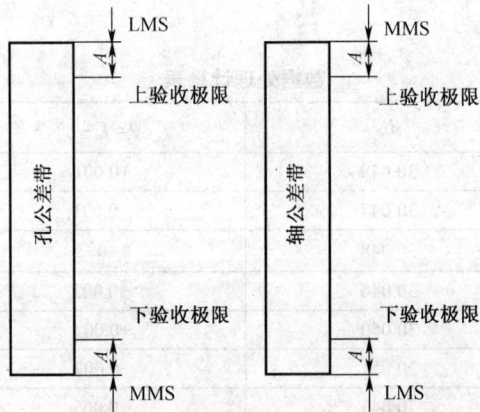

图 6.7 孔、轴尺寸公差带及验收极限

孔尺寸的验收极限：

$$上验收极限 = 最小实体尺寸（LMS）- 安全裕度（A）$$
$$下验收极限 = 最大实体尺寸（MMS）+ 安全裕度（A）$$

轴尺寸的验收极限：

$$上验收极限 = 最大实体尺寸（MMS）- 安全裕度（A）$$
$$下验收极限 = 最小实体尺寸（LMS）+ 安全裕度（A）$$

按上述验收极限来验收工件，会出现误废。但是，从统计规律来看，误废量与总产量相比毕竟是极少数。在生产中，对尺寸精度要求不高的工件，为了防止造成经济损失，允许按最大与最小极限尺寸验收。

安全裕度 A 按被测工件尺寸公差的大小确定，约占工件尺寸公差的 10%，如表 6.3 所示。

表 6.3　　　　　安全裕度 A 及测量器具不确定度允许值 u_1

工件公差		安全裕度	测量器具不确定度	工件公差		安全裕度	测量器具不确定度
大于	至	A	允许值 u_1	大于	至	A	允许值 u_1
0.009	0.018	0.001	0.0009	0.180	0.320	0.018	0.016
0.018	0.032	0.002	0.0018	0.320	0.580	0.032	0.029
0.032	0.058	0.003	0.0027	0.580	1.000	0.060	0.054
0.058	0.100	0.006	0.0054	1.000	1.800	0.100	0.090
0.100	0.180	0.010	0.009	1.800	3.200	0.180	0.160

6.4.2 测量器具的选择

1. 测量器具选择时应考虑的因素

要测量零件上某一尺寸，可以选择不同的测量器具。测量器具的选择主要决定于计量器具的参数、特性和经济指标。在综合考虑这些指标时，主要满足以下两点要求。

（1）选择测量器具时，应考虑与被测工件外形、相互位置和被测尺寸的大小相适应。所选择测量器具的测量范围应能满足这些要求。

（2）选择测量器具应考虑与被测工件的尺寸公差相适应。所选择的测量器具的极限误差既要保证测量准确度，又要符合经济性要求。

2. 测量器具的选择

在测量中，由于测量误差的存在而使被测量值不能肯定的程度，用不确定度（u）来表示。测得的实际（组成）要素分散范围越大，测量误差越大，即不确定度越大。

选择测量器具时，应根据工件公差的大小，按表 6.3 查得对应的安全裕度 A 和测量器具的不确定度允许值 u_1，再按表 6.4 和表 6.5 所列的普通测量器具的不确定度数值选择具体的测量器具，所选用的测量器具的不确定度 u_1'，应小于或等于表 6.3 规定的不确定度允许值 u_1。

表 6.4　　　　　　　　　　　　千分尺和游标卡尺的不确定度 u_1'

公称尺寸		计量器具类型			
		分度值 0.01mm 外径千分尺	分度值 0.01mm 内径千分尺	分度值 0.02mm 游标卡尺	分度值 0.05mm 游标卡尺
大于	至	不 确 定 度			
0	50	0.004			
50	100	0.005	0.008		
100	150	0.006			0.050
150	200	0.007		0.020	
200	250	0.008	0.013		
250	300	0.009			0.100
300	350	0.010			
350	400	0.011	0.020		
400	450	0.012			0.100
450	500	0.013	0.025		
500	600				
600	700		0.030		
700	1000				0.150

注：1. 当采用比较测量时，千分尺的不确定度可小于本表规定的数值。

2. 当所选用的计量器具达不到 GB 3177—2009 规定的 u_1 值时，在一定范围内，可以采用大于 u_1 的数值，此时，需按下式重新计算出相应的安全裕度（A''值）再由最大极限尺寸和最小极限尺寸分别向公差带内移动 A''值，定出验收极限（A''不超过工件公差的 15%）。

$$A''=\frac{1}{0.9}u_1。$$

【例 6.5】　被测工件为 $\phi30h8_{-0.033}^{\ 0}$，试确定其验收极限并选择适当的测量器具。

解：

① 根据工件的尺寸公差，查表 6.3 确定安全裕度 A 和测量器具的不确定度 u_1：T_h=0.033mm，A=0.003mm，u_1=0.0027mm。

② 选择测量器具按被测工件的基本尺寸 $\phi30$mm 和所要求的 u_1= 0.002 7mm，从表 6.5 中选取分度值为 0.002mm 的比较仪，其不确定度 u_1'=0.001 8mm。$u_1'<u_1$，满足使用要求。

表 6.5 比较仪的不确定度 u'_1

尺 寸 范 围		所使用的计量器具			
		分度值为 0.000 5mm（相当于放大倍数2 000 倍）的比较仪	分度值为 0.001mm（相当于放大倍数1 000 倍）的比较仪	分度值为 0.002mm（相当于放大倍数400 倍）的比较仪	分度值为 0.005mm（相当于放大倍数250 倍）的比较仪
大于	至	不 确 定 度			
	25	0.000 6	0.001 0	0.001 7	0.003 0
25	40	0.000 7			
40	65	0.000 8	0.001 1	0.001 8	
65	90	0.000 8			
90	115	0.000 9	0.001 2	0.001 9	
115	165	0.001 0	0.001 3		
165	215	0.001 2	0.001 4	0.002 0	0.003 5
215	265	0.001 4	0.001 6	0.002 1	
265	315	0.001 6	0.001 7	0.002 2	

注：测量时，使用的标准器由 4 块 1 级（或 4 等）量块组成。

③ 确定验收极限

上验收极限 $K = d_{max} - A = (30-0.003)\text{mm} = 29.997\text{mm}$

下验收极限 $K = d_{min} + A = (29.967+0.003)\text{mm} = 29.970\text{mm}$

$\phi 30\text{h8}$ 轴的尺寸公差带及验收极限如图 6.8 所示。

应该指出，目前我国有些工厂在测量工件时不论公差等级高低，都使用千分尺，这是不合理的。当车间不具备比较仪时，使用千分尺测量工件应采用相对法测量，以提高千分尺的使用精度，或者扩大安全裕度 A（但应注意，这会使误废率增加）。

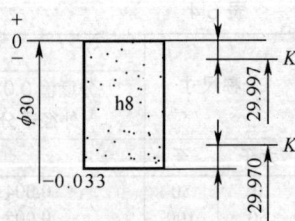

图 6.8 工件公差带及验收极限

6.4.3 游标量具的使用

利用游标和尺身相互配合进行测量和读数的量具称游标量具。其结构简单，使用方便，维护保养容易，在机械加工中应用广泛。游标卡尺和测微螺旋量具是两种很有代表性、应用较广泛的游标量具。

1. 游标卡尺

（1）游标卡尺的结构形式和用途。游标卡尺简称卡尺，最常见的 3 种卡尺如表 6.6 所示。

表 6.6 常用的游标卡尺

种 类	结 构 图	用 途	测量范围/mm	游标读数值
三用卡尺（Ⅰ型）		可测内、外尺寸，深度，孔距，环形壁厚，沟槽	0 ~ 125 0 ~ 150	0.02 0.05

续表

种 类	结 构 图	用 途	测量范围/mm	游标读数值
双面卡尺（Ⅱ）型	刀口外测量点 尺身 尺框 游标 紧固螺钉 内外测量爪 微动装置 b	可测内、外尺寸，孔距，环形壁厚，沟槽	0~200 0~300	0.02 0.05
单面卡尺（Ⅳ型）	尺身 尺框 游标 螺固螺钉 内外测量爪 微动装置 b	可测内、外尺寸，孔距	0~200 0~300 0~500 1~1 000	0.02 0.05 0.02 0.05 0.1 0.05 0.1

（2）游标卡尺的刻线原理。游标卡尺的读数部分由尺身和游标组成。其原理是利用尺身刻度间距与游标刻度间距之差来进行小数读数。通常尺身刻度间距 a 为 1mm，尺身（$n-1$）格的长度等于游标 n 格的长度，如图 6.9 所示，则相应的游标刻度间距 $b=(n-1)\times a/n$，常用的有 $n=10$、$n=20$ 和 $n=30$ 三种，故 b 分别为 0.90mm、0.95mm 和 0.98mm。而尺身刻度间距与游标刻度间距之差即游标读数值 $i=a-b$，此时 i 分别为 0.10mm、0.05mm 和 0.02mm。

若尺身（$\gamma n-1$）格的长度等于游标 n 格的长度时，$b=(\gamma n-1)a/n$，式中 γ 称游标系数，一般取 $\gamma=1$ 或 $\gamma=2$。

（3）游标卡尺的读数方法。

① 先读整数部分游标零刻线是读数基准。游标零刻线所指示的尺身上左边刻线的数值，即为读数的整数部分，如图 6.9 所示。

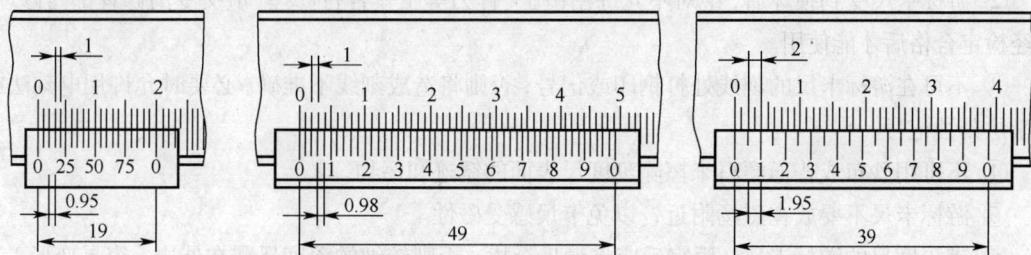

图 6.9　游标读数原理

② 再读小数部分判断游标零刻线右边是哪一条刻线与尺身刻线重合,将该线的序号乘游标读数值之后所得的积，即为读数的小数部分。

③ 求和将读数的整数部分和小数部分相加，即为所求的读数。各种游标卡尺的读数示例如表6.7所示。

表 6.7 游标读数示例

游标读数值	图　例	读　数　值
0.10	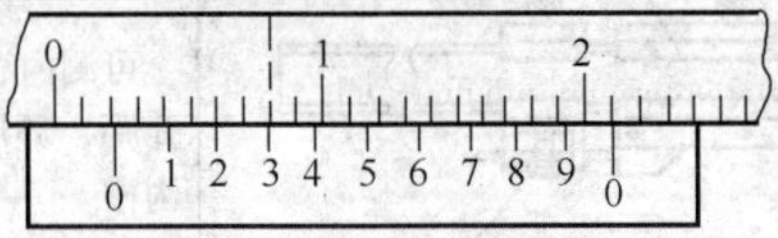	2.30
0.05	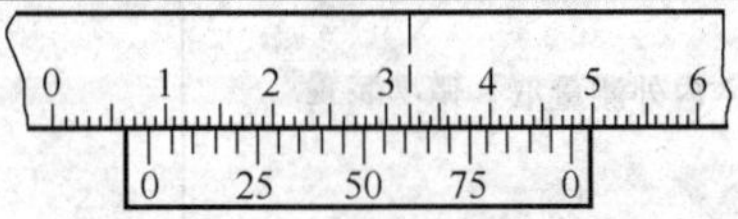	8.60
0.02	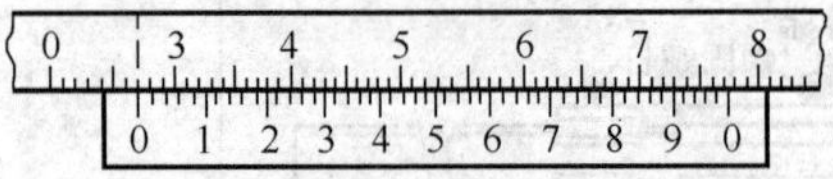	27.00
0.02		0.02

（4）游标卡尺的使用注意事项。

① 使用前先把量爪和被测工件表面擦净，以免影响测量精度。

② 检查各部件的相互作用，如尺框和微动装置移动是否灵活，紧固螺钉能否起作用。

③ 校对零位。使卡尺两量爪合拢后，游标的零刻线与尺身零刻线是否对齐。如果没有对齐，一般应送计量部门检修，若仍要使用，需加校正值。

④ 测量时要掌握好量爪与被测表面的接触压力，既不能太大，也不能太小。

⑤ 测量时要使量爪与被测表面处于正确位置。

⑥ 读数时，卡尺应朝着光亮的方向，使视线尽可能垂直尺面。

⑦ 应定期进行检查。

（5）游标卡尺的维护保养。

① 禁止把游标卡尺的两个量爪当作扳手或划线工具使用，也不准用卡尺代替卡钳、卡板等在被测工件上推拉，以免卡尺磨损，影响测量精度。

② 游标卡尺受到损坏后，绝对不允许用锤子、锉刀等工具自行修理，应交专门修理部门修理，并经检定合格后才能使用。

③ 不可在游标卡尺的刻线处打钢印或记号，否则将造成刻线不准确。必要时允许用电刻法或化学法刻蚀记号。

④ 不可用砂布或普通磨料来擦除刻度尺表面的锈迹和污物。

⑤ 游标卡尺不要放在磁场附近，以免卡尺感受磁性。

⑥ 带深度尺的游标卡尺，用完后应将量爪合拢，否则较细的深度尺露在外边，容易变形，甚至折断。

⑦ 游标卡尺用完后应平放，避免造成变形，也不要将游标卡尺与其他工具一起堆放。使用完毕后，擦净并涂油，放置在专用盒内，防止弄脏或生锈。

（6）其他游标量具。

表 6.8 所示为深度游标卡尺、高度游标卡尺和齿厚游标卡尺，其刻线原理基本同游标卡尺。为了减小测量误差，提高测量的准确度，有的卡尺还装有百分表和数显装置，成为带表卡尺和数显卡尺，如图 6.10 和图 6.11 所示。

表 6.8   其他游标量具

名　称	结　构　图	简　要　说　明
深度游标卡尺		用于测量孔、槽的深度，台阶的高度 　使用时，将尺架贴紧工件的平面，再把尺身插到底部，即可从游标上读出测量尺寸
高度游标卡尺		用于测量工件的高度和进行划线的；更换不同的卡脚，可适应其需要 　使用时，必须注意：在测量顶面到底面的距离时，应加上卡脚的厚度尺寸 A
齿厚游标卡尺		用于测量直齿、斜齿圆柱齿轮的固定弦齿厚。它由两把互相垂直的游标卡尺所组成 　使用时，先使垂直尺调到 h_x 处的高度，然后使端面靠在齿顶上，移动水平卡尺游标，使卡脚轻轻与齿侧表面接触，这时水平尺上的读数，就是固定弦齿厚 s

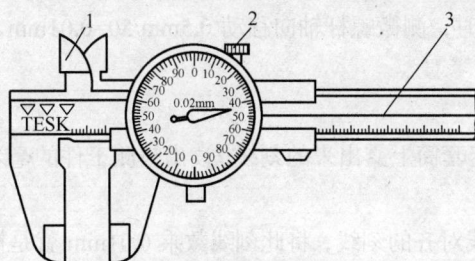

图 6.10 带表卡尺

1—量爪；2—百分表；3—毫米标尺

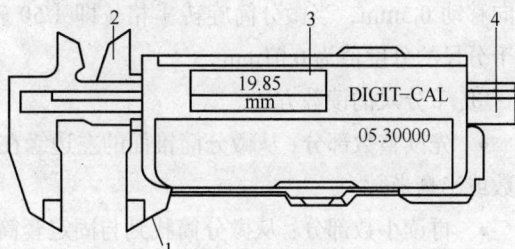

图 6.11 数显卡尺

1—下量爪；2—上量爪；3—游框显示机构；4—尺身

2．测微螺旋量具

测微螺旋量具是利用螺旋副的运动原理来进行测量和读数的一种装置，它比游标量具测量精度高，使用方便，主要用于测量中等精度的零件。

（1）外径千分尺（千分尺）。

① 千分尺的结构。千分尺的结构如图 6.12 所示，它由尺架、测微装置、测力装置和锁紧装置等组成。

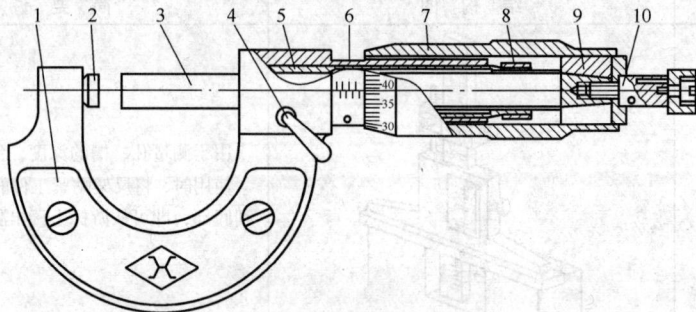

图 6.12　千分尺

1—尺架；2—测砧；3—测微螺杆；4—锁紧装置；5—螺纹轴套；

6—固定套筒；7—微分筒；8—螺母；9—接头；10—测力装置

尺架的两侧面上覆盖着绝热板，以防止使用时手的温度影响千分尺的测量精度。测微装置由固定套筒用螺钉固定在螺纹轴套上，并与尺架紧配结合成一体。测微螺杆的一端为测量杆，它的中部外螺纹与螺纹轴套上的内螺纹精密配合，并可通过螺母调节其配合间隙；另一端的外圆锥与接头的内圆锥相配，并通过顶端的内螺纹与测力装置连接。当螺纹旋紧时，测力装置通过垫片紧压接头，而接头上开有轴向槽，能沿着测微螺杆上的外圆锥胀大，使微分筒与测微螺杆和测力装置结合在一起。当旋转测力装置时，就带动测微螺杆和微分筒一起旋转，并沿着精密螺纹的轴线方向运动，使两个测量面之间的距离发生变化。测力装置可控制测量力。锁紧装置用于固定测得的尺寸或需要的尺寸。

千分尺测微螺杆的移动量一般为 25mm，少数大型千分尺也有制成 50mm 的。

② 千分尺的读数原理。在千分尺的固定套筒上刻有轴向中线，作为微分筒读数的基准线。在中线的两侧，刻有两排刻线，每排刻线间距为 1mm，上下两排相互错开 0.5mm。测微螺杆的螺距为 0.5mm，微分筒的外圆周上刻有 50 等分的刻度。当微分筒旋转 1 周（即 50 格）时，测微螺杆轴向移动 0.5mm，当微分筒旋转 1 格（即 1/50 转）时，测微螺杆轴向移动 0.5mm/50=0.01mm。故千分尺的分度值为 0.01mm。

③ 千分尺的读数方法。

• 先读整数部分：从微分筒锥面的左边缘在固定套筒上露出来的刻线，读出被测工件的毫米整数或半毫米数。

• 再读小数部分：从微分筒找到与固定套筒中线对齐的刻线，将此刻线数乘 0.01mm 就是被测量的小数部分（小于 0.5mm）。

• 求和：将整数部分和小数部分相加，即为被测工件的尺寸。千分尺的读数示例如图 6.13 所示。

④ 千分尺的测量范围和精度。由于精密测微螺杆在制造上有一定困难，所以一般移动量为 25mm。

常用千分尺的测量范围有 0～25、25mm～50 和 50mm～75mm 等多种，最大可达 3 000mm。

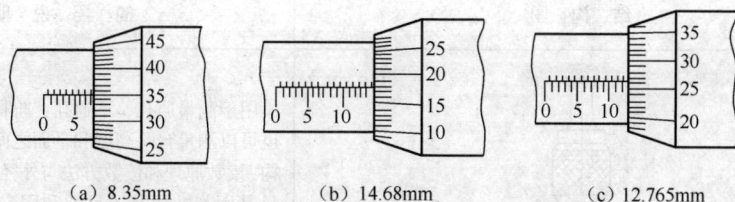

(a) 8.35mm　　　　　　(b) 14.68mm　　　　　　(c) 12.765mm

图 6.13　千分尺读数示例

千分尺的制造精度主要由它的示值误差（主要取决于螺纹精度和刻线精度）和测量面的平行度误差决定。按制造精度的不同，千分尺分 0 级和 1 级两种，0 级精度较高。

⑤ 千分尺的使用注意事项。

- 测量不同精度等级的工件，应选用不同精度的千分尺。

- 测量前应校对零位。对于测量范围为 0～25mm 的千分尺，校对零位时使两测量面接触，看微分筒上的零刻线是否与固定套筒的中线对齐；对于测量范围为 25mm～50mm 的千分尺，应在两测量面之间正确安放校对棒来校对零位。

- 测量时先用手转动微分筒，待测量面与被测表面接触时，再转动测力装置，使测微螺杆的测量面接触工件表面，听到 2～3 声"咔、咔"响声再读数，使用测力装置时应平稳地转动，用力不可过猛，以防测力急剧加大。

- 千分尺测量轴的中心线应与被测长度方向一致，不要歪斜。

- 不能将千分尺当卡规使用，以防止划坏千分尺的测量面。

- 读数时，当心错读 0.5mm 的小数。

⑥ 千分尺的维护保养。

- 使用千分尺时不可测量粗糙工件表面，也不能测量正在旋转的工件。

- 千分尺要轻拿轻放，不得摔碰。如受到撞击，要立即进行检查，必要时应送计量部门检修。

- 不允许用砂布和金刚石擦拭测微螺杆上的污垢。

- 不能在千分尺的微分筒和固定套筒之间加酒精、煤油、柴油、凡士林和普通机油等，也不允许将千分尺浸泡在上述油类及酒精中。如发现有上述物质浸入，要用汽油清洗，再涂上特种轻质润滑油。

- 千分尺要保持清洁。测量完后，用软布或棉纱等擦干净，放入盒中。长期不用的应涂防锈油。此时要注意勿使两测量面贴合在一起，以免锈蚀。

（2）其他测微螺旋量具。其他测微螺旋量具如表 6.9 所示。

表 6.9　　　　　　　　　　　其他测微螺旋量具

名称	结 构 图	简 要 说 明
内径千分尺		用于测量 50mm 以上的内径、槽宽和两个内表面之间的距离。读数方法与外径千分尺相同，但其刻线方向与外径千分尺的刻线方向相反。分度值为 0.01mm 为了扩大其测量范围，内径千分尺附有成套接长杆。连接时去掉保护螺母，把接长杆右端与内径千分尺左端旋合，可以连接几个接长杆，直到满足需要为止

名称	结 构 图	简 要 说 明
深度千分尺	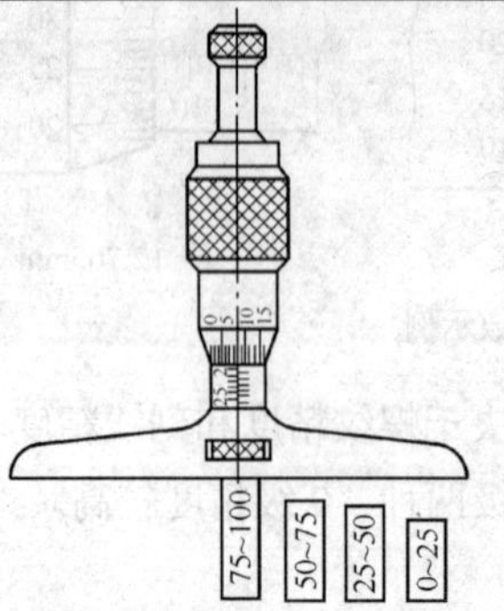	用于测量通孔、不通孔、阶梯孔和槽的深度，也可以测量台阶高度和平面之间的距离等。其结构、读数原理和读数方法与外径千分尺基本相同，只是用基准代替了尺架和固定测砧。分度值为 0.01mm。带有固定式测杆的深度千分尺，其测量范围为 0～25mm、25～50mm、50～75mm 和 75～100mm 4 种尺寸；带有可换式测杆的深度千分尺，其测量范围为 0～100mm 和 0～150mm 两种
螺纹千分尺	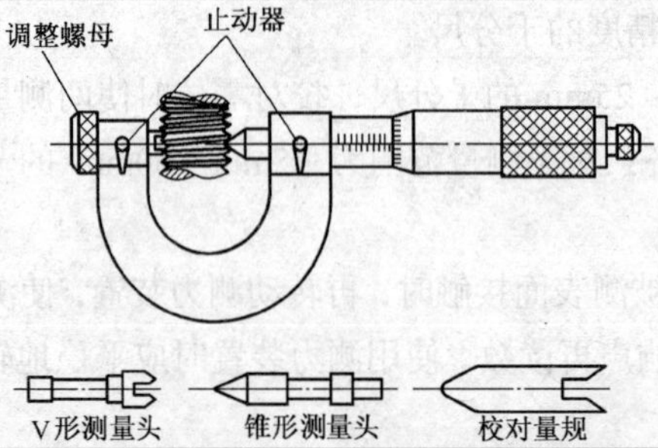	主要用于测量螺纹的中径。其结构与外径千分尺相似，不同之处在于，测砧是可调节的。测量时，应根据被测螺纹的螺距，选用相应测量头，使 V 形测量头与螺纹牙型的凸起部分相吻合，锥形测量头与螺纹牙型沟槽部分相吻合，从固定套筒和微分筒上读出螺纹中径尺寸。分度值为 0.01mm，测量范围为 0～25mm、25～50mm、50～75mm、75～100mm、100～125mm 和 125～150mm
公法线千分尺	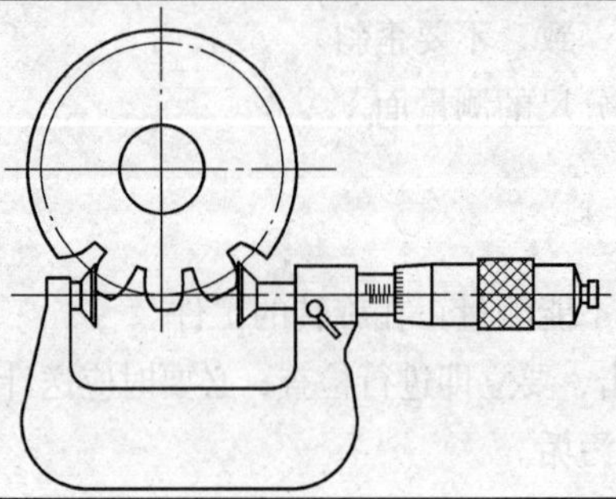	用于测量外啮合圆柱齿轮的公法线长度。其结构与外径千分尺基本相同，不同点只是两个测砧的测量面做成两个相互平行的圆平面。测量前先用计算或查表的方法得到跨测齿数，再把公法线千分尺调到比被测尺寸略大，然后把测量头插到齿轮齿槽中进行测量，即可测出公法线的实际长度。测量范围同千分尺
杠杆千分尺	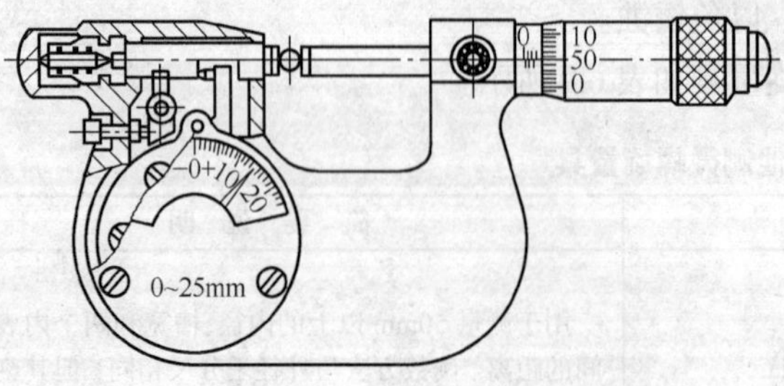	杠杆千分尺的用途与外径千分尺相同。其结构与外径千分尺相似，由测微螺旋部分和杠杆齿轮部分组成，前者分度值为 0.01mm，后者为 0.001mm 或 0.002mm，示值范围为±0.02mm，测量范围同螺纹千分尺，测量精度比外径千分尺高，如用量块作相对测量，精度将更高 　　绝对测量时，需将工件置于测砧和测微螺杆之间，旋转微分筒，当测量面与被测工件接触时，表盘上的指针开始转动，继续缓慢转动微分筒，使微分筒上最近的一条刻线与固定套筒上的中线对齐。此时，则千分尺的读数±表盘指针读数即为被测工件尺寸 　　相对测量时，将标准件或量块放入两测量面之间，转动微分筒使表盘上的指针指到零位，锁紧测微螺杆，然后压下按钮取出标准件，放上工件，表盘指针的指示值为工件尺寸与标准尺寸的偏差，工件的实际尺寸等于标准尺寸与表盘读数的代数和。相对测量效率高，适用于批量较大、精度较高的中小零件的测量

6.5 先进测量仪器简介

测量技术的发展与机械加工精度的提高有着密切的关系。例如，有了比较仪，使加工精度相应达到了 1μm；由于光栅、磁栅、感应同步器用作传感器和激光干涉仪的出现，使加工精度又达到了 0.01μm 的水平。随着机械工业的发展，数字显示、微型计算机又进入了测量技术的领域。数显技术的应用，减少了人为的影响因素，提高了读数精度与可靠性；计算机主要用于测量数据的处理，进一步提高了测量的效率。计算机和量仪的联用，还可用于控制测量操作程序，实现自动测量或通过计算机对程控机床发出对零件的加工指令，将测量结果用于控制加工工艺，从而使测量、加工统一组成工艺系统的整体。

本节将对几种较为先进的测量仪器简要介绍。

1. 网络化是测量技术新趋势

总线式仪器、虚拟仪器等微机化仪器技术的应用，使组建集中和分布式测控系统变得更为容易。UNIX、Windows NT、Windows 2000 和 Netware 等网络化计算机操作系统，为组建网络化测试系统带来了方便。

在网络化仪器环境条件下，被测对象可通过测试现场的普通仪器设备，将测得数据（信息）通过网络传输给异地的精密测量设备或高档次的微机化仪器去分析、处理；能实现测量信息的共享；可掌握网络节点处信息的实时变化的趋势；此外，也可通过具有网络传输功能的仪器将数据传至原端即现场。从进一步拓展仪器设备定义的角度出发，并根据网络化测量技术的特点，我们试将服务于人们从任何地点、在任意时间都能够获取到测量信息（或数据）的所有硬、软件条件的有机集合称为"网络化仪器"。

网络化仪器的概念并非建立在虚幻之上，而是已经在现实广泛的测量与测控领域初见端倪。以下是现有网络化仪器的几个典型例子：网络化流量计、网络化传感器、网络化示波器和网络化逻辑分析仪、网络化电能表。

使用网络化仪器，人们从任何地点、在任意时间获取到测量信息（或数据）的愿望将成为现实。与传统的仪器、测量和测试相比，这的确是一个质的飞跃。

2. XZ–200G 形状测量仪

该仪器是在 T2450 滚子凸度测量仪（曾荣获机械工业部科技进步三等奖）的基础上，不断改进而逐步完善的，用于测量各种机械零件表面微观几何结构和宏观几何形状多参数的精密仪器，可广泛应用于机械制造各行业，如轴承、汽车、摩托车、工模具制造业和光学元件制造业，适用于科研院所、大专院校实验室和企业计量部门。

该仪器的特点是具有多种规格、不同精度的导轨、回转台、调整工作台、工卡具和传感器等附件，用户可根据需要自由选择，进行多种组合，调整使用极为方便，功能齐全；测量参数多，能满足绝大多数表面几何形状分析；可测量粗糙度、圆度、同轴度、圆柱度、直线度、平行度、垂直度、角度和线轮廓度等参数，可进行斜率分析、谐波分析等；在轴承行业中，可测量各种滚子、套圈的素线形状，沟道曲率半径，保持器兜孔形状和等分差等；采用微机控制，可手动或自动循环测量。

3. MZK 系列主动测量仪

MZK 系列主动测量仪是与自动磨床配套，通过对磨削过程中工件的在线测量，来控制机床以保证加工质量的精密仪器。

MZK系列主动测量仪由测量表机和磨床控制器两大部分组成，采用计算机控制，对被加工零件的尺寸适时在线测量，并按照预置的加工工艺参数，在不同的磨削阶段发出快进、粗磨、精磨、光磨、到尺寸、后退的信号，高效准确地控制整个磨削过程。从而实现磨削过程的自动化，提高磨削加工的效率和工件的尺寸精度、形状精度，减少了人为误差，保证了加工质量。

该仪器的特点是采用高灵敏度、高刚性测量规，触发精度高；零件加工精密，并采用独特的弹性支承，运动灵活、测值稳定；表机结构合理、种类齐全，外沟主动测量仪测规张角大，并具有二次伸张装置，可保护测头，安全可靠；电器低漂移、抗电磁干扰能力强、抗电源波动能力强；功能齐全，具有测量数据显示、磨削过程指示、手动调零、磨削参数设置以及外部输入输出接口；智能化程度高，具有超量程自动转换、自动零位调整、依照外部输入信号自动校对调整，以及故障自我检测功能等。

4. DPH–B 动平衡测量仪

DPH-B动平衡测量仪可在旋转的情况下测试各类旋转体，如卡盘、砂轮、主轴和电机等不平衡量。

在磨加工行业中，由于砂轮质量不均匀，其重心与旋转中心不重合，砂轮旋转时就会产生机械振动，造成被加工件多棱形，导致产品质量下降，同时，也会影响主轴的精度及寿命。用该仪器可消除不平衡量带来的影响，是提高生产工艺，保证加工精度，增加主轴寿命的必要手段，在机械行业有着广泛的用途。

该仪器的特点是动态范围宽，灵敏度高，采用数字跟踪滤波技术，抗干扰能力强；电路全集成化，可靠性高；整机结构新颖，设计巧妙，用环形分布的16个发光二极管显示相位，用LED数码管给出不平衡振动的幅值，显示直观、读数方便，仪器带有相位锁定，便于被测体件停转后调整平衡块；采用霍尔元件提取基准信号，简便可靠。

5. CU 系列激光粗糙度测量仪

CU系列激光粗糙度测量仪是于20世纪80年代研制成功，又经过十几年不断开发完善形成系列化，且在轴承行业得到广泛应用的新型粗糙度测量仪，曾分别获得国家科技进步三等奖和机械工业部科技进步二等奖。

该系列仪器采用当今最为新颖的测量原理——激光散斑理论，即反射光斑核/带之比与工件表面粗糙度密切相关，其相关曲线是经过理论计算分析及大量的实验对比而取得的，与其他测量方法相比，具有较为明显的优点。

该仪器的特点是因为是非接触测量，所以不会像触针式仪器将工件表面划伤或在高级别粗糙度测量时，由于测尖无法进入谷底而带来测量误差，因此特别适用于对超精加工后工件表面粗糙度的测量；由于激光的相干性好，使测量系统结构简便，视觉良好，免去了一般光源干涉测量仪器视场过小带来的诸多不便；仪器结构设计合理，数学模型建立完善，大大减少了因光源变化、工件表面反射系数不同及外部干扰可能带来的误差，示值稳定可靠，测量精度高；电路设计先进，自动采集数据、自动分析计算、数字直接显示Ra、Rz及钢球等级值，测量效率高，人为误差小；仪器调整简单，操作方便，对工作环境要求不高，特别适用于车间工序间或检查站作为企业内部工序间质量控制的重要手段。

习题

一、判断题（正确的打√，错误的打×）

1. 量规只能用来判断零件是否合格，不能得出具体尺寸。 （ ）

2. 计量器具的示值范围即测量范围。 （ ）

3. 通常所说的测量误差，一般是指相对误差。 （ ）

4. 精密度高，准确度就一定高。 （ ）

5. 选择计量器具时，应保证其不确定度不大于其允许值 u_1。 （ ）

二、多项选择题

1. 由于测量器具零位不准而出现的误差属于_____。

A. 随机误差　　　　　B. 系统误差　　　　　C. 粗大误差

2. 由于测量误差的存在而对被测几何量不能肯定的程度称为_____。

A. 灵敏度　　　　B. 精确度　　　　C. 不确定度　　　　D. 精密度

3. 下列因素中引起系统误差的有_____。

A. 测量人员的视差　　　　　　　B. 光学比较仪的示值误差

C. 测量过程中温度的波动　　　　D. 千分尺测微螺杆的螺距误差

三、填空题

1. 所谓测量，就是把被测量与_____进行比较，从而确定被测量的_____的过程。

2. 一个完整的测量过程应包括_____、_____、_____、和_____4 个要素。

3. 测量误差有_____和_____两种表示方法。

4. 随机误差具有的基本特性有：_____、_____、_____、_____。

5. 对遵守包容要求的尺寸、公差等级尺寸，其验收方式要选_____。

四、综合题

1. 测量和检验有何不同特点?

2. 什么是测量精密度、正确度和准确度?

3. 某仪器已知其标准偏差为σ=0.02mm，用以对某零件进行 4 次等精度测量，测量值为 67.020mm、67.019mm、67.018mm 和 67.015mm，试求测量结果。

4. 某计量器具在示值为 40mm 处的示值误差为±0.004mm。若用该计量器具测量工件时，读数正好为 40mm，试确定工件的实际尺寸是多少。

项 目 篇

项目一
内径百分表测量孔径

任务一　内径百分表的原理及测量方法

1．实验目的
（1）掌握用内径百分表测量孔径的方法。
（2）加深对内尺寸测量特点的认识。

2．仪器介绍
内径百分表是生产中测量孔径常用的测量仪，它是由指示表和装有杠杆系统的测量装置所组成，如图 7.1 所示。

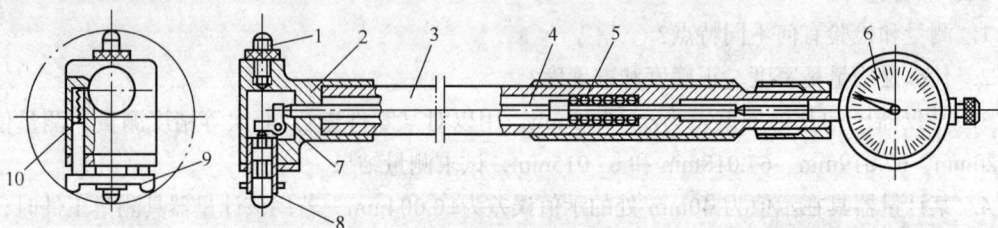

图 7.1　内径百分表

1—可换测量头；2—测量套；3—测杆；4—传动杆；5、10—弹簧；6—指示表；

7—杠杆；8—活动测量头；9—定位装置

活动测量头的移动可通过杠杆系统传给指示表。内径指示表的两测头放入被测孔径内，位于被测孔径的直径方向上，这可由定位装置来保证。定位装置借助弹簧力始终与被测孔径接触，其接触点的连线和直径是垂直的。

内径百分表测孔径属于相对测量，根据不同的孔径可选用不同的可换测量头，故其测量范围可达 6~1 000mm。内径百分表的分度值为 0.01mm。

3．实验步骤
（1）按被测孔的公称尺寸选取量块，并放入量块夹内夹紧（作为基准）。

（2）将内径百分表测头放入量块夹内，摆动百分表，此时百分表示值将由大变小，再由小变大，记住示值的最小值作为基准值，并反复核对几次。

（3）再将百分表测头插入被测孔内，在零件 a、b 两截面处测量且每一截面垂直方向测量两次。

（4）将每次测量结果与基准值比较，计算出极限偏差值（此值有正负之分）并根据极限偏差值计算出被测孔的尺寸。

（5）填写实验报告并根据孔公差要求，判断被测孔是否合格。

实验报告　用内径百分表测量孔径

测量仪的分度值		测 量 范 围	
被测孔的公称尺寸和公差			
公差带图			
测 量 数 据			
截面	方　位	极限偏差值/mm	实际（组成）要素/mm
a—a	I—I		
	II—II		
b—b	I—I		
	II—II		
结论		指 导 教 师	

任务二 孔、轴的尺寸公差及配合

孔与轴类件的精度设计是机械产品设计中的一个重要环节，是确保产品质量、性能和互换性的一项很重要的工作。其精度设计包括合理选择公差等级与配合、几何公差项目及等级、表面粗糙度参数值等，以达到设计所要求的精度和实现互换性生产。选择是否得当，对机械的使用性能和制造成本都有很大影响，有时甚至起决定作用。本项目主要以孔、轴类件为代表来叙述精度设计方面的基础知识。

在机械产品当中，对应用非常广泛，数量多、尺寸形状各异的孔、轴配合件的使用要求，可归纳为以下 3 个方面。

1. 可动性

要求工作时孔、轴配合件之间在一定转速下保持正常的相对转动和沿固定轨迹及方向移动，如轴颈在滑动轴承中正常地高速转动；导轨与滑块之间的相对移动。为实现较高的定心精度和较准确的运动，应使配合的间隙越小越好，但为了保证工作灵活性，孔与轴之间必须留有足够的间隙。

2. 固定性

要求工作时孔、轴配合件之间在外力作用下不得相对转动或移动，如齿轮轴的齿轮和轴、蜗轮的轮缘和轮毂，它们可以分别加工，装配之后形成一体，一般不再拆卸。由于要求工作时能传递一定的转矩和承受一定的轴向力而不致打滑，因此孔、轴配合件之间必须具有足够的过盈。

3. 可拆性

要求装配和工作时孔、轴配合件之间有对心性和较高的同轴度，修理时易于拆装，并且工作时（附加固定件）保证不得相对运动，如一般减速器中齿轮孔与轴的结合，销孔与定位销的结合。这样，孔与轴之间必须具有很小的间隙或过盈。

为了满足上述不同的使用要求及实现互换性，必须正确地进行精度设计。

孔、轴尺寸公差与配合的选用主要解决以下 3 个方面的问题。

1. 基准制的选用

基孔制和基轴制是公差与配合标准规定的两种基准制。如仅为了满足所需的配合性质，则任选其中之一即可。但是选哪种基准制较为合理，还需根据工艺、结构、装配以及经济性等因素来确定。

（1）基孔制的选用。一般情况下应优先选用基孔制。

为了说明问题，以加工 7 级精度的孔和 6 级精度的轴为例，从工艺上来分析优先选用基孔制的理由。选用基孔制，由于孔公差带位置一定，轴公差带位置不同，所以孔的极限尺寸类型少，轴的极限尺寸类型多。孔的尺寸类型少，昂贵的定尺寸孔用刀具（特别是拉刀）和塞规可以减少，例如，$\phi 30H7/f6$、$\phi 30H7/m6$ 和 $\phi 30H7/t6$，只需用一种 $\phi 30H7$ 的定尺寸刀具和定尺寸塞规即可。轴的尺寸类型多，但不会引起刀具费用的相应增加，因为车刀、砂轮对不同尺寸的轴是同样适用的。

若选用基轴制，由于轴公差带位置一定，孔公差带位置不同，则孔的尺寸类型多，需要多种规格不同的制造工具。例如，$\phi 30F7/h6$、$\phi 30M7/h6$ 和 $\phi 30T7/h6$，其虽与上述基孔制的技术效果相同，但需要 $\phi 30F7$、$\phi 30M7$ 和 $\phi 30T7$ 等多种定值刀具、塞规和心轴，从而使工具费用及成本提高。

由此可见，从节省制造费用的经济效果看，选用基孔制远比基轴制有利。

（2）基轴制的选用。下述情况下必须选用基轴制。

① 使用不再加工的冷拔棒料做轴时。冷拔棒料即冷拉圆型材，其尺寸精度可达 IT7～IT9，表面粗糙度可达 $Ra3.2～0.8\mu m$，这对农业机械、纺织机械及仪器和仪表行业中的某些光滑轴来说，已能满足使用性能要求，不必再对轴进行任何加工，截取所需的长度就可做轴，只要按照使用要求选择不同的孔公差带来加工孔，就能得到不同性质的配合。这种情况下采用基轴制配合，在技术上与经济上都是合理的。

② 同一轴上有多种不同性质的配合要求时。例如，发动机的活塞连杆组件，如图 7.2（a）所示，装配后要求活塞销与连杆小头衬套孔之间能相对运动，因此采用间隙配合。而活塞销与活塞上的销座孔之间，要求相对静止但又不宜太紧，为此采用过渡配合。这种情况下采用何种基准制较妥，就要从加工、装配等方面综合考虑。

如果采用基孔制配合，如图 7.2（b）所示，活塞销应制成两头粗中间细的阶梯形，才能保证配合性质。这不仅给活塞销的加工造成困难，也会给装配带来困难；并且当活塞销大头端通过连杆的衬套孔时，衬套内表面往往会被挤坏或拉伤。

若改用基轴制配合，如图 7.2（c）所示，活塞销为容易制造的光滑轴，这样便于制造（无心磨床加工），装配也比较方便，确保了配合性质和使用要求。

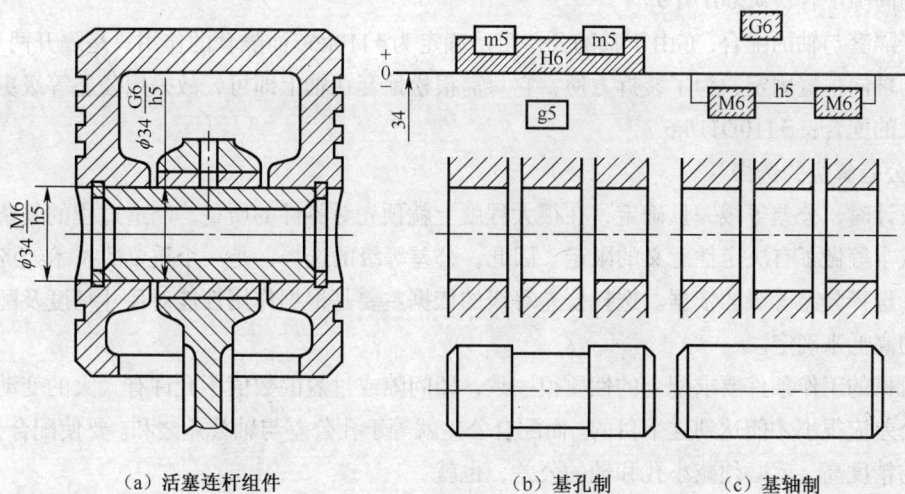

（a）活塞连杆组件　　　　　　（b）基孔制　　　（c）基轴制

图 7.2　基准制选择示例一

一般来说，对于同一基本尺寸的轴上装有几个不同配合性质的零件时，即"一轴多孔配合"，采用基轴制较为有利。

③ 以标准件为基准件确定基准制。标准件即标准零件或部件，如平键、滚动轴承等，一般由专业工厂制造供各行业使用。因此与标准件相配合的孔或轴，基准制不可自由选择，应以标准件为基准件，来确定基准制。例如，如图 7.3（a）所示为同滚动轴承内圈配合的轴，一定要以内圈孔为基准件，按基孔制加工配合轴（$\phi110k6$）；而与外圈配合的机座孔，必须以外圈为基准件，按基轴制加工配合孔（$\phi200J7$）。即滚动轴承内圈与轴的配合采用基孔制；外圈与机座孔的配合采用基轴制。如图 7.3（b）所示为配合公差带图。

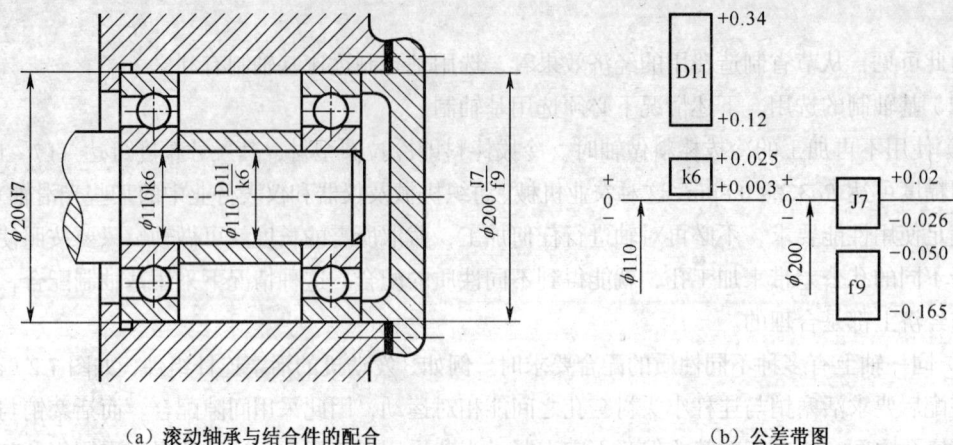

（a）滚动轴承与结合件的配合　　　　　　　　　　（b）公差带图

图 7.3　基准制选择示例二

（3）非基准制的选用。某些特殊场合可用任一孔轴公差带组成非基准制配合。

如图 7.3 所示，为了满足配合的特殊需要，轴承端盖与外壳孔、隔套与轴的配合，即是采用 H 和 h 以外的任一孔、轴公差带的配合（非基准制配合，其极限间隙如图 7.3（b）所示）。

对于轴承端盖与外壳孔的配合，由于外壳孔的公差带已选定为 $\phi200J7$，而轴承端盖的作用仅是防尘、防漏及限制轴承的轴向位移量，为了装拆和调整方便，故其与外壳孔的配合选为公差等级较低的间隙配合：$\phi200J7/f9$。

对于隔套与轴的配合，亦由于轴的公差带已确定为 $\phi110k6$，而隔套的作用只是隔开两个轴承，使轴承的轴向位置固定，为了装拆方便，它只需很松地套在轴上即可，故采用公差等级更低的、间隙较大的配合：$\phi110D11/k6$。

2. 公差等级的选择

在设计时，公差等级一旦确定，在很大程度上就预先对零件的质量、制造过程的复杂程度以及制造成本等做了有决定性意义的限定。因此，公差等级的选择，是一个重要的技术经济问题。

（1）选择公差等级的依据。选择公差等级的依据主要是根据作用性能对尺寸精度及配合一致性要求的高低来确定。

当机械的工作条件要求配合的性质很一致，即间隙或过盈的数值不允许有太大的变动时，显然配合公差应很小才能达到这个目的。而配合公差就等于孔公差与轴公差之和。要使配合公差小，即配合的精度高，就必须减小孔和轴的公差，也就是说，孔和轴的公差等级应选高一些。反之，如果对配合一致性要求不高时，孔和轴的公差等级就可以选低一些。

（2）选择公差等级的原则。

① 在满足使用要求的前提下应尽量选用较低的公差等级。在公称尺寸相同的条件下，公差值越小，生产成本越高。

公差等级与生产成本的关系如图 7.4 所示。从图中可以看出，当公差等级较低（公差值较大）时，由于公差等级的提高而引起生产成本的提高，是比

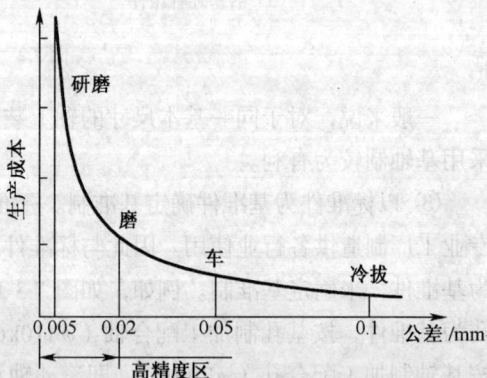

图 7.4　公差与生产成本的关系

较缓慢的；当公差等级较高（公差值较小）时，则生产成本上升较快；当公差等级很高时，需使用精密的机床、夹具、刀具和量具，经过多道工序加工，因而只要尺寸精度略有提高，生产成本将急剧增加。例如，某一零件，当公差为 0.05mm 时，可用车削加工；当公差减小到 0.02mm 时；则车削后还要磨削，成本增加 30%；当公差减小到 0.005mm，则工艺路线为：车 – 磨 – 研磨，其制造成本是公差 0.02mm 时的 3 倍多。与此同时，由于加工和检验困难，还会使废品率增大。

因此，在选择公差等级时，必须具有全面观点，要防止"精度越高越好"，在保证使用性能的前提下，尽量选用较低的公差等级，以降低生产成本。

② 应尽量遵守标准推荐的孔与轴公差的等级组合规定，如前所述，由于高等级的孔比轴难加工，为使相配合的孔与轴工艺等价，两者公差等级之间的关系标准推荐如下：

公称尺寸至 500mm 的配合，当孔的公差等级高于 IT8 时，孔公差应比轴公差低一级；当孔的公差等级等于 IT8 时，孔公差比轴公差低一级或者同级；当孔的公差等级低于 IT8 时，孔与轴同级。基本尺寸大于 500mm 时，推荐孔与轴均采用同级配合。

以上规定是指一般情况而言。对于某些特殊场合，如仪表行业中的小尺寸（≤3mm）的公差等级，甚至有孔比轴高 1 级或 2 级的例子；对于采用任一孔、轴公差带组成的配合，孔和轴的公差等级也不受此规定的限制。

（3）选择公差等级的方法。

① 计算-查表法。当配合的极限间隙（或极限过盈）已知时，可先计算出配合公差，然后根据配合公差用查表的方法确定孔、轴的公差等级。

【例 7.1】 已知孔、轴配合的公称尺寸为 $\phi 60mm$，根据使用要求，孔与轴的间隙最大不超过 80μm，最小不小于 30μm，试确定孔、轴的公差等级。

解：
- 计算配合公差

$$T_f = |X_{max} - X_{min}| = |80-30|\,\mu m = 50\mu m$$

而配合公差又等于孔公差与轴公差之和，即 $T_f = T_h + T_s = 50\mu m$。
- 查标准公差数值表得 IT6=19μm，IT7=30μm，

则 T_f=IT6+IT7 =(19+30)μm=49μm，接近且小于 50μm，符合使用要求。
- 确定孔、轴公差等级。因孔比轴难加工，考虑工艺等价，则选孔为 IT7，轴为 IT6。

② 类比法。类比法是生产实际中常用的方法，它又称为对照法。所谓类比法，就是参考从生产实践中总结出来的经验资料，进行比照来选择公差等级。

用类比法选择公差等级时，应考虑和掌握以下几点。
- 考虑零件的功用和工作条件，确定主次配合表面。对一般机械而言，主要配合表面的孔选 IT6～IT8，轴选 IT5～IT7；次要配合表面，孔和轴选 IT9～IT12；非配合表面，孔和轴一般选择 IT12 以下。
- 考虑配合性质。对过盈、过渡配合的公差等级不能太低（推荐孔≤T8，轴≤IT7）。对间隙配合，公差等级可高也可低；但间隙小的孔轴公差等级应较高，间隙大的则应低些，例如，选用 H6/g5 和 H11/a11 是可以的，而选用 H11/g11 和 H6/a5 则不妥。
- 考虑配合件的精度。与滚动轴承、齿轮等配合的零件的公差等级，直接受轴承和齿轮精度的影响，应按轴承和齿轮的精度等级来确定相配合零件的公差等级。
- 掌握各种加工方法能达到的公差等级。当前，公差等级与加工方法之间的关系，大致如表 7.1 所示。随着工艺技术的提高，两者的关系也会随着变化。

表 7.1 各种加工方法能达到的公差等级

加工方法	公差等级（IT）																	
	01	0	1	2	3	4	5	6	7	8	9	10	11	12	13	14	15	16
研磨	—	—	—	—	—	—	—											
珩						—	—	—										
圆磨							—	—	—	—								
平磨							—	—	—	—								
金刚石车							—	—	—									
金刚石镗							—	—	—									
拉削							—	—	—	—								
铰孔								—	—	—	—							
车									—	—	—	—	—					
镗									—	—	—	—	—					
铣										—	—	—	—					
刨、插												—	—					
钻孔												—	—	—				
滚压、挤压												—	—					
冲压												—	—	—	—	—		
压铸													—	—	—	—		
粉末冶金成型								—	—	—								
粉末冶金烧结									—	—	—							
砂型铸造、气割																	—	—
锻造																—	—	

- 掌握各公差等级的应用范围。从影响使用性能来看，各级公差的应用范围难以严格划分，其大体适用情况见表7.2，可供选用时参考。

在表 7.2 所列的公差等级中，IT5～IT12 用于一般机械中的常用配合。以机床和动力机械为例，这些配合分为精密、中等和低精度 3 种类型。其相应的公差等级应用情况如下。

表 7.2 公差等级的应用范围

应用场合			公差等级（IT）																		
			01	0	1	2	3	4	5	6	7	8	9	10	11	12	13	14	15	16	17	18
量块			—	—	—																	
量规	高精度量规				—	—	—	—	—	—												
	低精度量规									—	—	—	—									
配合尺寸	个别特别重要的精密配合				—	—																
	特别重要的精密配合	孔				—	—	—	—													
		轴				—	—	—	—													
	精密配合	孔								—	—											
		轴							—	—	—											
	中等精度配合	孔										—	—	—								
		轴									—	—	—									
	低精度配合														—	—	—					
非配合尺寸，未注公差尺寸														—	—	—	—	—	—		
原材料公差															—	—	—	—	—		

IT5（轴）、IT6（孔）为精密配合中高的公差等级。这级精度的配合公差很小，故配合的一致性好，但对加工要求很高，仅用于精密配合中重要的配合部位。例如，精密机械和高速机械的轴颈；铣床刀杆与铣刀孔的配合；镗孔夹具的镗杆与镗套的配合；发动机中活塞销与连杆小头衬套孔与活塞销座孔的配合，如图 7.2 所示。

IT6（轴）、IT7（孔）为精密配合中较高的公差等级。这级精度的配合公差较小，故配合的一致性较好，一般精密加工即可实现。它广泛地应用于机床、发动机和夹具中较重要的配合部位上，称为基本级。例如，机床中传动轴的轴颈及箱体孔与普通精度滚动轴承的配合，齿轮与轴的配合，V 带轮与轴的配合，发动机中曲轴与轴承孔的配合，夹具中衬套与钻模板的配合。

IT7（轴）、IT8（孔）为精密配合中的一般公差等级。这级精度的配合公差也较小，故配合的一致性也较好，加工的难度也不大，用于一般机械中不太重要的配合部位。例如，通用机械中速度不高的轴颈与滑动轴承的配合，发动机中气门导杆与导路的配合，重型机械和农业机械中较重要的配合。

IT9 为中等精度中的常用公差等级。这级精度的配合公差稍大，故配合的一致性稍差，但一般尚能满足完全互换的要求，因此，广泛地用于机床和发动机中的次要配合部位。例如，单键与键槽宽的配合，发动机中活塞环与活塞槽宽的配合，农业机械中的一般配合。

IT10 用于与 IT9 类似的情况，但要求的精度比 IT9 稍低的配合部位。例如，低精度的链轮和轴的配合，一般速度（500～700r/min）的平带带轮与轴的配合。

IT11～IT13 为低精度中的公差等级。这几级精度的配合公差大，故配合的一致性差，用于各种机械中没有工作要求，只要便于连接的配合处。例如，螺栓和过孔、铆钉和孔以及销钉和孔的配合，也常用于农业机械，一般机械中轴与锻、铸、冲压件上孔的配合。

IT12～IT18 一般用于未注公差的尺寸和粗加工的工序尺寸上，例如，手柄的直径、壳体的外形和壁厚尺寸、端面间的距离等。这些尺寸的变化仅影响零件重量和材料消耗。

3. 配合的选定

选择配合的实质是在保证机械正常工作的前提下，确定结合件的配合性质及配合质量。即确定结合件间的间隙、过盈值及其允许的变动量。所选定的配合是否合适，将对机械的使用性能和装配的难易程度产生直接的影响。

选择配合的任务是对于基孔制，确定轴公差带的位置；对于基轴制，确定孔的公差带位置；对必须选用这两种基准制以外的配合，还要选择非基准轴或非基准孔的基本偏差代号。

选择配合的方法有类比法、计算法和实验法。

计算法是按照一定的理论公式，计算出所需的间隙或过盈，然后按照计算结果确定配合的一种方法。对于间隙配合，目前尚未使其计算方法标准化，通常采用"机械设计"课程中的单油楔液体摩擦径向滑动轴承的计算公式进行计算。对于过盈配合，其计算方法已经标准化。

实验法是通过实验确定配合的一种方法。由于计算法所依据的条件往往与实际情况有出入，所以对特别重要的结合部位，常用专门的方法进行实物实验。可以通过改变影响配合性质的各种参数的大小，获得合适的间隙或过盈值，然后通过分析来确定配合。

由于计算法和实验法均比较复杂，因此在生产实际中广泛采用类比法来确定配合。

（1）类比法选定配合。类比法是参照同类型机器或机构中经生产实践考验的已用配合，考虑新设计对象的具体要求、工作条件和影响因素，来确定配合的一种方法。具体选择的思路和步骤如下。

① 分析对比。首先分析结合件的结构、材料、工艺、工作条件和使用要求，并与一些同类的、经过实践验证认为是行之有效的典型零件的配合进行比较，确定孔与轴的配合类别。

② 从配合类别入手。根据使用要求，孔、轴配合件有可动性、固定性和可拆性 3 种结合形式，相对应有间隙配合、过盈配合和过渡配合。当相配件在工作时有相对运动或相对移动要求时，应选择间隙配合。对于相配件在工作时相对静止的固定结合和可拆结合，则要具体分析。当相配件承受或传递大转矩，并且不要求拆卸时，应选过盈配合；当相配件借助紧固件（键、销钉和螺钉等）传递不大的负荷，要求拆卸，并且同轴度较高时，应选过渡配合；当相配件借助紧固件传递较小的负荷，装拆较频繁，对同轴度精度要求不高，机构调整需做相对移动时，可选间隙很小的间隙配合如表 7.3 所示。

表 7.3　　　　　　　　　　　　　确定配合类别的大致方向

结合件的工作状况			配 合 类 别
有相对运动	转动或转动与移动的复合运动		间隙大或较大的间隙配合
	只有移动		间隙较小的间隙配合
无相对运动	传递转矩	要精确同轴（固定结合）	过盈配合
		要精确同轴（可拆结合）	过渡配合或间隙最小的间隙配合加紧固件（键、销钉和螺钉）
	不需要精确同轴		间隙较小的间隙配合加紧固件（键、销钉和螺钉）
	不传递转矩		过渡配合或过盈小的过盈配合

③ 根据工作条件确定松紧。配合类别确定后，当待定的配合部位与供类比的配合部位在工作条件上有一定的差异时，应对配合的松紧程度做适当的调整。对间隙配合，应考虑运动特性、运动条件、运动精度以及工作时的温度影响等；对过盈配合，应考虑负荷的大小、负荷的特性、所用材料的许用应力、装配条件、装配变形以及温度影响等；对于过渡配合，还应考虑同轴度精度和对装拆的要求等。表 7.4 所示的按具体情况对过盈或间隙的修正可供确定配合松紧程度时参考。

表 7.4　　　　　　　　　　　按具体情况对过盈或间隙的修正

具 体 情 况	过盈增或减	间隙增或减	具 体 情 况	过盈增或减	间隙增或减
材料强度小	减	—	装配时可能歪斜	减	增
经常拆卸	减	—	旋转速度增高	减	增
有冲击载荷	增	减	有轴向运动	—	增
工作时孔温高于轴温	增	减	润滑油粘度增大	—	增
工作时轴温高于孔温	减	增	表面趋向粗糙	增	减
配合长度增大	减	增	单件生产相对于成批生产	减	增
配合面形状和位置误差增大	减	增			

④ 对照配合特征确定基本偏差。当基准制确定后，基准件的公差带位置也随之确定。因此，选择配合性质，实质上是确定非基准件的基本偏差。

公差与配合标准规定的基本偏差共 28 种，其与基准孔或基准轴组合，可形成三大类不同性质的配合。各类配合的特征如下。

● 间隙配合：由 a~h（或 A~H）11 种基本偏差与基准孔（或基准轴）形成。各种间隙配合的特征是：a（A）形成的配合间隙最大，其后间隙依次减小，h（H）形成的配合最小间隙等于零。

间隙配合中的间隙用于贮存润滑油，形成一层油膜，以保证液体摩擦，还用来补偿温升引起的变形、安装误差及弹性变形等引起的误差。间隙配合在生产中有两种用途：一是广泛地用于相配件需做相对运动的结合；二是用于加键、销等连接件后，易于拆卸并能承受一定转矩的结合。

选择间隙配合的依据是最小间隙。对于 a～h（A～H），其基本偏差的绝对值正好等于最小间隙。

• 过渡配合：一般由 js～n（Js～N）5 种基本偏差与基准孔（或基准轴）形成。过渡配合的特征是装配时可能产生间隙，也可能产生过盈，并且间隙与过盈量都比较小。由于间隙较小，与间隙配合相比，虽然不适用于活动结合，但能保证孔与轴准确地同心。由于过盈量较小，与过盈配合相比，虽然需加紧固件才适用于传递负荷，但装拆比较方便。因此，过渡配合常用在相配件同轴度精度要求较高，且需要拆卸的可拆结合。

具体确定某种过渡配合时，主要考虑以下三方面：一是所受负荷的大小及类型，负荷越大或受冲击负荷，应选平均过盈大的过渡配合；二是同轴度要求，当结合件的同轴精度要求高时，应选平均过盈较大的过渡配合；三是拆卸情况，当机械调整、维修时，需经常拆卸的结合，应选具有平均间隙的过渡配合。

选择过渡配合基本偏差的依据是最大间隙。

• 过盈配合：一般由 p～zc（P～ZC）12 种基本偏差与基准孔（或基准轴）形成。其特征是具有过盈（个别情况最小过盈为零）。其中 p（P）形成的过盈量最小，此后依次增大。由于过盈的作用，使装配后孔的尺寸被胀大，而轴的尺寸被压小，若两者的变形未超过材料的弹性极限，则在结合面上产生一定的正压力和摩擦力，即产生一定的紧固能力，利用这种紧固力，就可传递转矩和固定零件。

具体选用某种过盈配合时，若不附加紧固件，其选择原则是：最小过盈应保证传递所需的最大负荷(包括转矩和轴向力)，同时最大过盈应不使相配件的材料应力过大而产生破坏或塑性变形。当这两项要求不易同时满足时，则要采用加紧固件或用分组装配法来解决。

选择过盈基本偏差的依据是最小过盈。

三大类配合各种基本偏差的应用实例如表 7.5 所示，供选用时参考。

表 7.5　　　　　　　　　三大类配合各种基本偏差的应用实例

配合	基本偏差	特点及应用实例
间隙配合	a（A）b（B）	可得到特别大的间隙，应用很少，主要用于工作时温度高，热变形大的零件的配合，如发动机中活塞与缸套的配合为 H9/a9
	c（C）	可得到很大的间隙，一般用于工作条件较差（如农业机械），工作时受力变形大及装配工艺性不好的零件的配合，也适用于高温工作的动配合，如内燃机排气门杆与导管的配合为 H8/c7
	d（D）	与 IT7～IT11 对应，适用于较松的间隙配合（如滑轮、空转带轮与轴的配合），以及大尺寸滑动轴承与轴的配合（如涡轮机、球磨机等的滑动轴承）。活塞环与活塞槽的配合可用 H9/d9
	e（E）	与 IT6～IT9 对应，具有明显的间隙，用于大跨距及多支点的转轴与轴承的配合，以及高速、重载的大尺寸轴与轴承的配合，如大型电机、内燃机的主要轴承处的配合为 H8/e7
	f（F）	多与 IT6～IT8 对应，用于一般转动的配合，受温度影响不大，采用普通润滑油的轴与滑动轴承的配合，如齿轮箱、小电机、泵等的转轴与滑动轴承的配合为 H7/f6
	g（G）	多与 IT5、IT6 和 IT7 对应，形成配合的间隙较小，用于轻载精密装置中的转动配合，用于插销的定位配合，滑阀、连杆销等处的配合，钻套孔多用 G
	h（H）	多与 IT4～IT11 对应，广泛用于无相对转动的配合，一般的定位配合，若没有温度、变形的影响，也可用于精密滑动轴承，如车床尾座孔与滑动套筒的配合为 H6/h5

配合	基本偏差	特点及应用实例
过渡配合	js（Js）	多用于 IT4～IT7 具有平均间隙的过渡配合，用于略有过盈的定位配合，如联轴器、齿圈与轮毂的配合，滚动轴承外圈与外壳孔的配合多用 js7。一般用手或木槌装配
	k（K）	多用于 IT4～IT7 平均间隙接近零的配合，用于定位配合，如滚动轴承的内、外圈分别与轴颈、外壳孔的配合。用木槌装配
	m（M）	多用于 IT4～IT7 平均过盈较小的配合，用于精密定位的配合，如蜗轮的青铜轮缘与轮毂的配合为 H7/m6
	n（N）	多用于 IT4～IT7 平均过盈较大的配合，很少形成间隙。用于加键传递较大的转矩的配合，如冲床上齿轮与轴的配合。用槌子或压力机装配
过盈配合	p（P）	用于小过盈配合。与 H6 或 H7 的孔形成过盈配合，而与 H8 的孔形成过渡配合。碳钢和铸铁零件形成的配合为标准压入配合，如卷扬机的绳轮与齿圈的配合为 H7/P6。合金钢零件的配合需要小过盈时可用 p（或 P）
	r（R）	用于传递大转矩或受冲击负荷而需要加键的配合，如蜗轮与轴的配合为 H7/r6，配合 H8/r7 在公称尺寸≤100mm 时，为过渡配合
	s（S）	用于钢和铸铁零件的永久性和半永久性结合，可产生相当大的结合力，如套环压在轴、阀座上用 H7/s6 配合
	t（T）	用于钢和铁制零件的永久性结合，不用键可传递转矩，需用热套法或冷轴法装配，如联轴器与轴的配合为 H7/t6
	u（U）	用于大过盈配合，最大过盈需验算，用热套法进行装配，如火车轮毂和轴的配合为 H6/u5
	v（V），x（X）y（Y），z（Z）	用于特大过盈配合，目前使用的经验和资料很少，需经试验后才能应用。一般不推荐

⑤ 按配合一致性要求首先选用优先配合。在最后确定配合时，若无特殊需要和理由，应选取标准规定的优先配合或常用配合如表 2.5 和表 2.6 所示。当优先、常用配合还不能满足使用要求时，则可按标准规定的标准公差与基本偏差组成孔和轴的公差带，从而组成所需要的配合。

⑥ 基孔制优先、常用配合的应用。

• 间隙配合

H11/a11、H11/b11、H12/b12：间隙特别大，用于高温和工作时要求大间隙的配合，一般很少应用，如管道法兰连接的配合，如图 7.5 所示。

H11/c11*、H10/c10、H9/c9：间隙很大，用于缓慢，松弛的活动配合；用于工作条件较差（如农业机械），要求大公差和大间隙的外露组件；为了装配方便需要大间隙的配合，高温工作的转动配合。例如，热力机械中安全阀支承盖与阀座的配合用 H11/c11；农用柴油机连杆衬套孔与销轴的配合用 H10/c10 或 H9/c9。

H11/d11、H10/d10、H9/d9*、H8/d8、H9/e9、H8/e8、H8/e7：间隙较大，用于高温、高速、重载的滑动轴承或大直径的滑动轴承与轴的配合；大跨距或多支点要求的配合。例如，汽轮机、大电机的轴承与轴的配合；活塞环与活塞槽的配合，如图 7.6 所示；气阀杆滑块与槽的配合，如图 7.7 所示；球磨机以及其他重型机械中的滑动轴承。

H9/f9、H8/f8、H8/f7*、H7/f6、H6/f5：间隙适中，用于一般中等转速的转动配合。当孔、轴温度差不大（约 25℃）时，可得到良好的液体摩擦，广泛用于普通润滑油或润滑脂润滑的轴承以及相配件能在轴上自由转动或移动的场合。例如，齿轮箱、小电机和泵等的轴在滑动轴承中的转动配合；爪型离合器的移动爪与轴的配合，如图 7.8 所示；高精度齿轮轴套与轴承衬套的配合，如图 7.9 所示。

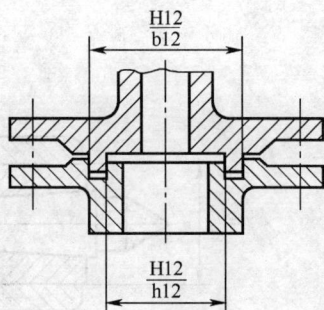

图 7.5　管道法兰连接

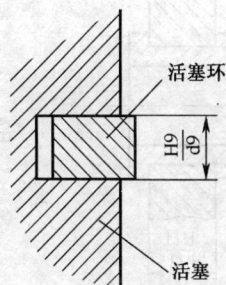

图 7.6　活塞环与活塞槽

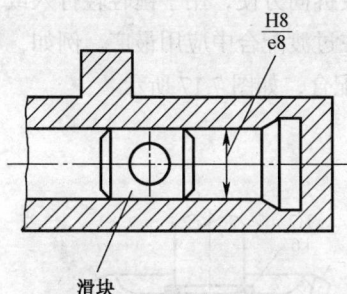

图 7.7　气阀杆滑块与槽

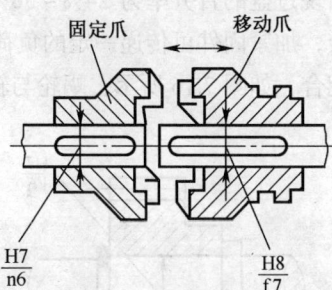

图 7.8　爪形离合器

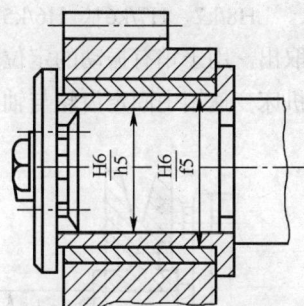

图 7.9　轴套与轴承衬套

H8/g7、H7/g6*、H6/g5：间隙较小，最适合不回转的精密滑动配合或用于缓慢间歇回转的精密配合。例如，凸轮机构中导杆与衬套的配合，如图 7.10 所示；钻孔夹具中钻套与衬套的配合，如图 7.11 所示，钻套内孔用 G7 引导钻头。

H12/h12、H11/h11*、H10/h10、H9/h9、H8/h7*、H7/h6*、H6/h5：间隙很小（极端情况为零），用于不同精度要求的一般定位配合或缓慢移动或摆动的配合；有同轴和导向要求的定位配合。例如，管道法兰接口的配合，如图 7.5 所示；对开轴瓦与轴承两侧面的配合，如图 7.12 所示；铣刀与刀杆的配合，如图 7.13 所示；车床尾座顶尖套筒与尾座孔的配合，如图 7.14 所示。

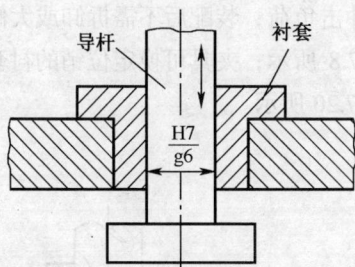

图 7.10　凸轮机构的导杆与衬套

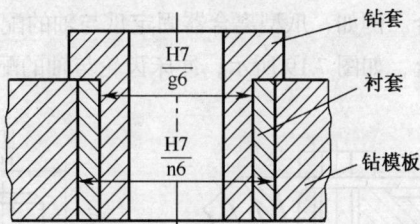

图 7.11　钻套与衬套

- 过渡配合

H8/js7、H7/js6、H6/js5：出现过盈的百分率为 0.5% ~ 0.8%，装拆方便，用手或木锤装配，用于易于装拆的定位配合或加紧固件可传递一定静负荷的配合。例如，机床上交换齿轮与轴的配合；减速器带轮与轴的配合，如图 7.15 所示。

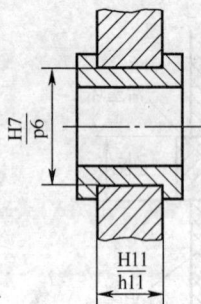
图 7.12　对开轴瓦与轴承

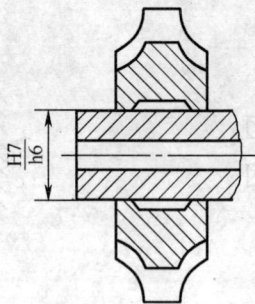
图 7.13　铣刀与刀杆

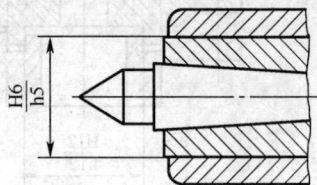
图 7.14　顶尖套筒与尾座孔

H8/k7、H7/k6*、H6/k5：出现过盈的百分率为 24%～50%，装拆尚方便，用手锤轻轻打入或取出。用于稍有振动的定位配合，加紧固件可传递一定的负荷，在过渡配合中应用最广。例如，机床变速箱中固定齿轮与轴的配合，如图 7.16 所示；蜗轮与轴的配合，如图 7.17 所示。

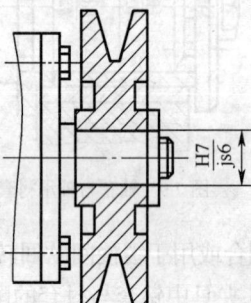
图 7.15　带轮与轴

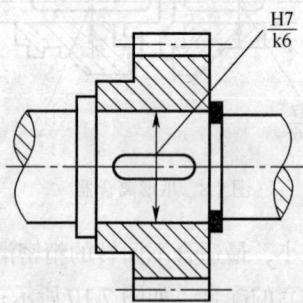
图 7.16　固定齿轮与轴

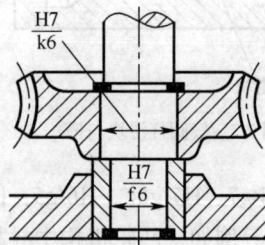
图 7.17　蜗轮与轴

H8/m7、H7/m6、H6/m5：出现过盈的百分率为 66%～99%，装拆不太方便，用铜锤打入或取出，用于定位精度较高且不经常拆卸的定位配合；加键能传递较大的负荷。例如，蜗轮齿圈与轮毂的配合，如图 7.18 所示。

H8/n7、H7/n6*、H6/n5：出现过盈的百分率为 88%～99.5%，装拆困难，需用钢锤用力打入，用于精确定位或精密组件的配合；加键能传递大转矩或冲击负荷；装配后不需拆卸或大修时才拆卸的配合。例如，爪型离合器固定爪与轴的配合，如图 7.8 所示；夹具可换定位销的衬套与底板孔的配合，如图 7.19 所示；冲床齿轮与轴的配合，如图 7.20 所示。

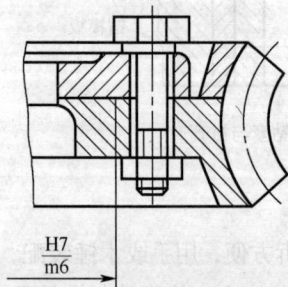
图 7.18　蜗轮齿圈与轮毂的配合

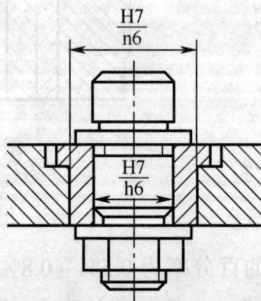
图 7.19　定位销衬套与底板孔的配合

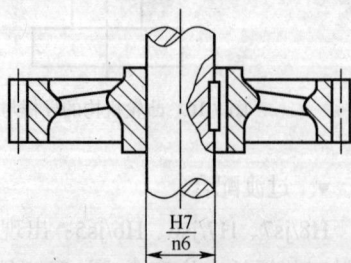
图 7.20　冲床齿轮与轴的配合

● 过盈配合

过盈配合的可靠性与装配方法有关。为便于说明各种过盈配合所需的装配方法，按过盈量与基本尺寸比值的大小，将过盈配合分为：轻型、中型、重型和特重型。

H7/p6*、H6/p5、H8/r7、H7/r6、H6/r5：过盈较小，属轻型过盈配合，用钢锤或压力机装配，用于精确定位、大修才拆卸或不拆卸的配合，由于过盈较小，故上列多数配合不能靠产生的紧固力传递负荷，若需传递转矩或轴向力时，要加紧固件。例如，卷扬机绳轮与轮毂的配合，如图 7.21 所示；蜗轮青铜齿圈与轮毂的配合，如图 7.22 所示；连杆小头与衬套的配合，如图 7.23 所示。

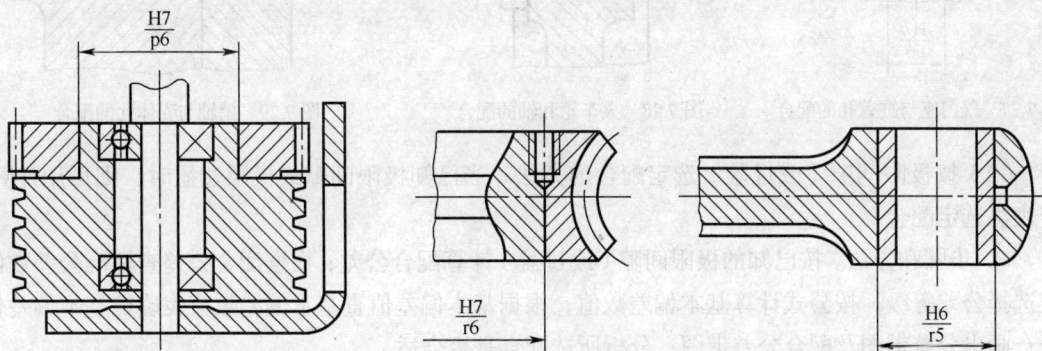

图 7.21　卷扬机绳轮与轮毂的配合　　图 7.22　蜗轮青铜齿圈与轮毂的配合　　图 7.23　连杆小头与衬套的配合

H8/s7、H7/s6*、H6/s5、H8/t7、H7/t6、H6/t5：过盈中等，属中型过盈配合，用压力机、热胀孔或冷缩轴法装配，用于钢铁件的永久或半永久结合，在传递中等负荷时不需加紧固件，若承受较大的负荷或动负荷时，则应加紧固件。例如，水泵阀座与壳体孔的配合，如图 7.24 所示；曲柄销与曲拐孔的配合，如图 7.25 所示；联轴器与轴的配合，如图 7.26 所示；发动机气门座与缸盖孔的配合，如图 7.27 所示。

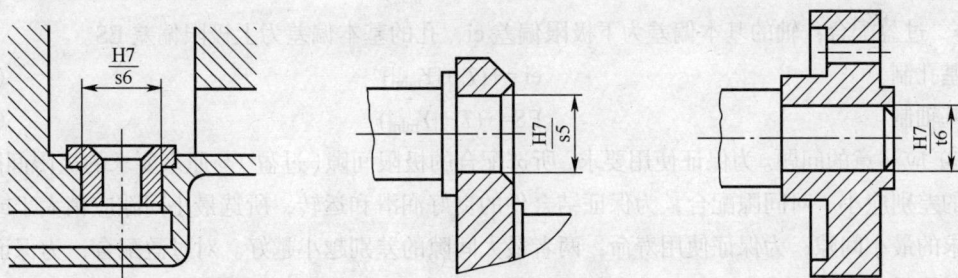

图 7.24　水泵阀座与壳体孔的配合　　图 7.25　曲柄销与曲拐孔的配合　　图 7.26　联轴器与轴的配合

H8/u7、H7/u6*、H7/v6：过盈较大，属重型过盈配合，用热胀孔或冷缩轴法装配，用于传递大的转矩或承受大的冲击负荷，完全依靠过盈所产生的紧固力保证牢固结合的场合。因为过盈较大，故不需加紧固件，但要求零件刚性好、材料强度高。例如，火车轮和轴的配合，如图 7.28 所示；柴油机销轴与壳体孔的配合，如图 7.29 所示。

H7/x6、H7/y6、H7/z6：过盈很大，属特重型过盈配合，用热胀孔或冷缩轴法装配，能承受很大的转矩和动负荷，目前使用的还很少，需经试验后才可应用。例如，柴油机销轴与壳体的配合，如图 7.29 所示。柱塞式燃油泵的销与支架的配合用 H7/x6；小轴肩与环的配合用 H7/y6；中小型交流电机上轴壳的绝缘体与接触环的配合用 H7/z6。

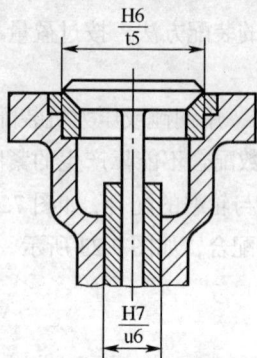

图 7.27　气门座与缸盖孔的配合　　　图 7.28　火车轮和轴的配合　　　图 7.29　销轴与壳体孔的配合

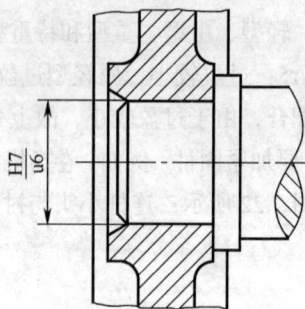

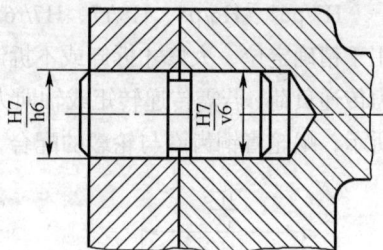

（2）按极限间隙（或过盈）选定配合的方法。当已知极限间隙或极限过盈时，则可用计算-查表法选定配合。

① 步骤和方法。按已知的极限间隙（或过盈）计算配合公差；根据配合公差查标准公差数值表选择公差等级；按公式计算基本偏差数值；根据基本偏差值查基本偏差数值表确定基本偏差代号；画出公差带图及配合公差带图；分析所选配合是否合适。

② 非基准件基本偏差的计算。

• 间隙配合：因其基本偏差的绝对值正好等于最小间隙，故可按已知的最小间隙直接查基本偏差的数值表确定相应的基本偏差代号。

• 过渡配合：轴的基本偏差为下极限偏差 ei（j 除外），孔的基本偏差为上极限偏差 ES（J 除外）。

基孔制　　　　　　　　　　　$ei = +(T_h - X_{max})$　　　　　　　　　　（7.1）

基轴制　　　　　　　　　　　$ES = -(T_s - X_{max})$　　　　　　　　　　（7.2）

• 过盈配合：轴的基本偏差为下极限偏差 ei，孔的基本偏差为上极限偏差 ES。

基孔制　　　　　　　　　　　$ei = +(T_h + |Y_{min}|)$　　　　　　　　　　（7.3）

基轴制　　　　　　　　　　　$ES = -(T_s + |Y_{min}|)$　　　　　　　　　　（7.4）

③ 应注意的问题。为保证使用要求，所选配合的极限间隙（过盈）与原来要求的极限间隙（过盈）的差别应小。对间隙配合，为保证结合件的良好润滑和运转，所选最小间隙应稍大于或等于原要求的最小间隙；为保证使用寿命，两者最大间隙的差别越小越好。对过盈配合，为保证结合件的联接强度，所选最小过盈要稍大于或等于原要求的最小过盈；最大过盈应小于或接近原要求的最大过盈，以免装配时材料破坏。对过渡配合，所选的最大间隙和过盈，尽量不要大于原要求的数值，间隙过大会降低相配件的同轴精度，过盈过大会影响装配和拆卸。为了不影响配合性能和生产成本，通常所选定配合的极限间隙（过盈）与原要求的极限间隙（过盈）之差Δ的绝对值，一般不宜超过原要求配合公差的 10%。

④ 选择配合举例。

【例 7.2】　某配合公称尺寸为 $\phi100$mm，设计要求具有最大间隙 $X'_{max} = +12\mu m$，最大过盈 $Y'_{max} = -78\mu m$，试确定公差等级和选适当配合。

解：

• 确定基准制无特殊要求，选基孔制。

- 确定孔公差带。

配合公差 $T'_f = |X'_{max} - Y'_{max}| = |12-(-78)|\mu m = 90\mu m$。

查表得 IT8 =54μm，IT7=35μm。可取孔的公差带为 H8。

- 确定轴公差带。

因为过渡配合，并知 $|Y'_{max}| > |X'_{max}|$，其平均性质是过盈，即轴的公差带与孔公差带交叠且偏上。轴的基本偏差为：ei=+$(T_h - X'_{max})$=+(54-12)μm=+42μm。

查表，取轴的基本偏差为 p，ei=+37μm。轴的公差等级取 IT7=35μm。

最后确定配合代号为 ϕ100H8/p7，如图 7.30 所示。

- 分析并画配合公差带图。设计要求的配合公差带图如图 7.31（a）所示，ϕ100H8/p7 的配合公差带如图 7.31（b）所示。可以看出：

$$|Y_{max}| < |Y'_{max}|,|X_{max} > X'_{max}|$$

$$\Delta 1 = |Y_{max} - Y'_{max}| = |(-72)-(-78)|\mu m = 6\mu m$$

$$\Delta 2 = |X_{max} - X'_{max}| = |17-12|\mu m = 5\mu m$$

$$T'_f \times 10\% = 90\mu m \times 10\% = 9\mu m$$

因为 $\Delta 1$、$\Delta 2 < T'_f \times 10\%$，所以本题选取 ϕ100H8/p7 适宜。

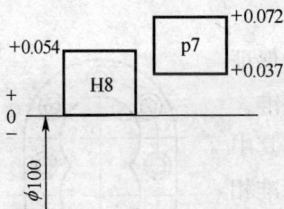

图 7.30 公差带图（μm）

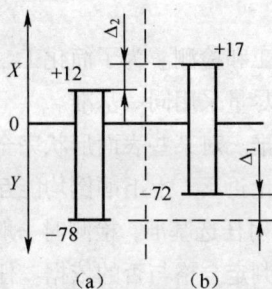

图 7.31 配合公差带图（μm）

任务三 几何公差的选用

几何公差的选用是零件精度设计的一个重要组成部分，选用是否得当，直接关系到产品质量、使用性能和加工的经济性。应根据产品的功能要求、结构特点等，综合多方面的因素正确选用几何公差项目、基准和公差值。

1. 几何公差项目的选用

几何公差项目的具体选用，可综合考虑以下几个方面。

（1）零件的几何特征。零件在加工后，总会产生由自身几何特征决定的一些几何误差。例如，圆柱形零件会有圆柱度误差，圆锥类零件会有圆度误差和素线直线度误差，平面类零件会有平面度误差，凸轮类零件会有轮廓度误差，阶梯孔、轴会有同轴度误差，槽类零件会有对称度误差，孔组类件会有位置度误差等。

（2）零件的使用要求。在确定几何公差项目时，应分析几何误差对零件使用性能的影响，只有对零件使用性能有显著影响的误差项目，才规定几何公差。例如，齿轮箱上各轴承孔的轴线平行度误差，会影响齿轮的接触精度和齿侧间隙的均匀性，因此应规定平行度公差。设计中应尽量减少在图样上标注的几何公差项目，对一些由一般机械加工能控制的几何公差项目，在图样上则不必标出几何公差值，由几何公差未注公差控制。

（3）测量的方便性。阶梯轴会产生同轴度误差，可用跳动公差来代替同轴度公差。这样，检测就方便多了。对于长度与直径之比大的圆柱形零件，从综合控制形状误差的角度考虑，应标注圆柱度公差，但目前圆柱度误差难以检测，故为了测量方便，可分别用圆度和直线度或圆度和素线平行度等项目代替。

（4）几何公差的控制功能。圆柱度公差可以控制该要素的圆度误差，定向公差可以控制与其有关的形状误差、定向误差，定位公差可以控制与其有关的定向误差和形状误差。因此，对同一被测要素规定了圆柱度公差，一般就不再规定圆度公差；规定了定向公差，通常就不再规定与其有关的形状公差了。

2. 基准的确定

在确定位置公差时必须给出基准。基准选择是否得当，在很大程度上影响零件的质量和加工成本。具体选择时，主要考虑零件的设计要求，应注意以下几点。

（1）基准的选用原则。在保证使用要求的前提下，应力求使设计、加工和检测的基准三者统一，以免出现由于基准变换引起的误差。另外，也应避免过多地规定基准而增加测量中的累积误差。

（2）便于加工和检测。为了简化工、夹、量具的设计与制造并使检测方便，在同一零件上的各项位置公差应尽量采用同一基准。

（3）任选基准。对某些表面形状完全对称的零件，为保证零件在装配时无论正反、上下颠倒均能互换，则可任选基准，如图7.32所示。对任选基准，检测时一般要进行两次，以其中误差较大者作为判定合格与否的依据。任选基准与指定基准相比较要求较严，故一般不宜轻易采用。

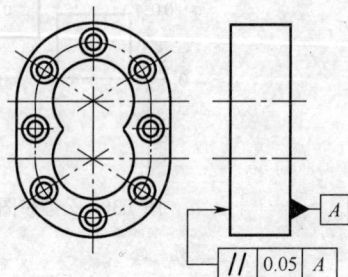

图7.32　任选基准举例

（4）多基准的顺序。多基准的顺序安排应按零件的功能要求来确定。设计时通常选择对被测要素的使用性能要求影响最大或定位最稳的平面作为第一基准，影响次之或窄而长的平面作为第二基准，影响最小的平面作为第三基准，且不可在公差框格中任意填写。

3. 几何公差等级和公差值的确定

在GB/T 1182—2008中，除线轮廓度和面轮廓度没有规定公差值外，其余10个项目均划分了公差等级，并规定有公差值，位置度公差规定了数系。

（1）选择原则。在选择几何公差值时，总的原则是在满足零件使用要求的前提下，尽量选用较低的几何公差等级，以降低生产成本。同时，应兼顾以下几点。

① 尺寸公差、几何公差和表面粗糙度之间虽没有一个确定的比例关系，但一般情况下应注意它们之间的协调，即 $T_{尺寸} > t_{位置} > t_{形状} > Ra$。

② 对于结构复杂，刚性较差或不易加工与测量的零件（如细长轴和孔距离较大的孔），要考虑除主参数外其他参数的影响，可降低几何公差的等级1~2级。

③ 与某些标准件相结合时，零件上选定的几何公差数值应符合有关的规定。例如，在选定与滚动轴承相配合的轴及外壳孔的几何公差时，除了遵守几何公差国家标准外，还应遵守滚动轴承

公差标准的规定。

（2）选用方法。通常采用类比法，即将所设计的零件与类似零件进行比较，通过分析确定几何公差值。另外，根据经验，对圆柱体结合件的尺寸公差若选定为 IT6、IT7 和 IT8 时，其几何公差值可考虑也用相应的 6、7、8 级。通常情况下，考虑实际加工，其几何公差值可大致确定为

$$T_{几何}=(0.25 \sim 0.5)T \tag{7.5}$$

根据计算的值，再采用与其接近的标准数值。

对某些位置公差，可用尺寸链分析计算。对于用螺栓和螺钉联接的两个或两个以上的零件，可用下列方法计算。

用螺栓联接时，被连接件上的孔均为通孔，其孔径大于螺栓的直径，所以位置度的公差值为

$$t = X_{min} \tag{7.6}$$

用螺钉联接时，被联接件中有一个孔是螺孔，而其余零件上的孔均为通孔，且孔径大于螺钉的直径，位置度的公差值为

$$t=0.5 X_{min} \tag{7.7}$$

按以上公式计算确定的位置度公差，经化整选取标准公差值。

【例 7.3】 如图 7.33 所示，要求销孔板与销轴板在联接时，仅保证可装配性。销孔与销轴的最大间隙不得超过 0.35mm。已知销孔和销轴的公称尺寸为 $\phi 10$mm，两孔间及两轴间轴线距离为 50mm。根据现场加工情况（所采用的机床和加工工艺），轴线距位置误差一般不超过 0.07mm。试确定销孔、销轴尺寸的上、下极限偏差及位置度公差。

解： 销轴板上的两个销轴相当于两个螺钉拧入螺孔中固定不动，欲装入销孔板的两孔内（相当于另一个零件的两个通孔），这样可利用式 $t=0.5X_{min}$ 解题。

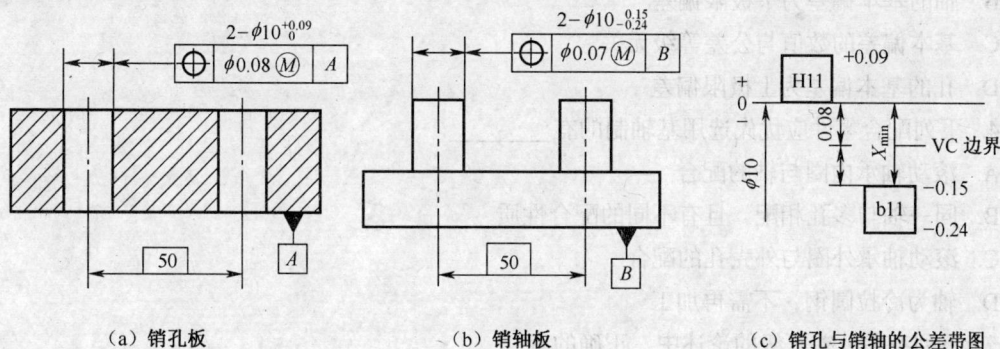

（a）销孔板　　　　（b）销轴板　　　　（c）销孔与销轴的公差带图

图 7.33　例题图

由已知轴线距位置度误差不超过 0.07mm，如果在设计时给定位置度公差为 0.07mm ~ 0.08mm，则位置度误差不会超差。按此位置度公差，销孔和销轴之间的最小间隙为

$$t=0.5X_{min}$$

按此式给出的位置度公差各为最小间隙的一半，即使出现最大的位置度误差，也能保证自由组装。查标准公差值取位置度公差值为 0.08mm，则 $0.08=0.5X_{min}$，即 $X_{min}=0.16$mm。

按销孔和销轴的公称尺寸 $\phi 10$mm 查标准公差值，IT11=0.09mm，IT12=0.15mm，当销孔和销轴都为 IT11 时，$X_{max}=2IT11+X_{min}=(2\times0.09+0.16)$mm=+0.34mm（符合要求）。因此取销孔公差带为 H11。

根据最小间隙，查轴的基本偏差值，取销轴的基本偏差代号为 b 时，基本偏差 es=-0.15mm，接近 0.16mm，故采用 $b11\left(^{-0.15}_{-0.24}\right)$。此时，$X_{max}$=(2×0.09+0.15)mm=+0.33mm（符合要求）。

根据上述分析与计算，提出设计要求，采用最大实体要求，并在图 7.33 中标注。

习题

一、判断题（正确的打√，错误的打×）

1. 公称尺寸不同的零件，只要它们的公差值相同，就可以说明它们的精度要求相同。
（　　）

2. 孔的基本偏差即下极限偏差，轴的基本偏差即上极限偏差。（　　）

3. 最小间隙为零的配合与最小过盈等于零的配合，两者实质相同。（　　）

4. 基本偏差决定公差带的位置。（　　）

5. 配合公差是指在各类配合中，允许间隙或过盈的变动量。（　　）

二、多项选择题

1. 以下各组配合中，配合性质相同的有_____。
A. ϕ50H7/f6 和 ϕ50F7/h6
B. ϕ50P7/h6 和 ϕ50H8/p7
C. ϕ50M8/h7 和 ϕ50H8/m7
D. ϕ50H8/h7 和 ϕ50H7/f6

2. 公差带大小是由_____决定的。
A. 标准公差
B. 基本偏差
C. 配合公差
D. 公称尺寸

3. 下列关于基本偏差的论述中正确的有_____。
A. 基本偏差数值大小取决于基本偏差代号
B. 轴的基本偏差为下极限偏差
C. 基本偏差的数值与公差等级无关
D. 孔的基本偏差为上极限偏差

4. 下列配合零件应优先选用基轴制的有_____。
A. 滚动轴承内圈与轴的配合
B. 同一轴与多孔相配，且有不同的配合性质
C. 滚动轴承外圈与外壳孔的配合
D. 轴为冷拉圆钢，不需再加工

5. 下列有关公差等级的论述中，正确的有_____。
A. 公差等级高，则公差带宽
B. 在满足要求的前提下，应尽量选用高的公差等级
C. 公差等级的高低，影响公差带的大小，决定配合的精度
D. 孔、轴相配合，均为同级配合。

三、填空题

1. 已知孔 ϕ65$^{-0.042}_{-0.072}$ mm，其公差等级为_____，基本偏差代号为_____。

2. 尺寸 ϕ80JS8，其上极限尺寸是_____mm，下极限尺寸为_____mm。

3. 公称尺寸小于等于 500mm 的标准公差的大小，随公称尺寸的增大而_____，随公差等级的提高而_____。

4. 孔、轴配合的最大过盈为-60μm，配合公差为40μm，可以判断该配合属于_____配合。

5. 国家标准对未注公差尺寸等级规定为_____。

四、综合题

1. 某孔、轴配合，公称尺寸为ϕ50mm，孔公差为IT8，轴公差为IT7，已知孔的上极限偏差为+0.039mm，要求配合的最小间隙是+0.009mm，试确定孔、轴的尺寸。

2. 设孔轴配合，公称尺寸为ϕ60mm，要求X_{max}=+50μm，Y_{max}=-32μm，试确定配合公差带代号。

项目二

表面粗糙度的测量

任务 比较法检测表面粗糙度

用比较法测量表面粗糙度是生产中常用的方法之一。此方法是用表面粗糙度比较样板与被测表面比较，判断表面粗糙度的数值。尽管这种方法不够严谨，但它具有测量方便、成本低和对环境要求不高等优点，所以被广泛应用于生产现场检验一般表面粗糙度。

如图 8.1 所示为表面粗糙度比较样板，它是采用特定合金材料加工而成，具有不同的表面粗糙度参数值。通过触觉、视觉将被测件表面与之进行比较，以确定被测表面的粗糙度。

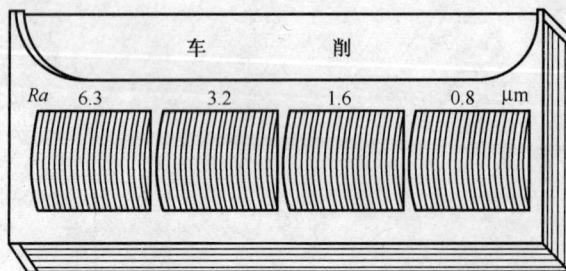

（a）车销加工样板

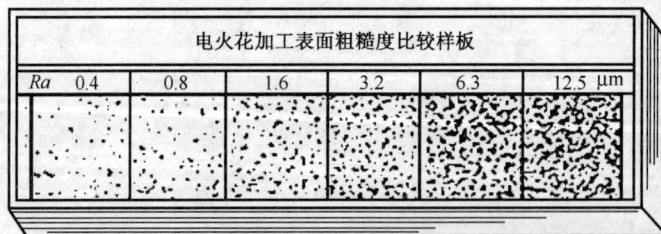

（b）电铸工艺复制的样板

图 8.1 表面粗糙度比较样板

视觉比较就是用人的眼睛反复比较被测表面与比较样板间的加工痕迹异同、反光强弱和色彩差异，以判定被测表面的粗糙度的大小。必要时可借用放大镜进行比较。

触觉比较就是用手指分别触摸或划过被测表面和比较样板，根据手的感觉判断被测表面与比较样板在峰谷高度和间距上的差别，从而判断被测表面粗糙度的大小。

1. 注意事项

（1）被测表面与粗糙度比较样板应具有相同的材质。不同的材质表面的反光特性和手感的粗糙度不一样。例如，用一个钢质的粗糙度比较样板与一个铜质的加工表面相比较，将会导致误差较大的比较结果。

（2）被测表面与粗糙度比较样板应具有相同的加工方法，不同的加工方法所获取的加工痕迹是不一样的。例如，车削加工的表面粗糙度绝对不能用磨削加工的粗糙度比较样板去比较并得出结果。

（3）用比较法检测工件的表面粗糙度时，应注意温度、照明方式等环境因素的影响。

2. 填写实验报告

实 验 报 告

零　件	名　称		$Ra/\mu m$
比较样板	名称与型号		$Ra/\mu m$
测 量 结 果			
测量序号	比较样板的 $Ra/\mu m$	加 工 方 法	合格性判断
1			
2			
3			
4			
5			
检测方法体会			

姓　名	班　级	学　号	审　核	成　绩

项目三

轴承的选择

任务一　滚动轴承精度等级的确定

1. 滚动轴承的组成和型式

滚动轴承是一种标准部件，它由专业工厂生产，供各种机械选用。滚动轴承一般由内圈、外圈、滚动体（钢球或滚子、滚针）和保持架组成。

滚动轴承的型式很多。按滚动体的形状不同，可分为球轴承和滚子轴承；按承受负荷的作用方向，则可分为向心轴承、推力轴承和向心推力轴承。

通常，滚动轴承内圈装在传动轴的轴颈上，随轴一起旋转，以传递转矩；外圈固定于机座孔中，起支承作用。因此，内圈的内径（d）和外圈的外径（D），是滚动轴承与结合件配合的尺寸。

设计机械需采用的滚动轴承时，除了确定滚动轴承的型号外，还必须选择滚动轴承的精度等级、滚动轴承与轴和外壳孔的配合，轴和外壳孔的形状公差及表面粗糙度。

2. 滚动轴承的精度等级及应用

各类滚动轴承按尺寸公差和旋转精度分级如下：（1）向心轴承（圆锥滚子轴承除外）公差等级共分 5 级，依次由低到高，即 0、6、5、4 和 2 级，用代号 p0、p6、p5、p4 和 p2 表示；（2）圆锥滚子轴承公差等级共分 4 级，依次由低到高，即 0、6、5 和 4 级，用代号 p0、p6、p5、p4 表示；（3）推力轴承公差等级共分 4 级，依次由低到高，即 0、6、5 和 4，分别用 p0、p6、p5、p4 表示。

公称尺寸精度是指内圈的内径、外圈的外径和内、外圈宽度的制造精度。旋转精度是指内、外圈的径向圆跳动，内、外圈滚道的侧向摆动，内、外圈两端面的平行度，以及内圈的端面圆跳动等。

各级滚动轴承的应用如表 9.1 所示。

3. 滚动轴承与轴和轴承座孔的配合特点

滚动轴承的内、外圈，都是宽度较小的薄壁件。在其加工和未与轴、外壳孔装配的自由状态下，容易变形（如变成椭圆形），但在装入外壳孔和轴上之后，这种变形又容易得到矫正。考虑到这种特点，规定了轴承内、外径的平均直径 d_{mp}、D_{mp} 的极限偏差，用以确定内、外圈结合直径的公差带大小。单一平面平均直径的数值是同一平面内轴承内、外径局部实际（组成）要素的最大值与最小值的平均值。

p0、p6 级向心轴承和角接触球轴承的内、外圈平均直径的极限偏差如表 9.2 和表 9.3 所示。

由于滚动轴承是精密的标准部件，使用时不能再做附加加工。因此，轴承内圈与轴采用基孔制配合，外圈与外壳孔采用基轴制配合，如图 9.1 所示。

表 9.1   各级滚动轴承的应用

精 度 等 级	应 用 及 举 例
p0 级（普通级）	用于旋转精度要求不高的一般低、中速旋转机构 在机械中应用最广，如普通机床变速箱、进给箱；汽车、拖拉机变速箱；普通电机、水泵和压缩机等旋转机构中的滚动轴承
p6 级（中级）	用于旋转精度要求较高、转速较高的旋转机构 如普通机床主轴的后轴承；精密机床一般传动机构的轴承
p5 级（高级） p4 级（精密级）	用于旋转精度要求较高、转速要求高的旋转机构 如普通机床主轴的前轴承用 p5 级；较精密机床的主轴轴承用 p4 级；精密仪器仪表的主要轴承，以及其他较精密机械中旋转精度要求高的轴承
p2 级（超精级）	用于旋转精度要求很高、转速很高的旋转机构 如精密坐标镗床、高精度齿轮磨床及螺纹磨床的主轴轴承；高精度仪器仪表及其他高精度机械的主要轴承

表 9.2   p0、p6 级向心轴承内圈公差

d/mm		> 10 ~ 18	> 18 ~ 30	> 30 ~ 50	> 50 ~ 80	> 80 ~ 120	> 120 ~ 180
Δd_{mp}/μm	p0 上极限偏差	0	0	0	0	0	0
	p0 下极限偏差	−8	−10	−12	−15	−20	−25
	p6 上极限偏差	0	0	0	0	0	0
	p6 下极限偏差	−7	−8	−10	−12	−15	−18

表 9.3   p0、p6 级向心轴承外圈公差

D/mm		> 30 ~ 50	> 50 ~ 80	> 80 ~ 120	> 120 ~ 150	> 150 ~ 180	> 180 ~ 250
ΔD_{mp}/μm	p0 上极限偏差	0	0	0	0	0	0
	p0 下极限偏差	−11	−13	−15	−18	−25	−30
	p6 上极限偏差	0	0	0	0	0	0
	p6 下极限偏差	−9	−11	−13	−15	−18	−20

由图 9.1 可见，在轴承内圈与轴的基孔制配合中，轴的各种公差带与一般圆柱结合基孔制配合中轴的公差带相同；但作为基准孔的轴承内圈孔，其公差带位置和大小，都与一般基准孔不同。一般基准孔的公差带位置布置在零线上，而轴承内圈孔的公差带则是布置在零线之下（其基本偏差为上极限偏差等于零，下极限偏差为负值），并且公差带的大小不是采用《公差与配合》标准中的标准公差，而是用轴承内圈平均内径 d_{mp} 的公差。这种特殊的布置，给配合带来一个特点，即在采用相同的轴公差带的前提下，其所得配合比一般孔轴配合要紧些，这是为了适应滚动轴承的配合需要。因为在多数情况下，轴承内圈是随传动轴一起转动，并且不允许孔轴之间有相对运动，所以两者的配合应具有一定的过盈。但由于内圈是薄壁零件，又常需维修拆换，故过盈量又不宜太大，而一般基准孔的公差带是布置在零线上侧，若选用过盈配合，则其过盈量太大，如果改用过渡配合，又可能出现间隙，使内圈与轴在工作时发生相对滑动，导致结合面磨损。为此标准规定，所有精度级轴承内圈 d_{mp} 的公差带布置在零线的下侧。这样，当其与过渡配合中的 k6、m6、n6 等轴构成配合时，将获得比过渡配合规定的过盈量稍大的过盈配合；当与 g6、h6 等轴构成配合时，不再是间隙配合，而成为过渡配合。

如图 9.1 所示，在轴承外圈与外壳孔的基轴制配合中，外壳孔的各种公差带，与一般圆柱结合基轴制配合中的孔公差带相同；其公差带的大小采用轴承外径 D_{mp} 的公差，所以该公差带仍是

特殊的。由于多数情况下，轴承内圈和传动轴一起转动，外圈安装在壳体孔中不动，故外圈与壳体孔的配合不要求太紧。因此，所有精度级轴承外圈 D_{mp} 的公差带位置，仍按一般基轴制规定，将其布置在零线下侧。

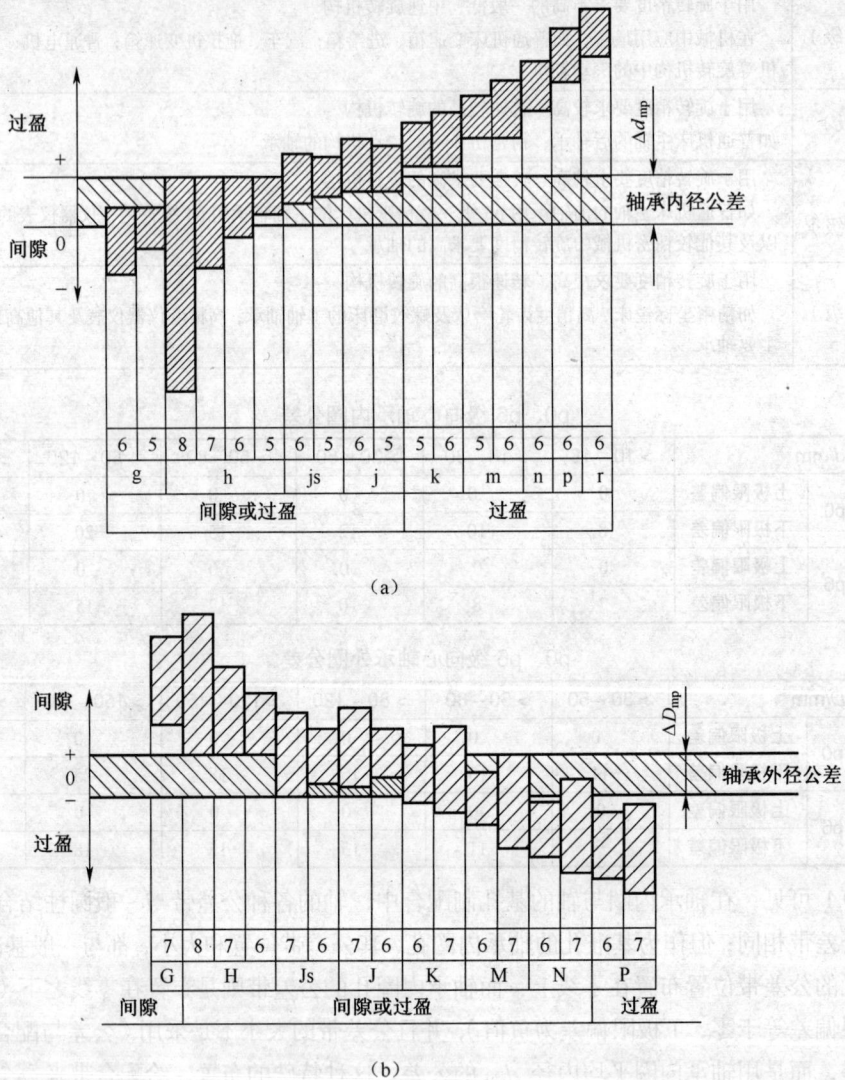

（a）

（b）

图 9.1　滚动轴承与轴、轴承座孔的公差带图

任务二　选择负荷类型确定负荷大小

　　滚动轴承配合的选用就是选择与内圈相结合的轴公差带，选择与外圈相结合的孔公差带。正确地选用轴和轴承座孔的公差带，对于充分发挥轴承的技术性能和保证机构的运转质量、使用寿命有着重要的意义。

　　影响公差带选用的因素很多，如轴承的工作条件（负荷类型、负荷大小、工作温度、旋转精度和轴向游隙），相配件的结构和材料以及安装与拆卸的要求等。通常，公差带主要是根据轴承所承受的负荷类型和大小来决定。

1. 负荷的类型

作用在轴承上的径向负荷，是由定向负荷和旋转负荷合成的。若径向负荷的作用方向是固定不变的，称为定向负荷（如传动带的拉力、齿轮的传递力）；若径向负荷的作用方向是随套圈（内圈或外圈）一起旋转的，则称为旋转负荷（如镗孔时的切削力）。根据套圈工作时相对于径向负荷的方向，负荷可分为局部负荷、循环负荷和摆动负荷。

（1）局部负荷。作用在轴承上的定向负荷，其作用方向始终不变地作用在套圈滚道的局部区域内，称为局部负荷。局部负荷的特点是套圈相对于定向负荷的方向相对静止。

图9.2（a）所示为内圈旋转而外圈不动，轴承受到定向负荷 F_r 的作用，这时负荷与外圈相对静止，则外圈承受局部负荷。例如，减速器转轴两端的滚动轴承外圈。如图9.2（b）所示，若外圈转动而内径不动，如汽车、拖拉机前轮轮毂中的滚动轴承内圈，负荷与内圈相对静止，则内圈承受局部负荷。

（2）循环负荷。作用在轴承上的定向负荷与套圈相对旋转，即套圈的整个圆周滚道依次重复循环地受到负荷的作用，则该套圈所承受的负荷称为循环负荷。循环负荷的特点是套圈相对于定向负荷的方向相对转动。

若内圈旋转而外圈不动，如图9.2（a）所示，这时负荷与内圈相对转动，则内圈承受循环负荷，如减速器转轴两端滚动轴承的内圈；若外圈旋转而内圈不动，如图9.2（b）所示，这时负荷与外圈相对转动，如汽车、拖拉机前轮轮毂中的滚动轴承外圈，承受循环负荷。

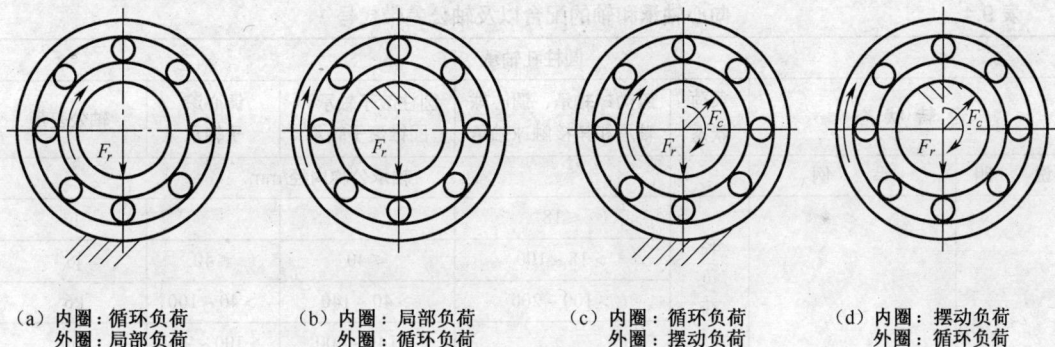

| (a) 内圈：循环负荷 | (b) 内圈：局部负荷 | (c) 内圈：循环负荷 | (d) 内圈：摆动负荷 |
| 外圈：局部负荷 | 外圈：循环负荷 | 外圈：摆动负荷 | 外圈：循环负荷 |

图9.2 轴承承受的负荷类型

（3）摆动负荷。作用在轴承上的合成负荷与所承受的套圈在一定区域内相对摆动，即合成负荷变动地作用在套圈滚道的一段圆周上，该套圈所承受的负荷称为摆动负荷。摆动负荷的特点是套圈相对于合成负荷的方向相对摆动。

如图9.2（c）和图9.2（d）所示，轴承套圈受到定向负荷 F_r 和旋转负荷 F_c 的同时作用，两者的合成负荷 F 将由小到大，再由大到小地周期性变化，如图9.3所示。当 $F_r > F_c$ 时，合成负荷就在 AB 区域内摆动，合力 F 的矢端正好画一个圆。这时不旋转的套圈就相对于负荷方向摆动。例如，镗孔时，主轴前轴承同时受到定向负荷（重力、齿轮传递力）和随主轴一起旋转的旋转负荷（刀具切削力）的作用，外圈滚道上所承受的负荷就是摆动负荷。

轴承套圈承受负荷的类型不同，选择轴承配合的松紧程度也应不同。

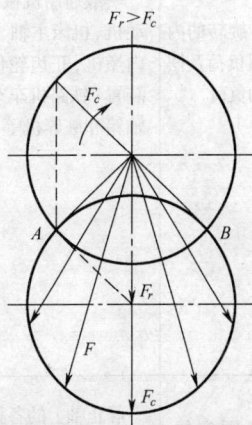

图9.3 摆动负荷的作用区域

　　承受局部负荷的套圈，配合应选松些（较松的过渡配合或间隙极小的间隙配合），以使套圈在振动、冲击或摩擦力矩的带动下缓慢转位，这样磨损均匀，可提高轴承的使用寿命。

　　承受循环负荷的套圈，配合应选紧些（较紧的过渡配合或过盈量较小的过盈配合），以保证负荷能最佳分布，充分发挥轴承的承载力。

　　承受摆动负荷的套圈，一般采用与循环负荷相同的配合。当承受摆动负荷的外圈需要在外壳孔内轴向游动或负荷较轻时，可采用比循环负荷稍松的配合。

　　2. 负荷的大小标准

　　将当量动负荷 P 与额定动负荷 C 之间的比值，按大小分为 3 种：当 $P \leq 0.07C$ 时为轻负荷；当 $P > 0.07C \sim 0.15C$ 时为正常负荷；当 $P > 0.15C$ 时为重负荷。轴承承受的负荷越大，过盈应选得越大，当承受较轻、较平稳的负荷时，过盈量可选得小些。

任务三　滚动轴承配合的选用

　　在设计工作中，选择轴承的配合通常采用类比法，有时为了方便起见，才用计算法校核。用类比法确定轴和轴承座孔公差带时，如表 9.4 至表 9.7 所示。

表 9.4　　　　　　　　　　向心轴承和轴的配合以及轴公差带代号

运转状态		负荷状态	深沟球轴承、调心球轴承和角接触球轴承	圆柱滚子轴承和圆锥滚子轴承	调心滚子轴承	轴公差带
说　明	举　例		轴承公称内径/mm			
旋转的内圈负荷及摆动负荷	一般通用机械、电动机、机床主轴、泵、内燃机、正齿轮传动装置、铁路机车车辆轴箱和破碎机等	轻负荷	≤18			h5
			>18～100	≤40	≤40	j6[①]
			>100～200	>40～140	>40～100	k6[①]
				>140～200	>100～200	m6[①]
		正常负荷	≤18			j5　js5
			>18～100	≤40	≤40	k5[②]
			>100～140	>40～100	>40～65	m5[②]
			>140～200	>100～140	>65～100	m6
			>200～280	>140～200	>100～140	n6
				>200～400	>140～280	p6
					>280～500	r6
		重负荷		>50～140	>50～100	n6
				>140～200	>100～140	p6[③]
				>200	>140～200	r6
					>200	r7
固定的内圈负荷	静止轴上的各种轮子，张紧轮绳轮、振动筛和惯性振动器	所有负荷	所有尺寸			f6
						g6[①]
						h6
						j6

运 转 状 态		负荷状态	深沟球轴承、调心球轴承和角接触球轴承	圆柱滚子轴承和圆锥滚子轴承	调心滚子轴承	轴公差带
说　　明	举　　例		轴承公称内径/mm			
圆柱孔轴承						
仅有轴向负荷			所有尺寸			j6、js6
圆锥孔轴承						
所有负荷	铁路机车车辆轴箱		装在退卸套上的所有尺寸			h8（IT6）④⑤
	一般机械传动		装在紧定套上的所有尺寸			h9（IT7）④⑤

注：① 凡对精度有较高要求的场合，应用 j5、k5…代替 j6、k6…。
　　② 圆锥滚子轴承、角接触球轴承配合对游隙影响不大，可用 k6、m6 代替 k5、m5。
　　③ 重负荷下轴承游隙应选大于 0 组。
　　④ 凡有较高精度或转速要求的场合，应选用 h7（IT5）代替 h8（IT6）等。
　　⑤ IT6、IT17 表示圆柱度公差数值。

表 9.5　　　　　　　　　　向心轴承和轴承座配合　孔公差带代号

运 转 状 态		负荷状态	其 他 状 况	孔 公 差 带①	
说　　明	举　　例			球轴承	滚子轴承
固定的外圈负荷	一般机械、铁路机车车辆轴箱、电动机、泵和曲轴主轴承	轻、正常重	轴向易移动、可采用剖分式外壳	H7、G7②	
		冲击	轴向能移动，可采用整体或剖分式外壳	J7、Js7	
摆动负荷		轻、正常		K7	
		正常、重		M7	
		冲击			
旋转的外圈负荷	张紧滑轮、轮毂轴承	轻	轴向不移动，采用整体式外壳	J7	K7
		正常		K7、M7	M7、N7
		重			N7、P7

注：① 并列公差带随尺寸的增大从左至右选择，对旋转精度有较高要求时，可相应提高一个公差等级。
　　② 不适用于剖分式外壳。

表 9.6　　　　　　　　　　推力轴承和轴承座孔的配合　孔公差带代号

运 转 状 态	负荷状态	轴 承 类 型	公差带	备 注
仅有轴向负荷		推力球轴承	H8	
		推力圆柱、圆锥滚子轴承	H7	
		推力调心滚子轴承		外壳孔与座圈间间隙为 0.001D（D 为轴承公称外径）
固定的座圈负荷	径向和轴向联合负荷	推力角接触球轴承、推力调心滚子轴承和推力圆锥滚子轴承	H7	
旋转的座圈负荷或摆动负荷			K7	普通使用条件
			M7	有较大径向负荷时

表 9.7　　　　　　　　　　推力轴承和轴的配合　轴公差带代号

运 转 状 态	负荷状态	推力球和推力滚子轴承	推力调心滚子轴承②	轴公差带
		轴承公称内径/mm		
仅有轴向负荷		所有尺寸		j6、js6
固定的轴圈负荷	径向和轴向联合负荷		≤250	j6
			＞250	js6
旋转的轴圈负荷或摆动负荷			≤200	k6①
			＞200 ~ 400	m6①
			＞400	n6①

注：① 要求较小过盈时，可分别用 j6、k6、m6 代替 k6、m6、n6。
　　② 也包括推力圆锥滚子轴承、推力角接触球轴承。

为了保证轴承的工作质量及使用寿命，除选定轴和外壳孔的尺寸公差带之外，还应对它们规定相应的几何公差及表面粗糙度参数值。

由于轴承套圈是薄壁零件，容易变形，轴和外壳孔的几何误差极易反映到套圈上引起滚道变形，导致轴承工作时产生振动和噪声。因此，对轴颈和外壳孔应规定圆柱度公差。此外，轴肩和外壳孔肩是轴承的安装基准面，为避免装配后轴承歪斜而影响旋转精度，对轴肩和孔肩应规定端面圆跳动。轴颈和外壳孔的几何公差见表 9.8。

表 9.8　轴颈和外壳孔的几何公差

轴承公称内、外径 /mm	圆柱度				端面圆跳动			
	轴颈		外壳孔		轴肩		外壳孔肩	
	轴承精度等级							
	p0	p6	p0	p6	p0	p6	p0	p6
	公差值/µm							
>18~30	4	2.5	6	4	10	6	15	10
>30~50	4	2.5	7	4	12	8	20	12
>50~80	5	3	8	5	15	10	25	15
>80~120	6	4	10	6	15	10	25	15
>120~180	8	5	12	8	20	12	30	20
>180~250	10	7	14	10	20	12	30	20

轴颈和外壳孔的表面粗糙度参数值的大小，直接影响配合性质的稳定和支承强度，因此，凡是与轴承内、外圈配合的表面都应规定较小的表面粗糙度参数值见表 9.9。

表 9.9　配合面的表面粗糙度　单位：µm

轴或轴承座 直径/mm		轴或外壳配合表面直径公差等级					
		IT7		IT6		IT5	
		表面粗糙度					
超过	到	Ra		Ra		Ra	
		磨	车	磨	车	磨	车
	80	1.6	3.2	0.8	1.6	0.4	0.8
80	500	1.6	3.2	1.6	3.2	0.8	1.6
端面		3.2	6.3	3.2	6.3	1.6	3.2

习题

一、判断题（正确的打√，错误的打×）

1. 精密坐标镗床的主轴应采用 p5 级滚动轴承。　　　（　）
2. 滚动轴承内圈采用基孔制，外圈采用基轴制。　　　（　）
3. 多数情况下，轴承内圈随轴一起转动，要求配合处必须有一定的过盈。　（　）
4. 相对于负荷方向固定的套圈，应选择间隙配合。　　　（　）
5. 在装配图上标注时，轴承与外壳孔及轴的配合都应在配合处标出其分式的配合代号。　　　（　）

二、多项选择题

1. 轴承内径与 g5、g6、h5、h6 的轴配合是属于_____。

A. 间隙配合　　　B. 过渡配合　　　C. 过盈配合

2. 滚动轴承的外圈与基本偏差为 H 的外壳孔形成_____配合。

A. 间隙   B. 过盈   C. 过渡

3. 普通机床主轴前轴承多用_____级，后轴承多用_____级。

A. p4，p5   B. p5，p6   C. p2，p6   D. p6，p5

4. 当轴承受冲击符合或超重负荷时，一般应选择比正常、轻负荷时_____的配合。

A. 更松   B. 更紧   C. 一样

三、填空题

1. p0 级向心滚动轴承，广泛用于_____的进给箱、变速箱等部件中。

2. 轴承的旋转速度越高，应选用_____的配合。

3. 承受负荷较重时应选择_____的配合。

4. 当机械的结构使轴承安装困难而又不允许采用较松的配合时，可采用内外圈_____的轴承。

四、综合题

一个 G209 滚动轴承，内径为 45mm，外径为 85mm，额定载荷为 18 100N，应用于闭式传动的减速器中。其工作情况为：轴上承受一个 2 000N 的固定径向载荷，工作转速为 980r/min，而轴承座固定。试确定轴承内圈与轴、外圈与座孔的配合。

A. 圆柱   B. 止口   C. 止口

A. p1 p5   B. p5 p6   C. p2 p0   D. p6 p5 p5

4.

A. 倒角   B. 倒圆   C. 止口

三、

1.

2.

3.

项目四

平键的测量

任务一　平键键槽的测量

在单件小批生产中或按独立原则标注时，键槽的宽度和深度一般用通用量仪来测量。在大批量生产时，可用专用极限量规检验，检验键槽宽度和深度的各种极限量规如表 10.1 所示。

表 10.1　　　　　　　　　　　　检验轴槽的极限量规

检 验 参 数	量规名称及图形	说　明
槽宽 b	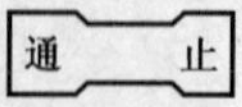 通　　　止 槽宽 b 用的板式塞规	一端为"通"规，另一端为"止"规
轮毂槽深 $d+t_1$	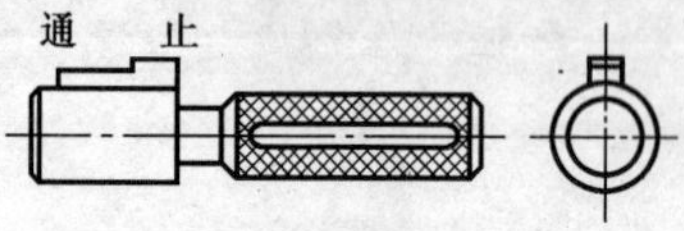 通　　止 轮毂槽深量规	一个轴和台阶的组合，台阶分别为"通"规和"止"规
轴槽深度 $d-t$	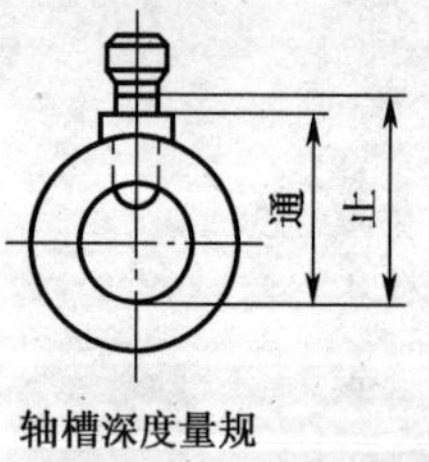 通　止 轴槽深度量规	圆环内径作为测量基准，上支杆可以调整到轴槽深度"通"或"止"的位置（相当于深度尺）

轴槽对称度误差可用如图 10.1 所示的方法测量。测量前，在键槽中配置一个没有松动的定位块，以定位块中心平面的位置模拟键槽实际中心平面的位置，基准轴线由 V 形块模拟体现。

1. 截面测量

调整被测工件，使定位块沿工件径向与测量基准（平板）平行，然后，测量定位块至测量基准的距离，再将被测工件旋转 180° 后重复上述测量，得到该截面上下两对应点的读数差 a，则该截面的对称度误差 $f_{截}$：

$$f_{截} = \frac{a\dfrac{t}{2}}{r-\dfrac{t}{2}} = \frac{at}{d-t} \tag{10.1}$$

式中,

　　　r——轴的半径;

　　　t——轴槽深度。

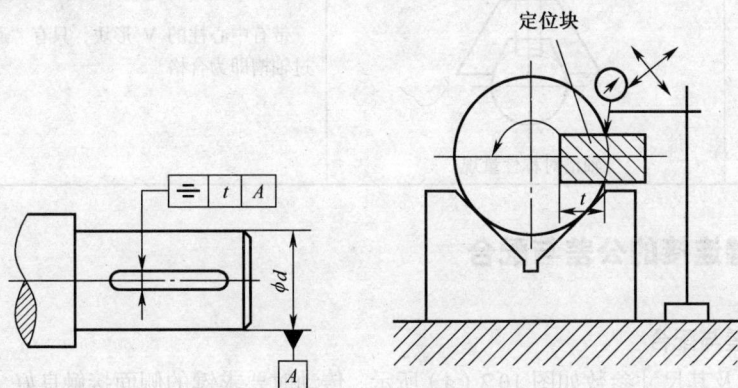

图 10.1　键槽对称度误差测量示意图

2. 长向测量

沿轴槽长度方向测量,取长向两点的最大读数差为长向对称度误差 $f_{长}$:

$$f_{长}=a_{高}-a_{低}$$

取以上两个方向测得误差的最大值,作为该零件的对称度误差。

在大量生产中,键槽对称度误差由工艺保证,加工过程一般不必检验。当需要检验或对称度按最大实体原则给出时,如图 10.2 所示,应采用专用综合量规来检验。所用的综合量规如表 10.2 所示。

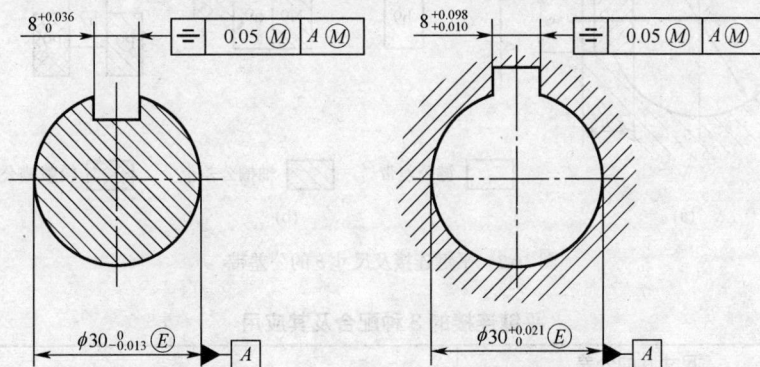

图 10.2　用最大实体原则标注键槽对称度误差示例

表 10.2　　　　　　　　　　检验键槽对称度误差的综合量规

检 验 参 数	量规名称及图形	说　　明
轮毂槽的对称性	 轮毂槽对称性量规	只有"通"规。量规能塞入孔中即为合格

续表

检 验 参 数	量规名称及图形	说　明
轴槽的对称性	 轴槽对称性量规	带有中心柱的 V 形块，只有"通"规。量规能通过轴槽即为合格

任务二　平键连接的公差与配合

1. 尺寸公差与配合

平键的结构及其尺寸参数如图 10.3（a）所示，传动时要求键的侧面接触良好、导向性好和易于装拆。为保证其正常工作，键与轴槽宽的配合稍紧，与轮毂槽的配合稍松，并在键高 h 与轮毂槽底面间留有 0.2～0.5mm 的间隙，用以补偿几何误差及加工误差对装配的影响。平键常直接采用精拉钢材制成，所以键与键槽宽 b 的配合采用基轴制。按照配合要求的松紧程度不同，平键的配合分为较松连接、一般连接和较紧连接 3 种形式，如图 10.3（b）所示。其应用如表 10.3 所示。键和键槽的剖面尺寸及公差与极限偏差如表 10.4 所示。

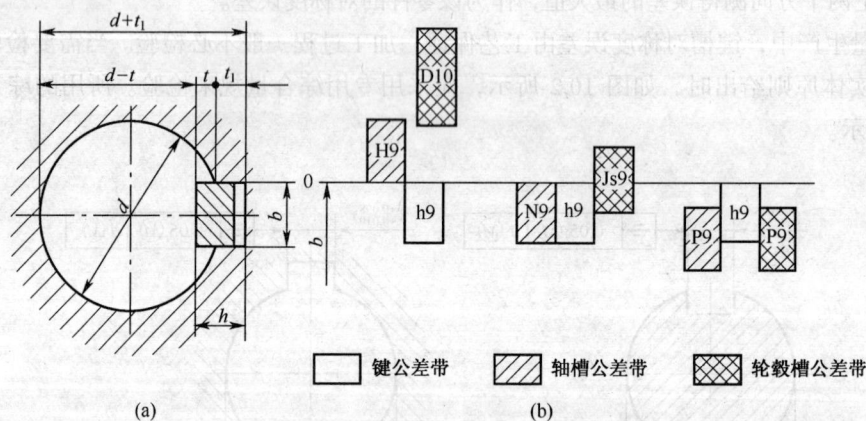

图 10.3　平键连接及尺寸 b 的公差带

表 10.3　　　　　　　　　　　平键连接的 3 种配合及其应用

配合种类	尺寸 b 的公差			配合性质及应用
	键	轴　槽	轮　毂　槽	
较松连接		H9	D10	键在轴上及轮毂中均能滑动，主要用于导向平键，轮毂可在轴上作轴向移动
一般连接	h9	N9	Js9	键在轴上及轮毂中均固定，用于载荷不大的场合
较紧连接		P9	P9	键在轴上及轮毂中均固定，而比上一种配合更紧，主要用于载荷较大，载荷具有冲击性，以及双向传递转矩的场合

平键的非配合尺寸公差在国家标准中也有规定，其轴槽深 t 和轮毂槽深 t_1 值见表 10.4，在零件图中可用 t 或（$d-t$）、t_1 或（$d+t_1$）标注，如图 10.3（a）所示。键高 h 按公差带 h11 取值，平键

键长 *l* 按公差带 h14 取值，轴槽长 *L* 按 h14 取值。

表 10.4 　　　　　　　　　　平键的键和键槽剖面尺寸及键槽公差

轴	键			键　槽									
公称直径 *d*	公称尺寸 *b×h*	宽度 *b* 极限偏差 h9	高度 *h* 极限偏差 h11（h9）①	宽度 *b*						深　度			
				公称尺寸 *b*	极 限 偏 差					轴 *t*		毂 *t₁*	
					较松键连接		一般键连接		较紧键连接	公称尺寸	极限偏差	公称尺寸	极限偏差
					轴 H9	毂 D10	轴 N9	毂 Js9	轴和毂 P9				
> 22 ~ 30	8×7	0 −0.036	0 −0.090	8	+0.036 0	+0.098 +0.040	0 −0.036	±0.018	−0.015 −0.051	4.0	+0.2 0	3.3	+0.2 0
> 30 ~ 38	10×8			10						5.0		3.3	
> 38 ~ 44	12×8	0 −0.043		12	+0.043 0	+0.120 +0.050	0 −0.043	±0.0215	−0.018 −0.061	5.0		3.3	
> 44 ~ 50	14×9			14						5.5		3.8	
> 50 ~ 58	16×10			16						6.0		4.3	
> 58 ~ 65	18×11			18						7.0		4.4	
> 65 ~ 75	20×12	0 −0.052	0 −0.110	20	+0.052 0	+0.149 +0.065	0 −0.052	±0.026	−0.022 −0.074	7.5		4.9	
> 75 ~ 85	22×14			22						9.0		5.4	
> 85 ~ 95	25×14			25						9.0		5.4	
> 95 ~ 110	28×16			28						10.0		6.4	

注：（*d−t*）和（*d+t₁*）两组组合尺寸的极限偏差，按相应的 *t* 和 *t₁* 的极限偏差选取，但（*d−t*）极限偏差值应取负号（−）。
　　① 截面是正方形的为 h9、长方形的为 h11。

2. 几何公差

键与键槽的几何误差不但使装配困难，影响连接的松紧程度，而且使工作面受力不均，对中性不好，因此必须加以限制。在国家标准中，对键和键槽的几何公差有如下的规定。

（1）轴槽及轮毂槽对轴及轮毂轴线的对称度，根据不同的功能要求和键宽公称尺寸 *b*，一般可按 GB/T 1184—1996 的对称度公差 7 ~ 9 级选取。

（2）当键长 *l* 与键宽 *b* 之比大于或等于 8 时，应提出键宽 *b* 的两侧面在长度方向的平行度要求。当 *b*≤6mm 时按 GB/T 1184—1996 规定的 7 级；*b*≥8mm ~ 36mm 时按 6 级；当 *b*≥40mm 时按 5 级。查平行度公差表时，主参数按键长 *l* 查。

3. 表面粗糙度

键侧面取 *Ra*1.6μm，键槽侧面取 *Ra*1.6 ~ 6.3μm，键与槽的上、下面取 *Ra*6.3μm，其余取 *Ra*12.5μm。有些重要的键连接，特别是导向平键，其侧面常需磨削至 *Ra*0.8μm。

------ 习题

一、判断题（正确的打√，错误的打×）

1. 平键的工作面是上、下两面。　　　　　　　　　　　　　　　　　　　（　　）

2. 在平键连接中，不同的配合性质是依靠改变轴槽和轮毂宽度的尺寸公差带的位置来获得的。

　　　　　　　　　　　　　　　　　　　　　　　　　　　　　　　　（　　）

3. 键槽的位置公差主要是指轴槽侧面与地面的垂直度误差。　　　　　　　（　　）

二、多项选择题

1. 键连接中非配合尺寸是指_____。

A. 键高　　　　　B. 键宽　　　　　C. 键长　　　　　D. 轴长

2. 轴槽和轮毂槽对轴线的_____误差将直接影响平键连接的可装配性和工作接触情况。

A. 平等度　　　　B. 对称度　　　　C. 位置度　　　　D. 垂直度

三、填空题

1. 键和花键通常用于连接_____与_____、_____等，以传递转矩与运动。

2. 普通平键主要用于_____，导向平键主要用于_____。

3. 在单件小批生产时，平键键槽的宽度和深度一般用_____测量，在大批大量生产时，可用_____来检验。

四、综合题

1. 在平键连接中，为什么要限制键和键槽的对称度误差？

2. 平键的尺寸与位置公差在单件小批量生产与成批大量生产中分别是如何检测的？

花键的检测

花键连接由内花键（花键孔）和外花键（花键轴）两个零件组成。花键孔或花键轴是将键槽与轮毂或键与轴制成一个整体的连接件，用以传递扭矩和导向。

花键连接与单键连接相比有如下优点：定心精度高、导向性好、各部位所受的负荷均匀、连接可靠且能传递较大的扭矩。

花键按截面形状可分为矩形花键、渐开花键和三角形花键，其中矩形花键应用最广。

任务一　花键的检测

花键的检测方法与花键的生产批量的多少有关，分为单项测量和综合检验。

1. 花键的单项测量和综合检验

花键各要素的实际（组成）要素，在单件小批生产时，一般采用普通计量器具来测量。在成批和大量生产中，是用专用极限量规来检验。如图 11.1 所示是检验内、外花键各要素极限尺寸用的塞规和卡规。

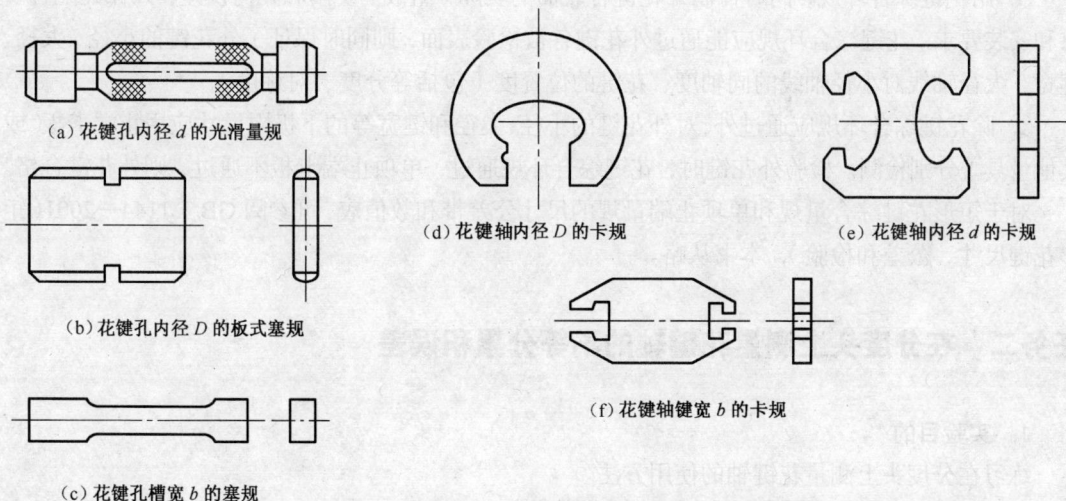

（a）花键孔内径 d 的光滑量规

（b）花键孔内径 D 的板式塞规

（c）花键孔槽宽 b 的塞规

（d）花键轴内径 D 的卡规

（e）花键轴内径 d 的卡规

（f）花键轴键宽 b 的卡规

图 11.1　花键极限塞规和卡规

GB/T 1144—2001 中规定，花键定心小径表面遵守包容原则，各键（槽）位置度公差采用最大实体原则。在这种情况下，内、外花键均应采用花键综合量规检验。

花键综合量规是根据控制实效边界原则来检验内、外花键用的综合量规，如图 11.2 所示。

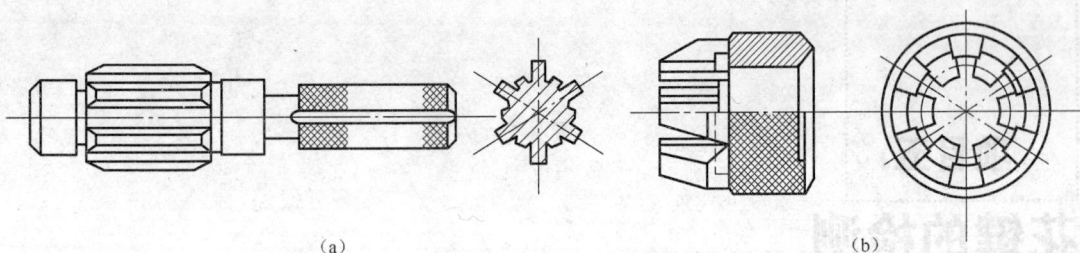

(a)　　　　　　　　　　　　　　　(b)

图 11.2　花键综合量规

图 11.2（a）所示为小径定心的花键综合塞规。花键综合塞规的两端有两个圆柱面，前一个用于导向，后一个用来检验内花键定心小径，中间的花键部分用来检验内花键的各个键槽和大径。图 11.2（b）所示为花键综合环规，由于其大径制造比较困难，因此，在制造时将花键综合环规的大径表面铣通，并于其后制一圆孔用于检验外花键的大径，花键部分用以检验外花键的定心小径和各个键宽。

2. 花键检测规则

（1）内花键的检测。

① 用花键综合塞规，同时控制内花键各表面的实际（组成）要素和几何误差，以保证配合要求和安装要求。花键综合塞规应能通过内花键各被检验表面，则同时保证了内花键的小径、大径、键槽宽、大径轴线对小径轴线的同轴度、键槽的位置度（包括等分度、对称度）。

② 除花键综合塞规应通过外，对内花键的小径、大径和键槽宽等的上极限尺寸应用单项止端塞规（或其他量具）分别检测。检验内花键时，花键综合塞规通过，单项止端塞规不通过，则内花键合格。

（2）外花键的检测。

① 用花键综合环规，同时控制外花键各表面的实际（组成）要素和几何误差，以保证配合要求和安装要求。花键综合环规应能通过外花键各被检验表面，则同时保证了外花键的小径、大径、键宽、大径轴线对小径轴线的同轴度、花键的位置度（包括等分度、对称度）。

② 除花键综合环规应通过外，对外花键的小径、大径和键宽等的下极限尺寸应用止端卡板（或其他量具）分别检测。检验外花键时，花键综合环规通过，单项止端卡板不通过，则外花键合格。

对于矩形花键综合量规和单项止端量规的尺寸公差带和数值表，可参阅 GB/T 1144—2001（矩形花键尺寸、公差和检验），本书从略。

任务二　在分度头上测量花键轴的不等分累积误差

1. 实验目的

练习在分度头上测量花键轴的使用方法。

2. 实验步骤

（1）在心轴上用千分表调整心轴素线与工作台之间的平行度，再调整主轴轴心线与尾座轴心线的重合。

（2）将心轴取下，换上被测件花键轴，根据花键数将角度等分。

（3）移动磁性表架用杠杆表触头接触花键轴第一键侧面，将表针对好零位，然后移开，转动分度头一个等分，测第二键侧面（假想分度头没有误差），以此类推，每等分直接在杠杆表上读数。

（4）把每个等分的实测数值填入表格，进行数据处理，得出累积误差结果，再查表判断是否合格。

3. 实验报告

（1）仪器名称。

角度测量范围：

度盘刻线分度值：

（分）分划板刻线分度值：

（秒）分划板刻线分度值：

（2）被测件：

（3）测量数据及计算结果填入下表中。

等分序号	实际测量数值（u）	相对数值（u）	绝对数值（u）	$K=\dfrac{相对}{n}$
1				
2				
3				
4				
5				
6				

（4）结论：

任务三 矩形花键的公称尺寸和定心方式

矩形花键连接有 3 个主要尺寸，即大径 D、小径 d 和键（槽）宽 B，如图 11.3 所示。GB/T 1144—2009《矩形花键尺寸、公差和检测》中规定了矩形花键为轻、中两个系列，键数为偶数，规定为 6 键、8 键和 10 键 3 种。轻、中两个系列的键数是相等的，对于同一小径两个系列的键宽（或槽宽）尺寸是相等的，仅大径尺寸不同。内、外花键的公称尺寸系列如表 11.1 所示。

矩形花键连接的主要要求是保证内、外花键连接后具有较高的同轴度，并能传递转矩，使用时各个键侧应均匀接触且导向性良好。而且矩形花键的互换性由内、外花键的小径 d、大径 D 和键（槽）宽 B 三个连接尺寸及其相互位置关系所确定。但是，若要同时保持 3 个连接尺寸都很精确是较困难的，况且它们的配合性质还会受内、外花键的几何误差

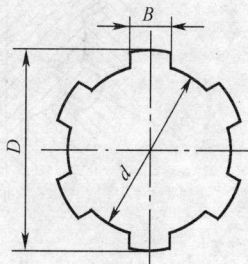

图 11.3 矩形花键连接

影响，为了既要保证花键连接的同轴度，又要避免制造困难，设计者将一个尺寸参数规定较高精度，作为主要配合尺寸，用它来保证内、外花键连接的同轴度，此尺寸称为定心尺寸，其他两个尺寸参数规定较低的精度，作为次要配合尺寸或非配合尺寸（即留有较大间隙），以补偿几何误差对配合的影响。这样，对加工是非常有利的。这就是花键的定心。

表 11.1　　　　　　　　　　　　内、外花键的基本尺寸系列

小径 d	轻 系 列				中 系 列			
	规 格 N×d×D×B	键 数 N	大 径 D	键 宽 B	规 格 N×d×D×B	键 数 N	大 径 D	键 宽 B
11					6×11×14×3		14	3
13					6×13×16×3.5		16	3.5
16					6×16×20×4		20	4
18		6			6×18×22×5	6	22	5
21					6×21×25×5		25	5
23	6×23×26×6		26	6	6×23×28×6		28	6
26	6×26×30×6		30	6	6×26×32×6		32	6
28	6×28×32×7		32	7	6×28×34×7		34	7
32	8×32×36×6		36	6	8×32×38×6		38	6
36	8×36×40×7		40	7	8×32×42×7		42	7
42	8×42×46×8		46	8	8×42×48×8		48	8
46	8×46×50×9	8	50	9	8×46×54×9	8	54	9
52	8×52×58×10		58	10	8×52×60×10		60	10
56	8×56×62×10		62	10	8×56×65×10		65	10
62	8×62×68×12		68	12	8×62×72×12		72	12
72	10×72×78×12		78	12	10×72×82×12		82	12
82	10×82×88×12		88	12	10×82×92×12		92	12
92	10×92×98×14	10	98	14	10×92×102×14	10	102	14
102	10×102×108×16		108	16	10×102×112×16		112	16
112	10×112×120×18		120	18	10×112×125×18		125	18

　　按照定心尺寸不同，矩形花键的定心方式可分为 3 种形式：即大径 D 定心、小径 d 定心和键宽 B 定心，如图 11.4 所示。GB/T 1144—2001《矩形花键尺寸、公差和检验》国家标准中只规定小径 d 定心。对定心直径 d 采用较高的公差等级；非定心直径 D 采用较低的公差等级，并且非定心直径表面之间留有较大的间隙，以保证它们不接触。为了要保证传递扭矩和起导向作用，键（槽）宽 B 的尺寸应具有足够的精度。

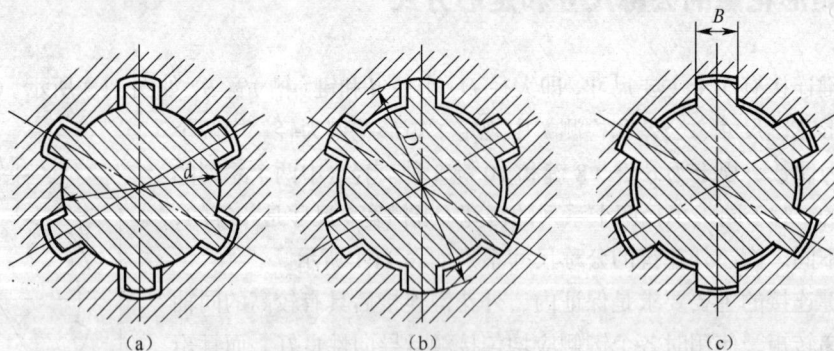

（a）　　　　　　　　　　（b）　　　　　　　　　　（c）

图 11.4　花键定心方式

　　采用小径 d 定心是因为由于生产和科学技术的发展，对定心表面的硬度、表面粗糙度的要求不断提高，需要热处理。热处理后表面产生变形，花键孔和花键轴的小径都可通过磨削加以修正，并使小径的尺寸精度和表面粗糙度要求得到保证。因此，花键连接采用小径定心可以提高花键连接的硬度和使用寿命，同时对定心表面尺寸精度的要求不断提高。例如，GB 10095—88 规定的 5 级、6 级精度齿轮花键孔，其定心精度要求 IT5 和 IT6 级。这是大径定心所达不到的，只有用小径定心磨孔才能达到要求，因此，花键连接采用小径定心，可以提高其定心精度。

任务四　花键连接的公差与配合

1. 内、外花键的尺寸公差带

内、外花键定心小径、非定心大径和键宽（键槽宽）的尺寸公差带分为一般用和精密用两类。这些公差带与 GB/T 1808—1999 规定的尺寸公差带是一致的。为减少专用刀具、量具的数目（如拉刀、量规），花键连接采用基孔制配合。但是，对一般用的内花键槽宽规定了两种公差带。加工后不再热处理的，公差带为 H9。加工后再进行热处理的，其键槽宽的变形不易修正，为补偿热处理变形，公差带为 H11。这种公差带用于热处理后不再校正的硬花键。

2. 内、外花键的尺寸公差带的选择

花键尺寸公差带选用的一般原则是：定心精度要求高或传递转矩大时，应选用精密传动用的尺寸公差带；反之，可选用一般用的尺寸公差带。

3. 内、外花键配合的选择

内、外花键的配合（装配型式）分为滑动、紧滑动和固定 3 种。其中，滑动连接的间隙较大；紧滑动连接的间隙次之；固定连接的间隙最小。

花键连接的配合性质是由定心直径、键及槽宽的公差带位置所决定。花键配合的一般原则取决于内、外花键连接所需间隙的大小。

（1）当花键孔在花键轴上有轴向移动时，间隙应大。

（2）当花键孔在花键轴上移动的次数频繁，移动的长度越大，则间隙应越大。间隙的大小应保证配合表面之间有足够的润滑油层，如汽车变速箱中的滑移齿轮花键孔与花键轴的连接。

（3）定心精度高，或花键轴有反向转动时，为了保证定心精度，减少反向所产生的空程和冲击，所选间隙要适当小些。

（4）当传递大的扭矩，为使工作表面上负荷分布均匀，间隙应小些。

根据上述原则，可结合实际情况参考表 11.2 选取。

表 11.2　　　　　　　　　内、外花键的尺寸公差带

内 花 键				外 花 键			装配型式
$d^{②}$	D	B		d	D	B	
		拉削后不热处理	拉削后热处理				
一　般　用							
H7	H10	H9	H11	f7		d10	滑　动
				g7	a11	f9	紧滑动
				h7		h10	固　定
精密传动用 [①]							
H5	H10	H7	H9	f5	a11	d8	滑　动
				g5		f7	紧滑动
				h5		h8	固　定
H6				f6		d8	滑　动
				g6		f7	紧滑动
				h6		b8	固　定

注：① 精密传动用的内花键，当需要控制键侧间隙时，槽宽可选用 H7，一般情况下可选用 H9。

　　② d 为 H6 和 H7 的内花键，允许与提高一级的外花键配合。

任务五 花键的几何公差

内、外花键加工时，不可避免地会产生几何（形状和位置）公差。花键的几何公差对花键连接的装配性能及传力性能影响很大，必须加以控制。

1. 形状公差

内、外花键小径定心表面的形状公差和尺寸公差遵守包容原则。

2. 位置公差

花键在制造时，各连接尺寸的实际（组成）要素应控制在各自的尺寸公差带内。但是，若不同时考虑花键存在的几何误差对花键连接的影响，也不能充分保证花键连接的互换性和可装配性。如图 11.5 所示，设内花键（用实线表示）的轮廓形状和尺寸都是正确的，外花键（用虚线表示）各要素的尺寸也是合格的，但花键的大、小径不同轴，且键的位置有错移，假如原定内、外花键连接处要有间隙，由于几何误差的影响，在键 4 与键 6 处出现了过盈，其结果相当于外花键的轮廓尺寸增大了。同理，若内花键也存在几何误差，装配时，也相当于内花键的轮廓尺寸变小了。结

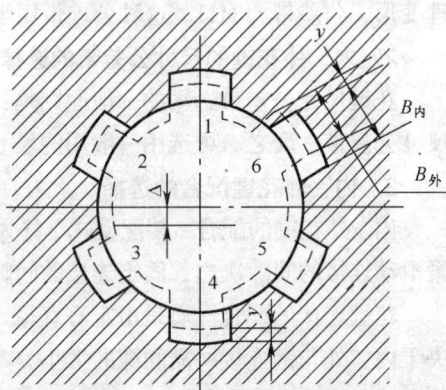

图 11.5 几何误差对花键连接的影响

果不能保证预定的配合性质，甚至无法进行装配。因为这时并不是连接尺寸的实际（组成）要素决定配合性质，而是由内、外花键的作用尺寸进行配合。为了保证花键连接的互换性、可装配性和键侧接触的均匀性，除了用包容原则控制定心表面的形状误差外，还应限制花键的等分度误差。

对于花键的等分度误差，一般用位置度公差来控制，并采用最大实体原则，图样标注如图 11.6 所示，用花键综合量规检验。花键位置度公差值如表 11.3 所示。

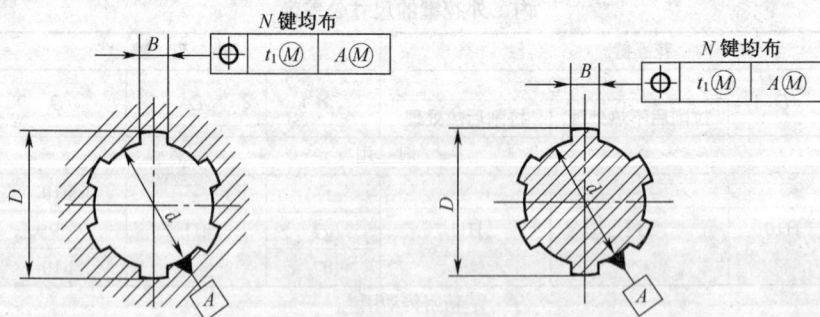

图 11.6 花键的位置度公差标注

表 11.3 花键位置度公差 单位：mm

键槽宽或键宽 B		3	3.5 ~ 6	7 ~ 10	12 ~ 18
		t_1			
键槽宽		0.010	0.015	0.020	0.025
键宽	滑动、固定	0.010	0.015	0.020	0.025
	紧滑动	0.006	0.010	0.013	0.016

单项检验时，规定键（槽）两侧面的中心平面对定心表面轴线的对称度公差和等分度公差，图样标注如图 11.7 所示。

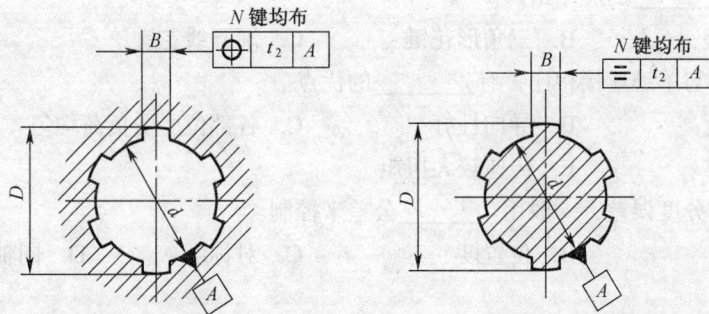

图 11.7 花键的对称度公差标注

花键对称度公差值如表 11.4 所示。等分度公差值等于键宽的对称度公差值。对较长的花键，可根据产品性能自行规定键侧对轴线的平行度公差。

表 11.4   花键对称度公差   单位：mm

键槽宽或槽宽 B	3	3.5 ~ 6	7 ~ 10	12 ~ 18
	t_2			
一般用	0.010	0.012	0.015	0.018
精密传动用	0.006	0.008	0.009	0.011

任务六　花键的标注

矩形花键的标记代号应按次序包括下列项目：键数 N_x、小径 d、大径 D、键（槽）宽 B 和花键的公差带代号。

例：花键 N=6，$d = 23\dfrac{\text{H7}}{\text{f7}}$，$D = 26\dfrac{\text{H10}}{\text{a11}}$，$B = 6\dfrac{\text{H11}}{\text{d10}}$ 的标记如下。

（1）花键规格： $N \times d \times D \times B$

                      $6 \times 23 \times 26 \times 6$

（2）花键副：标注花键规格和配合代号

        $6 \times 23\dfrac{\text{H7}}{\text{f7}} \times 26\dfrac{\text{H10}}{\text{a11}} \times 6\dfrac{\text{H11}}{\text{d10}}$ GB/T 1144—2001

（3）内花键：标注花键规格和尺寸公差带代号

        $6 \times 23\text{H7} \times 26\text{H10} \times 6\text{H11}$ GB/T 1144—2001

（4）外花键：标注花键规格和尺寸公差带代号

        $6 \times 23\,\text{f7} \times 26\text{a11} \times 6\text{d10}$ GB/T 1144—2001

习题

一、判断题（正确的打√，错误的打×）

1. 花键连接采用小径定心，可以提高花键连接的定心精度。 （　　）

2. 检验内花键时，花键综合塞规通过，单项止端塞规不通过，则内花键合格。 （　　）

3. 检验外花键时，花键综合环规不通过，单项止端卡板通过，则外花键合格。（　　　）

二、多项选择题

1. 花键中_____的应用最广。

A. 矩形花键　　　　　　B. 三角形花键　　　　　C. 渐开线花键

2. 花键连接与单键连接相比，有_____的优点。

A. 定心精度高　　　　B. 导向性好　　　　C. 各部位所受负荷均匀

D. 连接可靠　　　　E. 传递较大扭矩

3. 花键的等分度误差，一般用_____公差来控制。

A. 平等度　　　　　　B. 位置度　　　　　C. 对称度　　　　　D. 同轴度

三、填空题

1. 标准规定矩形花键的位置度公差应遵守_____原则，矩形花键一般采用_____来检验。

2. 矩形花键连接的配合代号为6×23f7×26a11×6d10，其中6表示_____，23表示_____，26表示_____，是_____定心。

3. 对于内花键的小径、大径和键槽宽等的上极限尺寸应用_____分别检测。

四、综合题

在成批大量生产中，花键的尺寸位置公差是如何检测的？

齿轮的测量

任务一　齿轮测量

1．实验目的

（1）熟悉齿轮误差主要评定指标的检测方法，加深对齿轮误差项目的定义及其公差规定的理解。

（2）熟悉常用齿轮测量器具的工作原理和使用方法。

2．实验内容

（1）用径向跳动检查仪测齿圈径向跳动。

① 仪器介绍。齿圈径向跳动 ΔF_r 的检测，可用径向跳动检查仪、万能测齿仪或偏摆检查仪等仪器。本实验采用径向跳动检查仪检测齿圈径向跳动。径向跳动检查仪的外形结构如图 12.1 所示。

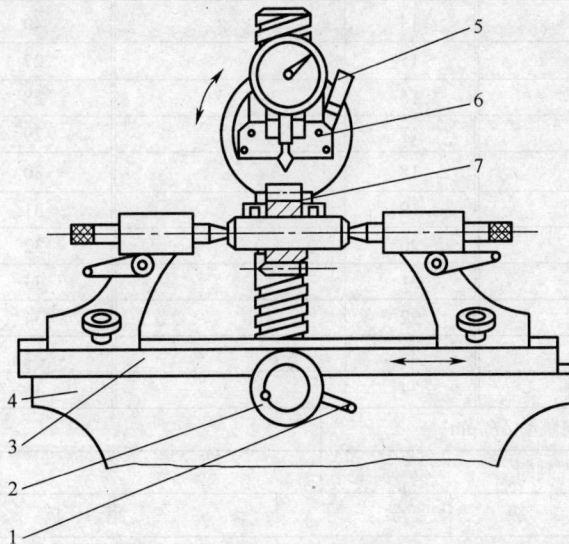

图 12.1　径向跳动检查仪外形结构

1—手柄；2—手轮；3—滑板；4—底座；5—转动手柄

6—千分表架；7—升降螺母

不同模数的齿轮，应选用不同直径的测头，其对应关系如表 12.1 所示。

表 12.1 测头推荐值

模数/mm	0.3	0.5	0.7	1	1.25	1.5	1.75	2	3	4	5
测头直径/mm	0.5	0.8	1.2	1.7	2.1	2.5	2.9	3.3	5.0	6.7	8.3

② 实验步骤。

- 根据被测齿轮的模数，选择合适的测头装入指示表测量杆的下端。
- 将被测齿轮和心轴装在仪器的两顶尖之间，锁紧两头螺钉。
- 旋转手柄1，调整滑板3的位置，使指示表测头位于齿宽的中部。调整升降螺母7，使指示表指针压缩 1~2 圈，将指示表对零。
- 依次测量一圈，并记录指示表读数。其中最大读数与最小读数之差即为 ΔFr。
- 判断该齿轮齿圈径向跳动的合格性。
- 填写实验报告。

③ 填写实验报告。将测量数据填写到表 12.2 中。

表 12.2 实验报告表（一）

被测齿轮	模数 m		齿 数		齿形角 α		编 号		公差标准
	齿圈径向跳动公差								
计量器具	名 称			测量范围				分度值	

测量记录/μm

序 号	读 数	序 号	读 数	序 号	读 数
1		13		25	
2		14		26	
3		15		27	
4		16		28	
5		17		29	
6		18		30	
7		19		31	
8		20		32	
9		21		33	
10		22		34	
11		23		35	
12		24		36	
实测齿圈径向跳动 ΔF_r/μm					
合格性判断					
姓 名	班 级	学 号	审 核		成 绩

（2）用公法线千分尺检测公法线长度变动量。

① 器具介绍。公法线平均长度偏差 ΔE_w 及公法线长度变动量 ΔF_w 可采用公法线指示规、万能测齿仪或公法线千分尺测量。公法线千分尺外形结构如图 12.2 所示。

测量时应正确选择跨齿数，以使两端测砧的工作面在分度圆附近与齿面相切。

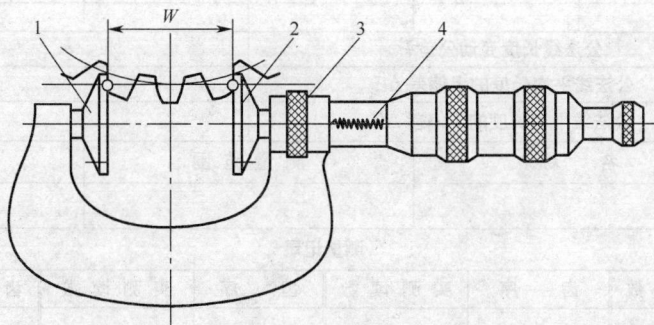

图 12.2　公法线千分尺

1—固定测量；2—活动测量；3—锁紧螺母；4—微分筒

② 测量步骤。

• 计算公法线公称长度 W 与跨齿数 k。

公法线长度公称值 W 为

$$W = m\cos\left[\frac{\pi}{2}(2k-1) + 2x\tan\alpha + z\mathrm{inv}\alpha\right] \qquad (12.1)$$

式中，

　　m——模数；

　　α——压力角，$\mathrm{inv}\alpha = \tan\alpha - \alpha$；

　　x——变位系数；

　　z——齿数；

　　k——跨齿数。

当 $\alpha = 20°$，$x = 0$ 时

$$W = m\left[1.476(2k-1) + 0.014z\right] \qquad (12.2)$$

$$k = \frac{z}{9} + 0.5 \qquad (12.3)$$

k 取整数。

• 按确定的跨齿数，使两侧砧分别与齿轮的非同名齿廓接触，测量实际公法线长度。

• 依次沿整个圆周测取实际公法线长度 W_i 并做好记录。

• 计算 ΔE_w 和 ΔF_w。

$$\Delta E_w = \left(\sum_{i=1}^{z}\frac{W_i}{z}\right) - W \qquad (12.4)$$

$$\Delta F_w = W_{\max} - W_{\min} \qquad (12.5)$$

式中，$W_{\max}$，$W_{\min}$——测得公法线实际长度的最大值和最小值。

• 判断被测零件的合格性。

• 填写实验报告。

③ 填写实验报告。将测量数据填写到表 12.3 中。

表 12.3 　　　　　　　　　　　实验报告表（二）

	模数 *m*	齿数 *z*	压力角 *α*	编　号	公差标注	跨齿数 *k*
被　测 齿　轮	公法线长度变动公差 F_w					
	公法线平均长度的上偏差 ΔE_{ws}					
	公法线平均长度的下偏差 ΔE_{wi}					
测　量 器　具	名　　称		测 量 范 围		分 度 值	

测量记录

齿　序	实测读数	齿　序	实测读数	齿　序	实测读数	齿　序	实测读数
1		9		17		25	
2		10		18		26	
3		11		19		27	
4		12		20		28	
5		13		21		29	
6		14		22		30	
7		15		23		31	
8		16		24		32	
公法线平均长度							
公法线平均长度偏差 ΔE_w							
公法线长度变动量 ΔF_w							
合格性判断							
姓　名		班　级		学　号		审　核	成　绩

任务二　齿轮的误差及其评定指标与检测

1. 齿轮传动的要求

（1）传递运动的准确性。要求齿轮在一转范围内，产生的最大转角误差要限制在一定的范围内，最大转角误差又称为长周期误差。

（2）传动运动的平稳性。要求齿轮在任一瞬时传动比的变化不要过大，否则会引起冲击、噪声和振动，严重时会损坏齿轮。为此，齿轮一齿转角内的最大误差需要限制在一定的范围内，这种误差又称为短周期误差。

（3）载荷分布的均匀性。若齿面上的载荷分布不均匀，将会导致齿面接触不好，而产生应力集中，引起磨损、点蚀或轮齿折断，严重影响齿轮使用寿命。

（4）传动侧隙的合理性。在齿轮传动中，为了储存润滑油，补偿齿轮的受力变形、受热变形以及制造和安装的误差，对齿轮啮合的非工作面应留有一定侧隙，否则会出现卡死或烧伤现象；但侧隙又不能过大，否则对经常正反转的齿轮会产生空程和引起换向冲击，侧隙必须合理确定。

2. 不同工作情况的齿轮对传动的要求

实际上，齿轮对以上4点使用要求并不都是一样，根据齿轮传动的不同工作情况各自的要求也是不同的。常见的不同要求的齿轮有以下4种。

（1）一般动力齿轮。如机床、减速器和汽车等的齿轮，通常对传动平稳性和载荷分布均匀性有所要求。

（2）动力齿轮。这类齿轮的模数和齿宽大，能传递大的动力且转速较低，如矿山机械、轧钢机上的齿轮，主要对载荷分布的均匀性与传动侧隙有严格要求。

（3）高速齿轮。这类齿轮转速高，易发热，如汽轮机的齿轮，为了减少噪声、振动、冲击和避免卡死，因而对传动的平稳性和侧隙有严格的要求。

（4）读数、分度齿轮。这类齿轮由于精度高、转速低，如百分表、千分表以及分度头中的齿轮，要求传递运动准确，一般情况下要求侧隙保持为零。

由于齿轮传动装置是由齿轮副、轴、轴承和机座等零件组成，因此，影响齿轮传动质量的因素很多，但齿轮与齿轮副是其中的主要因素，本节将重点介绍如何控制单个齿轮与齿轮副的质量问题。

3. 控制齿轮各项误差的公差组

根据加工后齿轮各项误差对齿轮传动使用性能的主要影响，划分了 3 个公差组，分别控制齿轮的各项加工误差。第 I 公差组为控制影响传递运动准确性的误差，第 II 公差组为控制影响传动平稳性的误差，第 III 公差组为控制影响载荷分布均匀性的误差。

4. 齿轮的误差及其评定指标与检测

（1）影响齿轮传递运动准确性的主要误差评定、控制与检测。

① 齿圈径向跳动 ΔF_r（公差 F_r）。齿轮完工后，轮齿的实际分布圆周（或分度圆）与理想的分布圆周（或分度圆）的中心不重合，产生了径向偏移，从而引起了径向误差，如图 12.3 所示。径向误差又导致了齿圈径向跳动的产生。

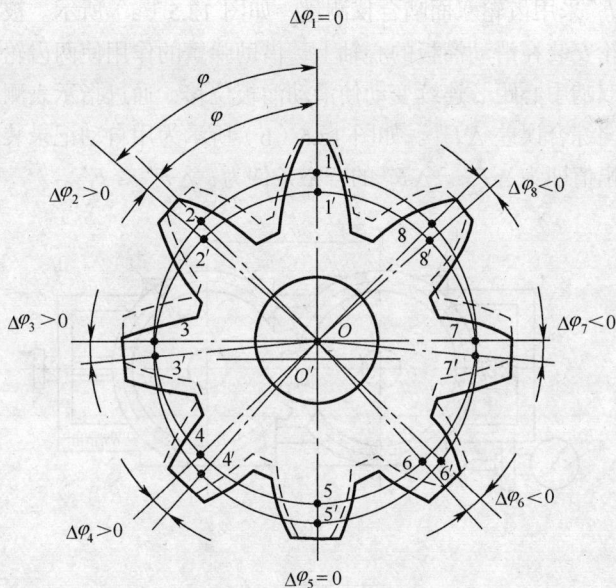

图 12.3 齿轮的径向误差

齿圈径向跳动是指在齿轮一转范围内，测头在齿槽内齿高中部双面接触，测头相对于齿轮轴线的最大变动量，如图 12.4 所示。

规定齿圈径向跳动的公差 F_r，是对齿圈径向跳动误差 ΔF_r 的限制。齿圈径向跳动误差 ΔF_r 的合格条件为：$\Delta F_r \leqslant F_r$。

齿圈径向跳动误差 ΔF_r 可在齿圈径向跳动检查仪上测量。

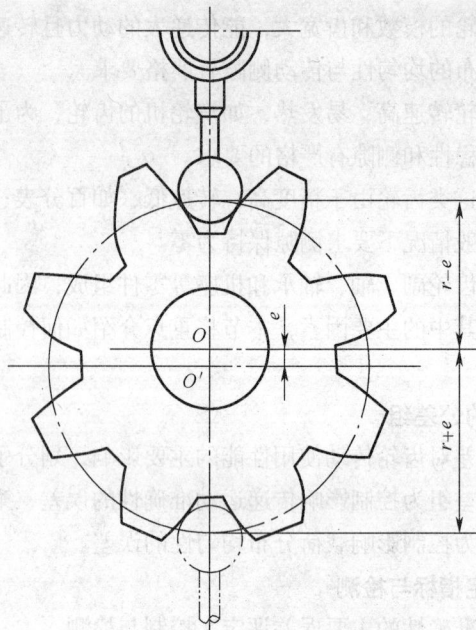

图 12.4 齿圈径向跳动

② 径向综合误差 $\Delta F_i''$（公差 F_i''）。径向综合误差是指被测齿轮与理想精确的测量齿轮双面啮合时，在被测齿轮一转内，双啮中心距的最大变动。

径向综合误差 $\Delta F_i''$ 采用齿轮双面啮合仪测量，如图 12.5（a）所示。被测齿轮安装在固定溜板的心轴上，测量齿轮安装在滑动溜板的心轴上，借助弹簧的作用使两齿轮做无侧隙双面啮合。在被测齿轮一转内，双啮中心距 a 连续变动使滑动溜板位移，通过指示表测出最大与最小中心距变动的数值，即为径向综合误差 $\Delta F_i''$。如图 12.5（b）所示为用自动记录装置记录的双啮中心距的误差曲线，其最大幅值即为 $\Delta F_i''$。$\Delta F_i''$ 的合格条件为：$\Delta F_i'' \leqslant F_i''$。

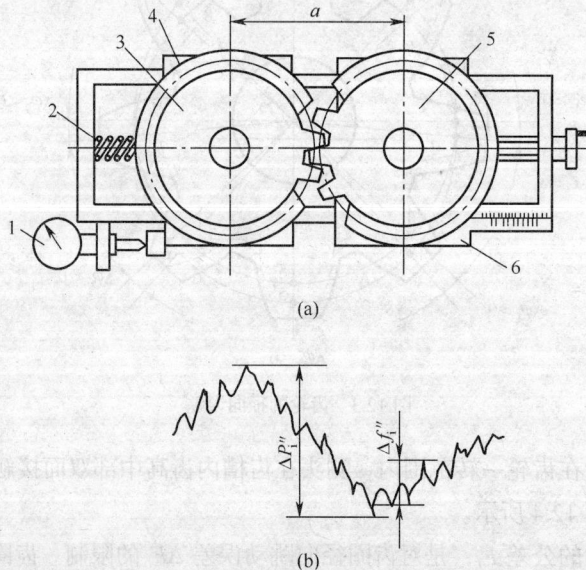

(a)

(b)

图 12.5 双面啮合综合测量

1—指示表；2—弹簧；3—测量齿轮；4—滑动溜板；5—被测齿轮；6—固定溜板

③ 公法线长度变动 ΔF_w（公差 F_w）。齿轮加工后，其实际齿廓的位置不仅要沿径向产生偏移，而且还要沿切向产生偏移，如图 12.6 所示。这就使齿轮在一转范围内各段的公法线长度产生了误差。

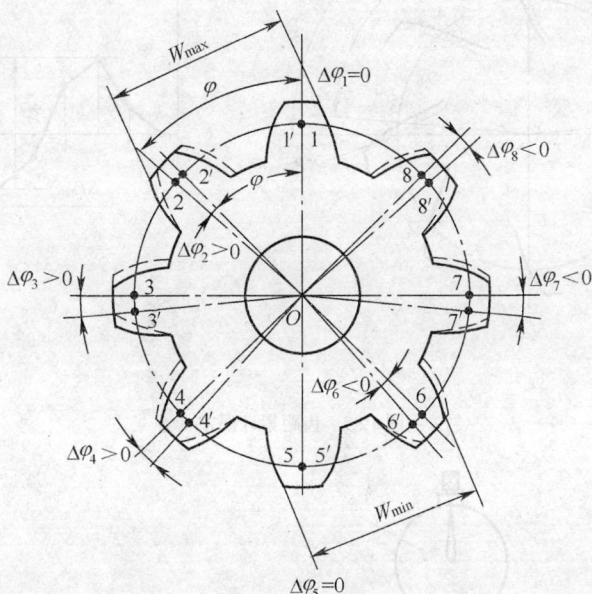

图 12.6　齿轮的切向误差及公法线长度变动

所谓公法线长度变动是指在齿轮一转范围内，实际公法线长度最大值与最小值之差，如图 12.6 所示，即

$$\Delta F_w = W_{\max} - W_{\min} \qquad\qquad (12.6)$$

公法线长度变动公差 F_w 是对公法线长度变动 ΔF_w 的限制。ΔF_w 的合格条件为：$\Delta F_w \leqslant F_w$。测量公法线长度可用公法线千分尺。

④ 切向综合误差 $\Delta F_i'$（公差 F_i'）。切向综合误差是指被测齿轮与理想精确的测量齿轮（允许用齿条、蜗杆等测量元件代替）做单面啮合时，在被测齿轮一转内，实际转角与公称转角之差的总幅值，以分度圆弧长计值。若切向综合误差 $\Delta F_i'$ 不大于切向综合公差 F_i'，即 $\Delta F_i' \leqslant F_i'$，则齿轮传递运动准确性满足要求。$\Delta F_i'$ 是用单面啮合综合检查仪（单啮仪）测量的。

⑤ 齿距累积误差 ΔF_p（公差 F_p）、K 个齿距累积误差 ΔF_{pk}（公差 F_{pk}）。齿距累积误差是指在分度圆上（允许在齿高中部测量），任意两个同侧齿面的实际弧长与公称弧长之差的最大绝对值。K 个齿距的累积误差是指在分度圆上，K 个齿距的实际弧长与公称弧长之差的最大绝对值，如图 12.7 所示。使用齿距仪测量 ΔF_p 的示意图如图 12.8 所示。

齿距累积误差的合格条件为：$\Delta F_p \leqslant F_p$，则齿轮传递运动的准确性满足要求。为了控制影响齿轮传递运动准确性的各项误差，规定了第 Ⅰ 公差组的检验组，如表 12.4 所示。

表 12.4 中由于 F_i' 和 F_p 公差能全面控制齿轮一周中的误差，所以这两项作为综合精度指标列入标准，可单独作为控制影响传递运动准确性的检验项目。考虑到 F_i'' 与 F_r 用于控制径向误差，F_w 用于控制切向误差，为了全面控制影响传递运动准确性的误差，必须采用组合项目。当采用 3 组或 4 组项目，如有一个项目检验不合格时，应测量 ΔF_p，若 ΔF_p 也不合格，方可判断传递运动准确性精度不合格。第 5 检验组项目 F_r，只用于控制 10 级精度以下的齿轮，不必再检验 ΔF_w。

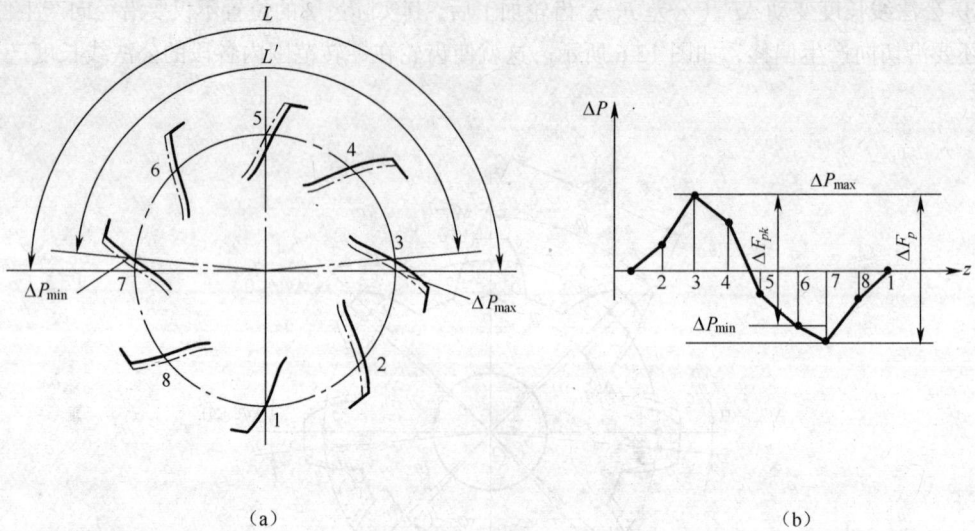

（a）　　　　　　　　　　　　　　　　（b）

图 12.7　齿距累计误差

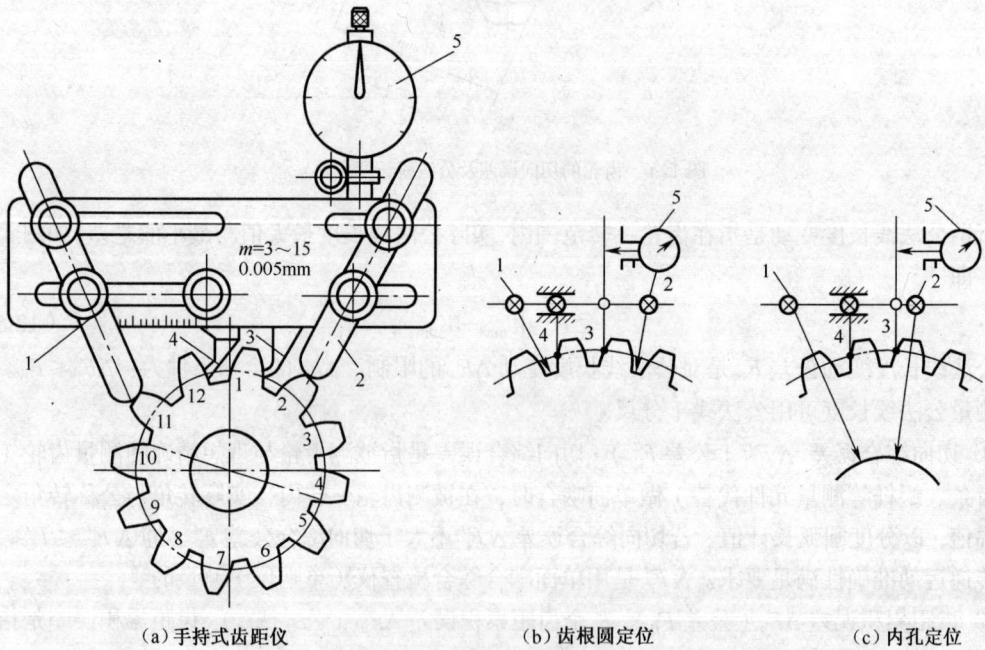

（a）手持式齿距仪　　　　　　　（b）齿根圆定位　　　　　　　（c）内孔定位

图 12.8　齿距累计误差的测量

1、2—定位支脚；3—活动量爪；4—固定量爪；5—指示表

表 12.4　　　　　　　　影响传动准确性第 Ⅰ 公差组的检验组

检 验 组	公差代号	检 验 内 容
1	F_i'	切向综合误差为综合指标
2	F_p 或 F_{pk}	齿距累积误差或 K 个齿距累积误差（ΔF_{pk} 仅在必要时检验）
3	F_i'' 和 F_w	径向综合误差和公法线长度变动误差
4	F_r 和 F_w	齿圈径向跳动误差和公法线长度变动误差
5	F_r	齿圈径向跳动误差

（2）影响齿轮传动平稳性的主要误差的评定、控制
与检测。齿轮传动平稳性取决于任一瞬时传动比的变化，
而主要影响瞬时传动比变化的误差是以齿轮一个齿距角
为周期的基节偏差和齿形误差。

① 基节偏差。基节偏差 Δf_{pb}（极限偏差 $\pm f_{pb}$）指的
是实际基节与公称基节之差，如图 12.9 所示。

Δf_{pb} 的合格条件为

$$-f_{pb} \leqslant \Delta f_{pb} \leqslant +f_{pb} \qquad (12.7)$$

使用基节检查仪测量 Δf_{pb}。

② 齿形误差 Δf_f（公差 f_f）。齿形误差是指在齿的端

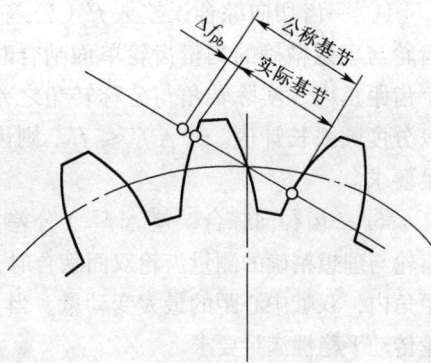

图 12.9 基节偏差

面上，齿形工作部分内（齿顶倒楞部分除外），包容实际齿形且距离为最小的两条设计齿形间的法
向距离，如图 12.10 所示。Δf_f 的合格条件为

$$\Delta f_f \leqslant f_f$$

Δf_f 可在专用的渐开线检查仪或通用的万能工具显微镜上测量。

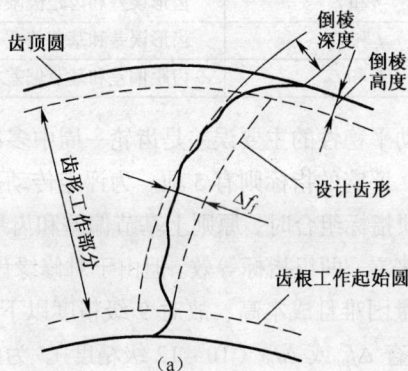

（a）

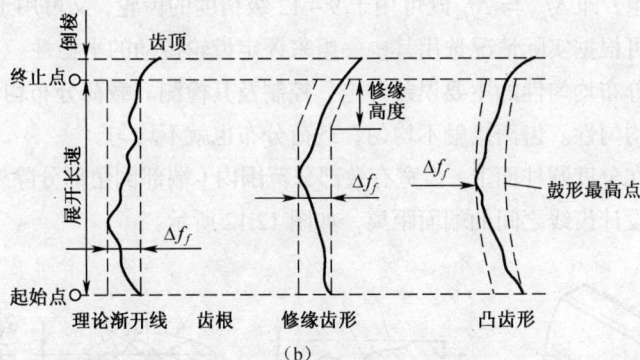

（b）

图 12.10 齿形误差

③ 齿距偏差 Δf_{pt}（极限偏差 $\pm \Delta f_{pt}$）。齿距偏差是指在分度圆上（允许在齿高中部测量），实际
齿距与公称齿距之差，如图 12.11 所示。

Δf_{pt} 的合格条件为

$$-f_{pt} \leqslant \Delta f_{pt} \leqslant +f_{pt} \qquad (12.8)$$

齿距偏差 Δf_{pt} 与齿距累积误差 ΔF_p 的测量方法相同。

④ 一齿切向综合误差 $\Delta f_i'$（公差 f_i'）。它是指被测齿轮与理想精确的测量齿轮单面啮合时，在被测齿轮一个齿距角内，实际转角与公称转角之差的最大幅度值，以分度圆弧长计值。若 $\Delta f_i' \leqslant f_i'$，则齿轮传动平稳性满足要求。

⑤ 一齿径向综合误差 $\Delta f_i''$（公差 f_i''）。它是指被测齿轮与理想精确的测量齿轮双面啮合时，在被测齿轮一齿距角内，双啮中心距的最大变动量。当 $\Delta f_i'' \leqslant f_i''$ 时，齿轮传动平稳性满足要求。

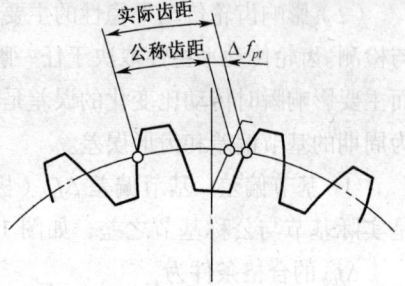

图 12.11　齿距偏差

为了控制影响传动平稳性的各项误差，规定了第Ⅱ公差组的检验组，各项目见表 12.5。

表 12.5　　　　　　　　控制影响齿轮传动平稳性误差的第Ⅱ公差组的检验组

检　验　组	公差代号	检验内容
1	f_i'	一齿切向综合误差，为综合指标（特殊需要时加检 ΔF_{pb}）
2	f_i''	一齿径向综合误差，它也是综合指标
3	f_f 和 f_{pt}	齿形误差和齿距极限偏差
4	f_f 和 f_{pb}	齿形误差和基节偏差
5	f_{pt} 和 f_{pb}	齿距偏差和基节偏差

综上所述，影响齿轮传动平稳性的主要误差是齿轮一周中多次重复出现，并以一个齿距角为周期的基节偏差和齿形误差。评定的指标则有 5 项。为评定传动平稳性，可采用一项综合指标或两项单项指标组合。选用单项指标组合时，原则上基节偏差和齿形误差应各占一项，如表 12.3 中的 3、4 两组。从控制的质量来看，两组指标等效。但由于对修缘齿轮不能测量 Δf_{pb}，故应选用 Δf_{pt} 与 Δf_f。此外，考虑到 Δf_f 测量困难且成本高，故对 9 级精度以下的齿轮和尺寸较大的齿轮用 Δf_{pt} 代替 Δf_f，有时甚至可以只检查 Δf_{pt} 或 Δf_{pb}（10～12 级精度）。为此，直齿圆柱齿轮传动平稳性的评定指标增加到 6 组，即 Δf_{pb} 与 Δf_{pt} 既可用于 9～12 级精度的齿轮，又可用于 10～12 级精度的齿轮。具体应用时，可根据实际情况选用其中一组来评定齿轮传动的平稳性。

（3）影响载荷分布均匀性的主要误差评定、控制及其检测。载荷分布均匀性主要取决于相啮合轮齿齿面接触的均匀性。齿面接触不均匀，载荷分布也就不均匀。

齿向误差是指在分度圆柱面上，齿宽有效部分范围内（端部倒角部分除外），包容实际齿线且距离为最小的两条设计齿线之间的端面距离，如图 12.12 所示。

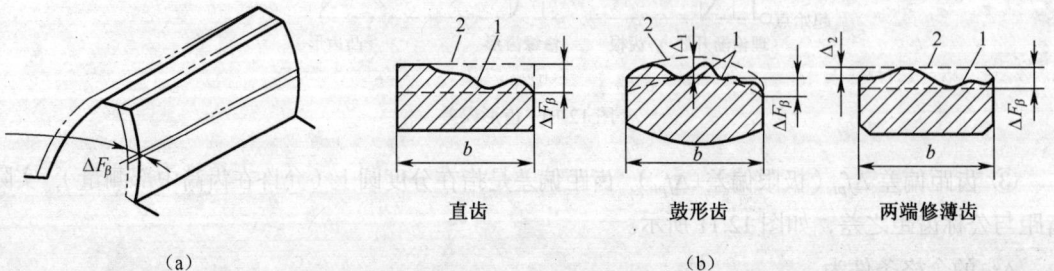

（a）

直齿　　　　　　鼓形齿　　　　　两端修薄齿

（b）

图 12.12　齿向误差

1—实际齿线；2—设计齿线；Δ_1—鼓形量；Δ_2—齿端修薄量；b—齿宽

齿向误差反映出齿轮沿齿长方向接触的均匀性，亦即反映出齿轮沿齿长方向载荷分布的均匀性。因此，它可以作为评定载荷分布均匀性的单项指标。规定齿向公差 F_β 是对齿向误差 ΔF_β 的限制，ΔF_β 的合格条件为

$$\Delta F_\beta \leqslant F_\beta$$

齿向误差可在改制的偏摆检查仪上或万能工具显微镜上进行测量。

（4）传动侧隙合理性的评定、控制与检测。

① 齿厚偏差 ΔE_s（齿厚极限偏差上极限偏差 E_{ss}、下极限偏差 E_{si}）。齿厚偏差是指分度圆柱面上，齿厚的实际值与公称值之差，如图 12.13 所示。

侧隙是齿轮装配后自然形成的，如图 12.14 所示。获得侧隙的方法有两种，一种是固定中心距的极限偏差，通过改变齿厚的极限偏差来获得不同的极限侧隙；另一种则相反，固定齿厚的极限偏差，而在装配时调整中心距来获得所需的侧隙。考虑到加工和使用方便，一般多采用前种方法。

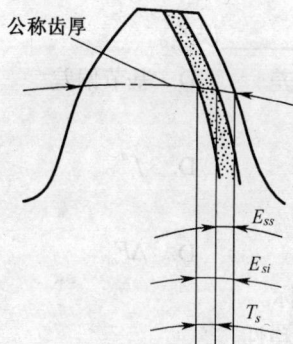

图 12.13 齿厚偏差

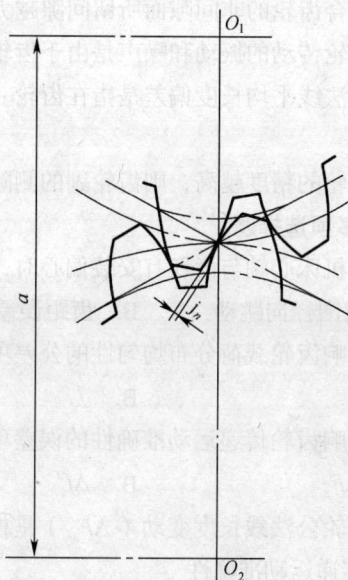

图 12.14 侧隙的形成

为此，要保证合理的侧隙，就要限制齿厚偏差。反过来说，通过控制齿厚偏差，就可控制合理的侧隙。齿厚极限偏差（E_{ss}、E_{si}）是对齿厚偏差 ΔE_s 的限制。ΔE_s 的合格条件为

$$E_{si} \leqslant \Delta E_s \leqslant E_{ss}$$

测量齿厚常用的是齿厚游标卡尺。

② 公法线平均长度偏差 ΔE_{wm}（极限偏差上偏差 E_{wms}、下偏差 E_{wmi}）。公法线平均长度偏差是指齿轮一转内，公法线平均长度与公称长度之差。对标准直齿圆柱齿轮，公法线长度的公称值为

$$W=(k-1)p_b+s_b \tag{12.9}$$

或

$$W=m[1.476(2k-1)+0.014z] \tag{12.10}$$

式中，k 为跨齿数，对标准直齿圆柱齿轮为

$$k=z\alpha/180° +0.5 \tag{12.11}$$

由式（12.11）可见，齿轮齿厚减薄时，公法线长度亦相应减小，反之亦然。因此，可用测量

公法线长度来代替测量齿厚，以评定传动侧隙的合理性。公法线平均长度的极限偏差 E_{wmi} 和 E_{wms} 是对公法线平均长度偏差 ΔE_{wm} 的限制。ΔE_{wm} 的合格条件为

$$E_{wmi} \leqslant \Delta E_{wm} \leqslant Ew_{ms}$$

ΔE_{wm} 的测量与 ΔF_w 的测量一样，可用公法线千分尺、公法线指示卡规等测量。在测量 ΔF_w 的同时可测得 ΔE_{wm}。

由于测量公法线长度时并不以齿顶圆为基准，因此测量结果不受齿顶圆直径误差和径向跳动的影响，测量的精度高。但为排除切向误差对齿轮公法线长度的影响，应在齿轮一转内至少测量均布的 6 段公法线长度，并取其平均值计算公法线平均长度偏差 ΔE_{wm}。

习题

一、判断题（正确的打√，错误的打×）

1. 齿轮传动主要用来传动运动与动力。 （　　）

2. 啮合齿轮的非间隙面所留间隙越大越好。 （　　）

3. 齿轮传动的振动和噪声是由于齿轮传递运动的不准确性引起的。 （　　）

4. 公法线平均长度偏差是指在齿轮一周过程中，实际最大公法线与最小公法线之差。

（　　）

5. 齿轮的精度越高，则齿轮副的侧隙越小。 （　　）

二、多项选择题

1. 当机床心轴与齿坯有安装偏心时，会引起齿轮的_____误差。

A. 齿圈径向跳动　　　B. 齿距误差　　　C. 齿厚误差　　　D. 基节偏差

2. 影响齿轮载荷分布均匀性的公差项目有_____。

A. F_i'　　　　　　B. f_f　　　　　　C. F_β　　　　　　D. f_i''

3. 影响齿轮传递运动准确性的误差项目有_____。

A. ΔF_p　　　　　B. $\Delta f_i'$　　　　　C. ΔF_β　　　　　D. ΔF_ω

4. 齿轮公法线长度变动（ΔF_w）是控制_____的指标。

A. 传递运动准确性　　　　　　　　B. 传动平稳性

C. 载荷分布均匀性　　　　　　　　D. 传动侧隙合理性

三、填空题

1. 公法线平均长度偏差（ΔE_{wm}）是控制齿轮副_____的指标。

2. 传动平稳性的综合指标有_____和_____。

3. 测量公法线长度变动最常用的量具是_____。

4. 齿圈径向跳动只反映_____误差，采用这一指标必须与反映_____误差的单项指标组合，才能评定传递运动准确性。

5. 载荷分布均匀性的评定指标有_____、_____。

四、综合题

1. 对齿轮传动的 4 项使用要求，是根据齿轮的不同使用条件而定，简述其齿轮传动的使用要求。

2. 试分析公法线平均长度偏差 ΔE_{wm} 与公法线长度变动 ΔF_w 的联系与区别。

项目七

螺纹的测量

任务　螺纹的测量

1. 实验目的
（1）掌握用螺纹千分尺检测螺纹中径。
（2）掌握利用螺纹量规和光滑极限量规综合检验螺纹。

2. 实验内容
（1）用螺纹千分尺检测螺纹中径。对于精度要求不高的螺纹，可用螺纹千分尺检测中径，如图 13.1 所示。其使用方法与外径千分尺相同，不同之处是要选用专用测头。每对测头只能测量一定螺距范围的螺纹中径。

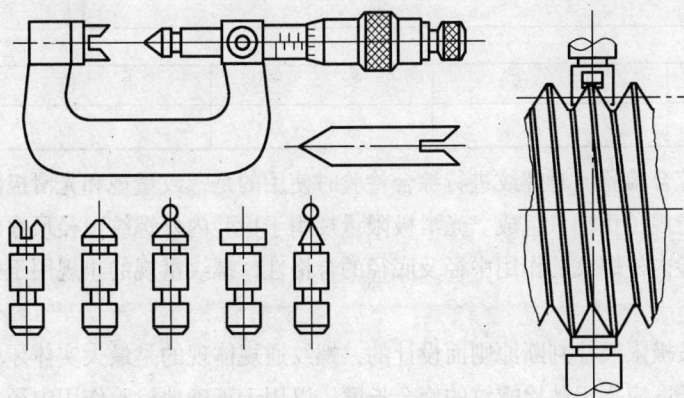

图 13.1　螺纹千分尺

用螺纹千分尺测量螺纹中径的测量误差主要来源于被测螺纹的螺距误差和牙型半角的误差以及螺纹千分尺本身的误差。螺纹千分尺的误差来源于测量压力和可换测头侧端角度的误差、圆锥测头工作面曲线和三棱测头工作面二等分线的重合性误差以及千分尺螺旋机构的误差等。

由于上述误差因素，用螺纹千分尺测量螺纹中径的测量误差一般为 0.10~0.15mm。

实验完成后填写实验报告。

实 验 报 告

被测零件	名　称	螺纹标注	最大极限尺寸	最小极限尺寸	安全裕度 A^*
计量器具	名　称	测量范围	示值范围	分度值	仪器不确定度
测量示意图					
测量数据	实际（组成）要素/mm				
	I—I		II—II		III—III
合格性判断					
姓　名	班　级		学　号	审　核	成　绩

（2）螺纹的综合检验。对螺纹进行综合检验时使用的是螺纹量规和光滑极限量规，它们都由通规（通端）和止规（止端）组成。光滑极限量规用于检验内外螺纹顶径尺寸的合格性，螺纹量规的通规用于检验内外螺纹的作用中径及底径的合格性，螺纹量规的止规用于检验内外螺纹单一中径的合格性。

螺纹量规是按极限尺寸判断原则而设计的，螺纹通规体现的是最大实体牙型边界，具有完整的牙型，并且其长度应等于被检螺纹的旋合长度，以用于正确地检验作用中径。若被检螺纹的作用中径未超过螺纹的最大实体牙型中径，且被检螺纹的底径也合格，那么螺纹通规就会在旋合长度内与被检螺纹顺利旋合。

螺纹量规的止规用于检验被检螺纹的单一中径。为了避免牙型半角误差及螺距累积误差对检验的影响，止规的牙型常做成截短型牙型，以使止端只在单一中径处与被检螺纹的牙侧接触，并且止端的牙扣只做出几牙。

图 13.2 所示为检验外螺纹的示例，用卡规先检验外螺纹顶径的合格性，再用螺纹量规（检验外螺纹的称为螺纹环规）的通端检验，若外螺纹的作用中径合格，且底径（外螺纹小径）没有大于其上极限尺寸，通端应能在旋合长度内与被检螺纹旋合。若被检螺纹的单一中径合格，螺纹环

规的止端不应通过被检螺纹，但允许旋进最多 2～3 牙。

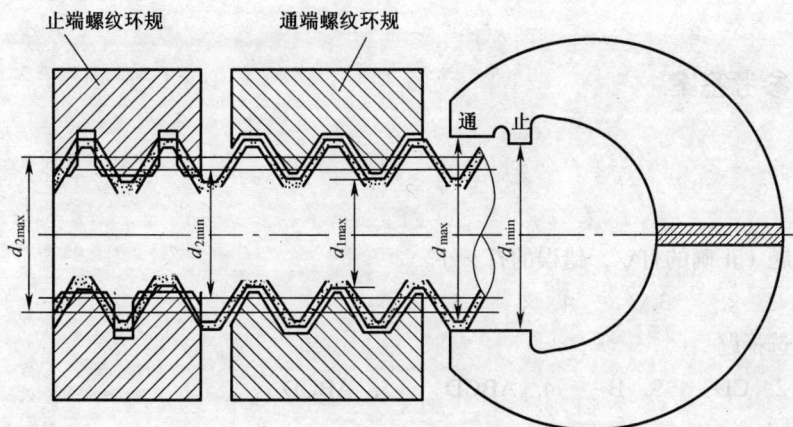

图 13.2　外螺纹的综合检验

图 13.3 所示为检验内螺纹的示意图。用光滑极限量规（塞规）检验内螺纹顶径的合格性。再用螺纹量规（螺纹塞规）的通端检验内螺纹的作用中径和底径，若作用中径合格且内螺纹的大径不小于其最小极限尺寸，通规应在旋合长度内与内螺纹旋合。若内螺纹的单一中径合格，螺纹塞规的止端就不通过，但允许旋进最多 2～3 牙。

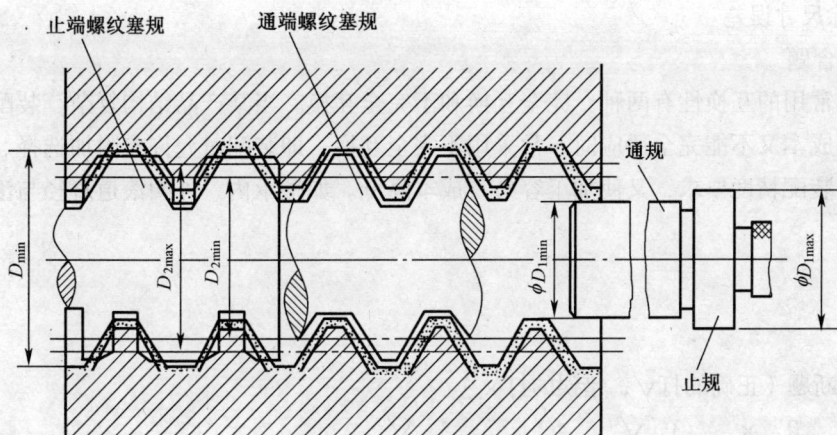

图 13.3　内螺纹的综合检验

参考答案

基础篇习题参考答案

第一章

一、判断题（正确的打√，错误的打×）

1. ×   2. ×   3. √   4. ×   5. ×

二、多项选择题

1. C   2. CD   3. B   4. ABCD   5. ABCD

三、填空题

1. 零部件在装配前，允许有附加的选择；装配时允许有附加的调整，但不允许修配；装配时能满足预定作用要求。

2. 零部件在装配或更换前，不作任何选择；装配或更换时不作任何调整或修配；装配或更换后能满足使用要求。

3. 装配精度要求　调整法

4. 优先数

5. 消除尺寸误差

四、综合题

生产中常用的互换性有两种：完全互换和不完全互换。当某产品结构复杂，装配精度要求较高，生产成本又不能完全适应时，常采用不完全互换，即装配时允许有附加选择、调整。这样既保证了装配精度要求，又使加工容易，成本降低。如轴承内、外圈滚道直径与滚珠之间的分组装配。

第二章

一、判断题（正确的打√，错误的打×）

1. √   2. ×   3. √   4. ×   5. √

二、多项选择题

1. CD   2. B   3. ACD   4. ACD   5. ABCD   6. BD

三、填空题

1. 设计给定的尺寸

2. 实际"组成"要素减去其公称尺寸所得的代数差　极限尺寸减去其公称尺寸所得的代数差

3. 加工精度

4. 标准公差　基本偏差

5. -0.026mm　-0.065mm

6. 允许间隙或过盈的变动量　配合精度

7. 大于

四、综合题

1. 尺寸公差是指允许尺寸的变动量。

加工零件时，由图样上给出的公称尺寸和上、下极限偏差值，便可确定其上、下极限尺寸，由此给出允许零件尺寸的变动范围。由此可知：上极限尺寸与下极限尺寸之代数差的绝对值，就是尺寸公差（简称公差）。用公式表示为

$$公差=上极限尺寸-下极限尺寸$$

或 $$公差=上极限偏差-下极限偏差$$

如有一圆柱体零件，其直径尺寸为 $\phi 20^{+0.020}_{-0.031}$，则

公称尺寸为： $\phi 20\text{mm}$

上极限偏差为： $+0.020\text{mm}$

下极限偏差为： -0.013mm

上极限尺寸： $\phi 20+0.02=\phi 20.02\text{mm}$

下极限尺寸：

$$\phi 20+(-0.013)=\phi 19.987\text{mm}$$

公差：

$$\phi 20.02-\phi 19.987=0.033\text{mm}$$

或 $$0.02-(-0.013)=0.033\text{mm}$$

由于上极限尺寸总是大于下极限尺寸，或者说上极限偏差总是大于下极限偏差。因此，公差值永远为正值，且不能为零。

2. 公差与偏差是两个完全不同的概念，在生产中应严格区分，不能混为一谈。

从概念上讲，偏差是相对于基本尺寸而言，是指相对基本尺寸偏离大小的数值。它包括有实际偏差的变动范围。公差只是表示极限尺寸变动范围大小的一个数值。

从作用上讲，极限偏差表示了公差带的确切位置，因而可反映出零件的配合性质（即松紧程度）；而公差只能是正值，且不能为零。

如某零件的一个直径尺寸为 $\phi 45^{+0.027}_{+0.002}$，它表示：上极限偏差为 $+0.027\text{mm}$，下极限偏差为 $+0.002\text{mm}$，它们都是相对公称尺寸 45mm 而言，而其公差则仅是指上、下极限偏差之间变动量，即

$$0.027-0.002=0.025$$

又如某零件的另一个直径尺寸为 $\phi 45^{-0.070}_{-0.081}$。它与上面所给出的尺寸相比较，其公称尺寸相同，而给出的极限偏差不同。若仅从两者偏差值来比较，前者比后者偏差值要小但不能由此断定前者比后者难以加工。因为，极限偏差仅决定加工时机床的调整（进刀位置），并不反映允许尺寸变动量的大小，而加工难易程度主要取决于公差值的大小（对相同基本尺寸而言）。显然，前者公差（0.025mm）比后者公差（0.011mm）大得多，由此可见，前者比后者容易加工。

应当指出，在生产中，人们常常把加工好的零件实际尺寸偏离公称尺寸的数值称为公差，甚至出现零公差、负公差的说法，这显然是错误的。

3. 改正后见答案题图 2.1。

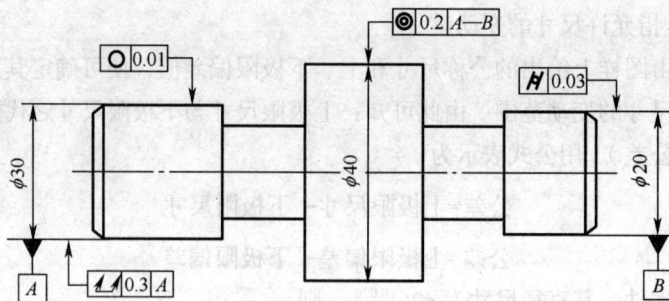

答案题图 2.1

4. 改正后见答案题图 2.2。

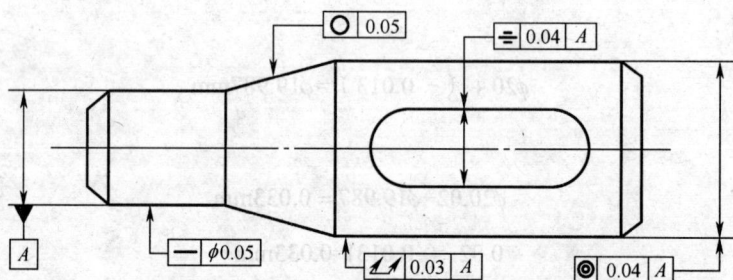

答案题图 2.2

5. 见答案题图 2.3。

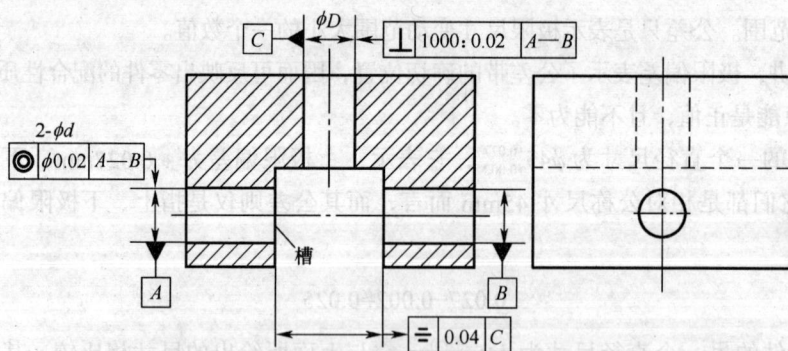

答案题图 2.3

第三章

一、判断题（正确的打√，错误的打×）

1. ×   2. √   3. ×   4. ×

二、多项选择题

1. B   2.D   3.D   4.AD

三、填空题

1. 独立原则

2. $\phi50$　$\phi49.99$　$\phi0.04$

3. 0.011　　0.039

4. 最大实体状态　$\phi9.972$　0.02

5. 减

四、见答案表 3.1

答案表 3.1

图例	采用公差原则	边界及边界尺寸	给定的形位公差值	允许的最大形位误差值
（a）	独立原则	无	$\phi0.008$	$\phi0.008$
（b）	包容原则	MMC 边界，$\phi20$	$\phi0.008$	$\phi0.029$
（c）	最大实体原则	VC 边界，$\phi19.974$	$\phi0.008$	$\phi0.026$

第四章

一、判断题（正确的打√，错误的打×）

1. ×　　2. √　　3. √

二、多项选择题

1. A　　2.CD　　3. BCD

三、综合题

1. 取样长度 l 是指评定表面粗糙度时所规定的一段基准线长度。规定取样长度的目的在于限制和减弱其他几何形状误差，特别是表面波度对测量结果的影响。表面越粗糙，取样长度就应越大，因为表面越粗糙，波距也越大，较大的取样长度才能反映一定数量的微量高低不平的痕迹。

评定长度 l_n 包括一个或几个取样长度。由于零件表面各部分的表面粗糙度不一定很均匀，是由于加工的不均匀性造成的，在一个取样长度上往往不能合理地反映某一表面粗糙度特征，故需在表面上取几个取样长度来评定表面粗糙度。此时可得到一个或数个测量值，取其平均值作为表面粗糙度数值的可靠值。评定长度一般按 5 个取样长度来确定。

2.（1）表面粗糙度的数值是指在垂直于被测表面的剖面上对被测轮廓实际测量的结果，并在能得到 Ra 或 Rz 最大值的方向上进行测量。对于切削加工的表面，应在垂直于切削的方向进行测量；对于切削方向不明显或非切削加工的表面，则应在多个方向上测量，并以其最大值作为测量结果。

（2）表面粗糙度各参数的数值是用来评定加工中所形成的表面微观几何形状误差的，对于表面缺陷（如气孔、擦伤、划痕）不计入表面粗糙度的测量结果中，必要时，要在技术资料中加以注明。

（3）表面粗糙度的评定，应在被测表面上选择具有代表性的若干部位分别进行，如果各部位的表面粗糙度不均匀，可以将各个测量数据分别注出。

（4）必须选择适当的取样长度和评定长度进行测量和评定，以正确的评定被测表面的粗糙度。

第五章

一、判断题（正确的打√，错误的打×）

1. √ 2. × 3. × 4. × 5. √

二、多项选择题

1. BCD 2. AD 3. A 4. AC 5. ABCD

三、填空题

1. 可旋合性 连接可靠性

2. 螺纹中经

3. 公差等级 旋合长度

4. 紧固螺纹，传动螺纹

5. 精密精度 中等精度 粗糙精度

四、解释下列螺纹标记的含义

1. 细牙普通外螺纹 公称直径 10 螺距 1 中经公差带代号 5g 顶经公差带代号 6g
短旋合长度

2. 细牙普通内螺纹 公称直径 10 螺距 1 中经顶经公差带代号 6H 中旋合长度

3. 细牙普通内螺纹 公称直径 20 螺距 2 中经顶经公差带代号 6H 中旋合长度 细牙普通外螺纹 公称直径 20 螺距 2 中经公差带代号 5g 顶经公差带代号 6g
中旋合长度

4. 粗牙普通外螺纹 公称直径 10 中经顶经公差带代号 5g 中旋合长度

5. 粗牙普通外螺纹 公称直径 36 中经顶经公差带代号 6g 中旋合长度
粗牙普通内螺纹 公称直径 36 中经顶经公差带代号 6H 中旋合长度

五、解： $D_2 = D - 0.6495 \times 2 = 22.701$

查表 5.3 $TD_2 = 0.280$ $EI = 0$

$D_{2max} = 22.701 + 0.280 = 22.981$ $D_{2min} = 22.701 + 0 = 22.701$

$D_{2作用} = D_{2单} - (F_p + F_{\alpha/2}) = 22.710 - 0.018 - 0.022 = 22.670$

$D_{2作用} < D_{2min}$

此螺纹不合格。

第六章

一、判断题（正确的打√，错误的打×）

1. √ 2. × 3. × 4. × 5. √

二、多项选择题

1. B 2. C 3. BCD

三、填空题

1. 具有计量单位的标准量 量值

2. 被测对象 计量单位 测量方法 测量精度

3. 绝对误差 相对误差

4. 对称性 单峰性 有界性 抵偿性

5. 内缩方式

四、综合题

1. 测量是指为确定被测几何量的量值而进行的实验过程；检验是指为确定被测几何量是否在规定的极限范围之内，从而判断是否合格，而不能得出具体的量值。

2. 测量精密度表示测量结果中的随机误差大小的程度。正确度表示系统误差大小的程度。准确度是测量结果中系统误差和随机误差的综合，表示测量结果与真值的一致程度。

3. 解：实际尺寸 = 示值−示值误差 = [20.005− (+0.001)]=20.004(mm)

$$\bar{x} = [(67.020 + 67.019 + 67.018 + 67.015)/4]$$
$$=67.018（mm）$$
$$\sigma_x = \sigma/\sqrt{n} = (0.02/\sqrt{4}) = 0.01(mm)$$

所以测量结果　　　　$d = \bar{x} \pm 3\sigma_x = 67.018 \pm 0.03(mm)$

4. 工件的实际尺寸是 39.996mm。

项目篇习题参考答案

项目一

一、判断题（正确的打√，错误的打×）

1. ×　　2. ×　　3. ×　　4. √　　5. √

二、多项选择题

1. AC　　2. A　　3. AC　　4. BCD　　5. C

三、填空题

1. IT7　S

2. $\phi80.023$　$\phi79.977$

3. 增加　减小

4. 过盈

5. IT12～IT18

四、综合题

1. 解：已知 IT8=0.039　IT7=0.025　ES=+0.039　X_{min}=+0.009　EI=ES−T_D=+0.039−0.039=0

X_{min}=EI−es　es=EI−X_{min}=0−0.009=−0.009　ei=es−T_d=−0.009−0.025=−0.034

孔的尺寸为：$\phi50^{+0.039}_{0}$，轴的尺寸为：$\phi50^{-0.009}_{-0.034}$。

2. 解：（1）选择公差等级

$T_f = |X_{max} − Y_{max}| = T_h + T_s = +0.050−(−0.032)=0.082$

假设 $T_h=T_s=T_f/2=0.041$，查表 2.2 可知此值介于 IT7—IT8 之间，根据工艺等价原则：轴选 IT7 级，孔选 IT8 级，则 T_h+T_s=0.032+0.046=0.076。此值符合要求，采用基孔制，故孔为 $\phi60H8^{+0.046}_{0}$

（2）选配合种类，即选择轴的基本偏差。

Y_{max}=EI−es　es=EI−Y_{max}=0−(−0.032)=+0.032　ei=es−T_d=+0.032−0.030=+0.002

查轴的基本偏差数值表 2.3，故轴为 $\phi60K7^{+0.032}_{+0.002}$

（3）验算结果

X_{max}=ES−ei=+0.046−0.002=0.044

项目三

一、判断题（正确的打√，错误的打×）

1. ×　　2. √　　3. √　　4. √　　5. ×

二、多项选择题

1. B　　2. A　　3. D　　4. B

三、填空题

1. 普通机床

2. 越紧

3. 较紧

4. 可分离

四、解答题

解：$\dfrac{F}{F_0}=\dfrac{2000}{18100}\approx0.11$，在 0.07 和 0.15 之间，故负荷为正常负荷。用类比法查表选取轴颈 R_5，外壳孔 H7。

项目四

一、判断题（正确的打√，错误的打×）

1. ×　　2. √　　3. ×

二、多项选择题

1. ACD　　2. B

三、填空题

1. 轴　齿轮　皮带轮

2. 固定联接　导向联接

3. 通用量仪　专用极限量规

四、解答题

1. 由于键和键槽的对称度误差使键和键槽间不能保证面接触，在传递扭矩时，将使键的工作表面上的负荷不均匀，因而对键联接的质量影响很大。因此必须加以限制。

2. 在单件批量生产中，键槽的宽度和深度一般用通用量仪来测量。键槽的对称度误差测量方法是：将有键槽的轴头放在 V 形块上模拟出基准轴线，然后在键槽中配置一定位块，以定位块中心平面的位置模拟实际中心平面位置，并用百分表在定位块上下两面测量，得出其对称度误差。

在成批大量生产中，一般用专用极限量规检验。键槽的对称度误差由工艺保证，加工过程一般不必检验。

项目五

一、判断题（正确的打√，错误的打×）

1. √　　2. ×　　3. ×

二、多项选择题

1. A　　2. ABC　　3. B

三、填空题

1. 最大实体　　花键综合量规

2. 键数　　小径　　大径　　小径

3. 花键孔内径 d 的光滑量规　　花键孔内径 D 的板式塞规

　　花键孔槽宽 b 的塞规

四、综合题

尺寸公差：

花键孔内径 d 的光滑量规　　花键孔内径 D 的板式塞规　　花键孔槽宽 b 的塞规

花键轴内径 D 的卡规　　　　花键轴内径 d 的卡规　　　　花键轴键宽 b 的卡规

位置公差：花键综合量规

项目六

一、判断题（正确的打√，错误的打×）

1. √　　2. ×　　3. ×　　4. ×　　5. ×

二、多项选择题

1. ABC　　2. C　　3. AD　　4. A

三、填空题

1. 侧隙合理性

2. 一齿切向综合误差　　一齿径向综合误差

3. 公法线千分尺

4. 径向　　切向

5. 切向误差　　齿形误差

四、解答题

1. 对精密机床的分度机构、测量仪器的读数机构等齿轮，其传动准确性要求是主要的，对载荷分布均匀性要求不高，传动侧隙应尽量减少；对高速、大功率传动器中的齿轮，对传动平衡性有严格要求，对传递运动的准确性和载荷分布性也有适当要求，其齿侧间隙应取大些；对低速、重载的传动齿轮，对载荷分布的均匀性要求是主要的，传动平稳性也有一定要求，其他是次要的。

2. 联系：两者的测量部位、所使用的量具、所测出的单个测点的数据都相同。

区别：（1）概念不同；（2）评定齿轮的精度项目不同，是不同性质的指标。

参考文献

[1] 忻良昌. 公差配合与测量技术. 北京：机械工业出版社，2004.

[2] 邵晓荣，段福来. 互换性与检测技术. 北京：机械工业出版社，1998.

[3] 刘庚寅. 公差配合与测量技术. 北京：机械工业出版社，1996.

[4] 黄云清. 公差配合与测量技术. 北京：机械工业出版社，2005.

[5] 何兆凤. 公差与配合. 北京：机械工业出版社，2004.

[6] 任嘉卉. 公差与配合手册. 北京：机械工业出版社，2000.

[7] 郭连湘. 公差配合与技术测量实验指导书. 北京：化学工业出版社，2004.

[8] 何频. 公差配合与技术测量习题及解答. 北京：化学工业出版社，2004.